病毒学高等教育系列教材（丛书主编：王健伟）

微生物病毒学

童贻刚　主编

科学出版社

北　京

内 容 简 介

本书内容全面涵盖微生物病毒学的各个层面,包括微生物病毒的分类与命名、形态结构与复制、生态作用,特殊微生物病毒研究,以及其广泛的应用领域。本书强调科研历史与最新进展相结合,突出微生物病毒学领域的前沿研究,重点介绍噬菌体、古菌病毒和真核微生物病毒。本书注重理论基础与实际应用相结合,探讨微生物病毒在食品安全、动物疾病治疗、临床感染性疾病治疗、环境、生物检测、分子生物学等多个领域中的应用。通过这些特色和创新点,本书旨在为学生提供全面、深入、实用的微生物病毒学知识,培养他们的综合能力,使其能够在学习和实践中取得优异成绩。

此外,本书也可为微生物学、兽医学、临床医学、农业种植、畜牧养殖、水产养殖,以及分子生物学等领域的从业者提供深度的专业知识,作为教学或科研的参考用书。

图书在版编目(CIP)数据

微生物病毒学 / 童贻刚主编. -- 北京:科学出版社, 2024. 11. -- (病毒学高等教育系列教材 / 王健伟主编). -- ISBN 978-7-03-080081-7

Ⅰ. Q939.4

中国国家版本馆 CIP 数据核字第 2024QL5025 号

责任编辑:刘　畅 / 责任校对:严　娜
责任印制:赵　博 / 封面设计:北京图阅盛世

科 学 出 版 社 出版

北京东黄城根北街 16 号
邮政编码:100717
http://www.sciencep.com

三河市骏杰印刷有限公司印刷
科学出版社发行　各地新华书店经销

*

2024 年 11 月第 一 版　开本:787×1092　1/16
2025 年 1 月第二次印刷　印张:14 3/4
字数:378 000

定价:59.80 元
(如有印装质量问题,我社负责调换)

《微生物病毒学》编委会

丛 书 序

  在浩瀚的自然界中，病毒这一微小而强大的生命形态，以其独特的存在方式，深刻地影响着从微观世界到宏观生态系统的每一个角落。它们既是生命的挑战者，也是生物进化的重要推手。在生命科学这片广袤的天地里，病毒学作为一门交叉融合、日新月异的学科，不仅揭示了病毒的内在奥秘，更为医学、动物学、植物学、昆虫学及微生物学等多个领域带来了革命性的进展与应用。新冠病毒感染、非洲猪瘟、禽流感等疫情的肆虐，更进一步强调了发展病毒学科、加强病毒学人才培养的迫切性。

  面对全球健康挑战与生命科学的快速发展，我国病毒学领域的高等教育亟须一套系统全面、紧跟时代步伐的教材。为贯彻党的二十大精神，落实习近平总书记关于教育的重要指示及落实立德树人根本任务，我们携手国内近70所高校及科研院所，共同编纂了这套旨在满足新时代病毒学专业人才培养需求的高质量系列教材。

  本套病毒学系列教材全面覆盖病毒学总论、医学病毒学、动物病毒学、植物病毒学、昆虫病毒学、微生物病毒学及病毒学实验技术七大核心知识领域。以"病毒学领域教学资源共享平台"知识图谱为基础，构建教材知识框架，将基础知识与最新的科研成果和学术热点相结合，有利于学生系统、多维、立体地完善自身病毒学知识体系，激发他们对病毒学领域的兴趣，并培养他们的创新思维。

  为满足信息时代教学和人才培养的需要，全套教材采用纸质教材与数字教材（资源）相结合的形式，极大地丰富了教学方式，提升了学习体验。知识图谱、视频、音频、彩图和虚拟仿真实验等数字资源的引入，不仅提高了教学效率，还增强了学习的互动性和趣味性，有助于学生在实践中深化对理论知识的理解。

  作为病毒学领域的专业核心教材，本套教材汇聚了国内顶尖专家学者的智慧与心血，确保了内容的权威性、准确性，具有指导意义，不仅适用于本科生的"微生物学"和"病毒学"

课程，也为研究生及未来从事病毒学、微生物学、医学、兽医、农业科技等领域工作的专业人才提供了宝贵的知识储备。

我们相信，本套病毒学系列教材的出版，将有力推动我国病毒学教育事业的发展，助力提升我国高等教育人才自主培养质量，为战略性新兴领域产业人才培养提供有力支撑。

王健伟

北京协和医学院

2024 年 9 月

前　言

　　近年来，随着分子生物学和基因组学技术的飞速发展，微生物病毒学作为病毒学的重要分支，迎来了前所未有的研究热潮。微生物病毒主要包括细菌病毒——噬菌体、古菌病毒及真核微生物病毒，它们不仅在自然界中扮演着关键角色，还在生物技术、医学、环境科学等诸多领域展示了巨大的应用潜力。对这些病毒的深入研究，不仅有助于揭示其在生物圈中的重要功能，还能为人类在应对病原体、开发新型治疗手段及环境保护方面提供新的思路和工具。

　　微生物病毒的发现是微生物学史上的一个重要里程碑。英国科学家 Frederick Twort 和法国科学家 Félix d'Hérelle 分别于 1915 年和 1917 年发现并描述了这种能够特异性杀灭细菌的病毒，这一发现迅速引起了科学界的广泛关注。噬菌体的独特性质使其在早期就被尝试用于治疗细菌感染，然而，由于抗生素的兴起，噬菌体疗法在临床应用中的探索一度被搁置。近年来，随着抗生素耐药性问题的加剧，噬菌体疗法重新被重视，并展现出巨大的临床应用潜力。

　　噬菌体不仅在研究细菌与病毒复杂的交互关系中扮演了重要角色，还被视为解决抗生素耐药性危机的重要手段。在临床治疗中，噬菌体因其具有高度特异性和对耐药菌的有效性，噬菌体疗法成为一种极具前景的替代或辅助治疗方法。近年来，噬菌体疗法在多种难治性细菌感染中的成功应用案例，进一步巩固了其在现代医学中的重要地位。

　　在这一背景下，本书作为病毒学高等教育系列教材之一，旨在为读者提供一个系统且全面的微生物病毒学知识框架、理论基础及应用前沿。全书分为 8 个章节，内容涵盖微生物病毒的分类与命名、形态结构与复制、生态作用，代表性微生物病毒，以及其在各领域中的应用等，力求结构清晰、内容翔实。本书不仅注重基础理论的阐述，还结合最新的研究进展，介绍了病毒学领域的前沿技术和应用实例，力求为读者提供具有参考价值的学术资源。书中涵盖数字教学资源，以新形态教材形式呈现。

　　本书的编写得到了教育部重点领域虚拟教研室建设的支持，汇集了众多病毒学领域专家的智慧和经验。在此，谨向所有为本书编写付出辛勤劳动的学者和研究人员致以诚挚的谢意！我们希望本书能够成为微生物病毒学研究、教学和应用人员的一本有用的参考书，并激发广大读者对微生物病毒学领域的探索热情。

　　诚然，微生物病毒学研究日新月异，新发现和新技术层出不穷，本书难免存在不足之处，敬请广大读者不吝赐教，共同完善。

童贻刚

北京化工大学生命科学与技术学院

2024 年 8 月 14 日

目 录

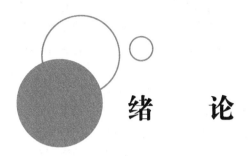

绪　　论

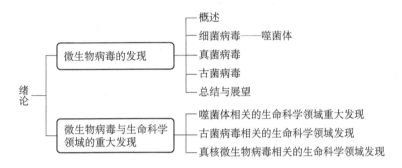

　　微生物病毒作为最丰富、最多样化的生命体，对地球生命的演化、物质循环和能量流动具有重要意义，在微生物学与病毒学领域占据着举足轻重的地位。微生物病毒不仅是地球生态系统中不可或缺的重要组成部分，还在很大程度上影响了人类的进化与发展。本部分主要介绍微生物病毒的发现与研究历程，并展望其未来的发展方向。

第一节　微生物病毒的发现

　　微生物病毒的发现，是人类对自然界中微小生命体认知的又一重大突破。早在几百年前，科学家便通过观察与实验，逐渐揭开了这类神秘生物的面纱。从最初的模糊轮廓，到如今的清晰形象，微生物病毒的发现历程充满了探索与挑战。这一发现不仅深化了我们对生命起源、演化和多样性的理解，更为疾病防控、公共卫生安全等领域提供了有力的科学支撑。本节将详细回顾微生物病毒的发现历程，梳理关键事件与人物，以期帮助读者更好地理解这一领域的发展历程，并为后续的学习与研究奠定坚实基础。

一、概述

　　病毒（virus）是一类基因组由核酸组成的非细胞生物，其利用宿主细胞的核糖体与代谢机制进行复制，形成组件池自组装成病毒粒子（病毒颗粒），以保护其基因组并将其转移至其他细胞。病毒广泛存在于地球生态圈中，其基因组拥有地球上最大的遗传多样性。据估计，约有 10^{31} 个病毒颗粒分布于大气、湖泊、土壤、海洋等环境中。通过对宿主的侵染与相互作用，病毒塑造了宿主与病毒的共同进化。病毒的遗传多样性超过了细菌、真菌、植物和动物遗传多样性的总和。病毒的存在既对生命体和人类健康造成巨大威胁，同时也在生命体进化与生态系统循环方面发挥了不可或缺的支撑作用。

"virus"一词源于拉丁语，早在 1728 年就被用于描述"引起传染病的病原体"。1796 年，Jenner 发现可以使用牛痘进行天花疫苗的接种。1885 年，Pasteur 发现狂犬病疫苗并用其成功治愈被疯犬咬伤的患者。1886 年，德国科学家 Mayer 发现烟草花叶病可以通过受感染叶片的提取物进行传播并对叶片上深浅相间的绿色区域进行了描述。1892 年，俄国科学家 Ivanovski 发现感染烟草花叶病叶片的汁液在过滤后仍然具备传染性，他认为这是由某种可通过过滤装置的毒素导致的疾病。1898 年，荷兰科学家 Beijerinck 重复了 Ivanovski 的实验，发现过滤后的汁液只能够在活体组织中"繁殖"，并首次提出了"病毒"的概念，同年德国细菌学家 Loeffler 和 Frosch 发现了第一种动物病毒——口蹄疫病毒（foot-and-mouth disease virus）。此后不久（1901 年），Reed 及其团队成员共同发现了第一种人类病毒——黄热病毒（yellow fever virus）。1931 年，Knoll 和 Ruska 发明了第一台电子显微镜，大幅推动了病毒领域的研究。1939 年，德国科学家 Kausche 首次在电子显微镜下观察到烟草花叶病毒的形态。人类对病毒领域的探索与研究，自此得到飞速发展。

二、细菌病毒——噬菌体

噬菌体（bacteriophage，phage）是以细菌为宿主进行复制的病毒。噬菌体能调节生命体和生态圈中的菌群，对人类健康与生态系统平衡具有重要意义。1896 年，Hankin 发现印度恒河水中存在能够杀灭霍乱弧菌的活性物质，为噬菌体的发现起到了推动作用。1915 年，Frederick Twort 发现使菌落变成透明区的因子具有传染性与生长力，推测其可能存在某种比细菌更小的"小病毒"，标志着噬菌体的正式发现。1917 年，Félix d'Hérelle 在独立研究痢疾杆菌的过程中发现了能够通过繁殖溶解细菌液体培养物，对细菌具有拮抗性的微生物，将其称为"超微病毒"（ultravirus），用"噬菌体"加以命名，并将噬菌体引起细菌死亡的片区命名为"噬斑"，通过对噬斑的计数量化噬菌体。d'Hérelle 认为噬菌体是具有传染性的细胞内寄生物，

图 0-1　Frederick Twort (A) 和 Félix d'Hérelle (B)

可用于治疗传染性疾病，其与宿主间的特异性具有"种系"（germline）特征。然而，d'Hérelle 关于噬菌体的观点遭到了 Bordet 等诸多细菌学家的质疑，Bordet 认为是 Twort 最先发现了噬菌体，双方展开了长达十年的激烈争论。直至 1932 年，双方在独立实验室与科学家代表的见证下，展开了一场"科学对决"，最终得出结论：d'Hérelle 和 Twort 所发现的属于同一现象。因此，Twort 和 d'Hérelle 被公认为是"噬菌体"的共同发现人（图 0-1）。

噬菌体作为细菌病毒，自被发现时起就与

抗细菌感染紧密相连。1919~1921 年，d'Hérelle 利用噬菌体预防禽类感染伤寒杆菌，并尝试进行禽伤寒的防控。1926 年，d'Hérelle 通过让自己、家人和合作伙伴口服或对其注射噬菌体悬液的方式验证噬菌体的安全性后，利用噬菌体开展对痢疾与腹股沟淋巴结腺鼠疫的治疗。同年，d'Hérelle 与 Eliava 共同建立了 Eliava 研究所，大规模开展噬菌体治疗领域的相关研究与应用。1931 年，d'Hérelle 与 Eliava 在印度的研究表明接受噬菌体治疗的霍乱患者，能够有效减轻症状、降低死亡率。20 世纪三四十年代，许多研究者和公司开展噬菌体治疗的商业化应用。例如，美国礼来公司等开发出多种人用噬菌体制剂，大幅推动了噬菌体领域研究的发展。20 世纪四五十年代，随着大量抗生素的发现，噬菌体制剂因存在高度特异性、强免疫原性及侵染耐受性等缺点而被抗生素取代，广谱性与有效性更强的抗生素成为抗菌治疗的首选。近年来，随着抗生素的大量使用，多耐药、泛耐药菌不断出现，新抗生素的研发速度放缓、成本上升，细菌耐药性对人类健康的威胁持续增加，利用噬菌体开展抗细菌感染的研究再度受到重视。2013 年，全球第一个用于治疗抗生素耐药菌的噬菌体裂解酶产品 Gladskin 上市，同年 Intralytix 公司的噬菌体制剂在美国获批上市。2018 年，朱同玉教授团队成功治愈一例多重耐药菌引起的顽固性尿路感染患者。2023 年 11 月，秦金红、郭晓奎、吴楠楠、童贻刚等专家学者共同发布《预防及治疗用噬菌体质量标准专家共识》，推动了我国噬菌体治疗领域的研究与应用进入新阶段。

噬菌体作为人类探索生命现象与规律的对象材料，为生命科学的发展做出了重要贡献。1943 年，Luria 与 Delbrück 利用噬菌体设计并完成"彷徨试验"（fluctuation test），发现选择因素并非突变的内因，从而提出了"突变与选择理论"。1952 年，Hershey 与 Chase 等利用放射性元素分别对噬菌体的 DNA 与衣壳蛋白进行标记，证实 DNA 是遗传的物质基础。1961 年，Jacob 与 Monod 利用噬菌体为载体，揭示了基因表达的调控通路。1976 年，Fiers 等完成了对单链 RNA 噬菌体 MS2 基因组的测序，使其成为首个被完全测序的生物基因组。噬菌体技术作为基因研究的有力工具，推动了基因组测序、基因克隆、基因编辑及基因功能等方面的研究，大幅加快了现代合成生物学的发展进程。

三、真菌病毒

真菌病毒（mycovirus）是感染真菌并在真菌中复制的病毒。大部分真菌病毒具有双链 RNA（dsRNA）或正链单链 RNA（+ssRNA）基因组。研究显示，真菌病毒普遍存在于各主要真菌类群中，30%~80% 的真菌物种可能被感染，它们与宿主之间通常表现为无症状感染。真菌病毒的生命周期中缺乏细胞外阶段，但其在自然界中仍能够通过细胞内手段与孢子传播等方式进行水平传播与垂直传播。目前，人类对真菌病毒的研究尚处于起步阶段。1948 年，美国宾夕法尼亚州 La France 兄弟经营的双孢蘑菇（*Agaricus bisporus*）农场中出现不明原因的洋菇产量下降、保存期限缩短、菌丝生长缓慢、组织浸水等症状，随后不久类似症状在欧洲、日本、大洋洲等洋菇农场出现，人们把这种疫病称为 La France 病。1962 年，Hollings 发现在患病双孢蘑菇的孢子团中至少存在 3 种不同类型的病毒颗粒，这是首个关于病毒颗粒与真菌有关的报道，被视为真菌病毒学诞生的起点。20 世纪 70 年代以来，法国利用可感染板栗枯萎病真菌的栗疫病菌低毒性病毒（*Cryphonectria hypovirus* 1，CHV-1）对发生栗疫病的果园展开生物防治，通过病毒感染削弱真菌，使其被包含在浅表的坏死组织中，无法穿透破坏树皮和形成层。2016年，已有研究者通过基因工程对CHV-1进行改造，提升减毒真菌病毒的传播能力，增强其生物防治潜力。随着科学技术的进步，越来越多的真菌病毒全基因组序列被发现，人类对真菌病毒的探索呈指数增长，真菌病毒应用于生物防治领域的强大潜力被持续发掘，为真菌病毒学的发展提供助力。

四、古菌病毒

古菌病毒（archaeal virus）是感染古菌并在古菌中复制的病毒。古菌是单细胞微生物，构成生物分类的一个域，约占地球生物量的20%。古菌病毒及其宿主分布十分广泛，存在于土壤、河流、海洋、湿地、人体微生物群落及各种极端环境中。古菌病毒形态多样化，可呈瓶状、螺旋状、纺锤形、柠檬形、水滴形等，具有其他类型病毒中未发现的结构特征。早在20世纪70年代早期，就有科学家发现感染极度嗜盐菌的病毒。1977年，美国微生物学家Carl Woese及其同事通过16S核糖体RNA（16S rRNA）发现了细菌与古菌显著的遗传与生化差异。1989年，Felix Gropp等研究了盐杆菌噬菌体ΦH基因的表达与调控，使其成为首个在分子层面被详细研究的古菌病毒。1990年，Carl Woese将古菌划为"域"这一新建的分类阶元，形成由细菌、古菌和真核生物共同构成的三域系统。自此，对古菌病毒的研究引起了各国学者的广泛关注。

五、总结与展望

数字资源
0-1

微生物病毒的发现

微生物病毒作为地球物质能量循环与生命进化的重要参与者，在地球史中留下了不可磨灭的痕迹。人类在发现与认识微生物病毒的百余年中，对病毒的定义不断深化，从Beijerinck等在微生物过滤实验基础上提出病毒概念的微生物学阶段，逐步发展至生物化学、遗传学、分子生物学阶段，这既有赖于先驱们的卓著贡献，也离不开与其他领域学科的交叉融合。微生物病毒学从全新的视角为人类打开了探索生命现象与规律的大门，对生命科学的发展与人类文明的进步具有无可替代的重要意义。

（刘宇轩　李梦哲　童贻刚）

第二节　微生物病毒与生命科学领域的重大发现

微生物病毒是指能以各种微生物为宿主的病毒，包括感染细菌的噬菌体（细菌病毒）、感染古菌的古菌病毒，感染各种真核微生物（包括真菌、藻类、原生动物等）的真核微生物病毒。微生物病毒是微生物学的一个重要研究领域，涉及病毒复制过程的分子生物学机制、病毒与宿主微生物之间的相互作用及微生物病毒在生态系统中的作用等，对微生物病毒研究的成果推动了许多重大的科学革命。

一、噬菌体相关的生命科学领域重大发现

1917 年，能够感染细菌的病毒——噬菌体被人们发现。从此以后，噬菌体相关的研究成果奠定了生命科学领域发展的基础，对推动人类理解生物世界产生了巨大的影响（图 0-2）。

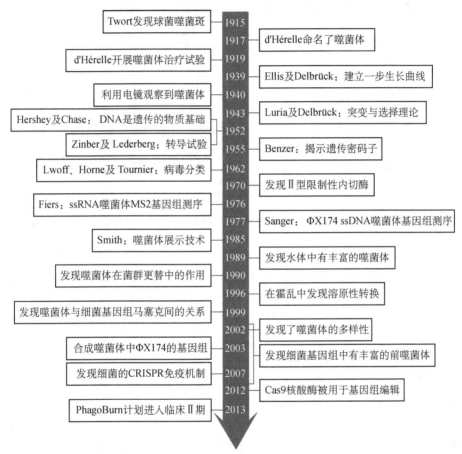

图 0-2　噬菌体研究相关历史贡献（改自 Salmond and Fineran，2015）

CRISPR. clustered regulatory interspaced short palindromic repeat，成簇规律间隔短回文重复

（一）噬菌体在分子生物学领域的研究发现

1. 噬菌体与基因探索研究　　20 世纪初，探索基因的本质是生命科学最核心的问题，而噬菌体在其研究中发挥了重要作用。1940 年，以 Alfred Day Hershey、Salvador Edward Luria 和 Max Delbrück（图 0-3）为首的科学家在美国冷泉港成立了噬菌体研究小组，以噬菌体为模型开展了关于基因和遗传的研究，利用大肠埃希菌噬菌体设计了彷徨试验，证明细菌突变是随机的，出现在接触噬菌体之前。1952 年，Alfred Day Hershey 和 Martha Chase 设计了噬菌体侵染实验，使用不同的放射性元素分别标记噬菌体 DNA 及衣壳蛋白，证明是噬菌体感染期间注入宿主的 DNA 指导了子代噬菌体的形成，而非噬菌体衣

壳蛋白，从而证明了 DNA 是噬菌体的遗传物质。基于噬菌体复制机制和遗传学方面的工作成果，Alfred Day Hershey 与 Salvador Edward Luria、Max Delbrück 一起获得了 1969 年诺贝尔生理学或医学奖。

Max Delbrück　　　　　Salvador Edward Luria　　　　Alfred Day Hershey
(1906～1981年)　　　　　(1912～1991年)　　　　　(1908～1997年)

图 0-3　Max Delbrück、Salvador Edward Luria 和 Alfred Day Hershey

1977 年，Sanger 发明了双脱氧测序［桑格（Sanger）测序法］，DNA 测序技术的问世标志着人们可以深入了解基因遗传信息的结构、特点和运作机制。全基因组测序也是首先应用于噬菌体。1976 年，Walter Fiers 等完成了单链 RNA（ssRNA）噬菌体 MS2 基因组测序。紧接着，1977 年 Sanger 团队完成了单链 DNA（ssDNA）噬菌体 ΦX174 的基因组测序，1982 年该团队又完成了双链 DNA（dsDNA）噬菌体 λ 的全基因组测序。自此之后，人们真正步入了基因组学时代，在遗传变异、人体健康、疾病机制、药物开发等领域深入探索。

2. 噬菌体与分子生物学技术　　随着科学家对噬菌体的理解从最初的分离鉴定水平深入分子机制水平，大量基础研究成果被转化、开发成相关的分子生物学工具，如噬菌体展示技术（案例 0-1）为后续的实验研究带来了便利、提高了效率，极大地推动了分子生物学的发展。此外，Werner Arber、Daniel Nathans 和 Hamilton Smith 因发现限制性内切酶及其在分子遗传学方面的应用，共同获得了 1978 年诺贝尔生理学或医学奖。使用限制性内切酶能够识别特定的 DNA 序列，按照精确的方式切割 DNA，并通过 DNA 连接酶创建新的组合。限制性内切酶和 DNA 连接酶的发现成为现代分子生物学的基石。

💡 **案例 0-1**

　　噬菌体展示技术（phage display technique）是指以噬菌体或噬菌粒（phagemid）作为载体，将外源的蛋白质或肽与衣壳蛋白融合并展示于噬菌体表面，同时保持外源蛋白质或肽的生物活性及空间构象的一种技术。因噬菌体展示技术广泛的应用价值，George P. Smith 和 Gregory P. Winter 获得了 2018 年诺贝尔化学奖。作为一种简单、高效、可控、高通量的蛋白质-靶标相互作用筛选方法，噬菌体展示技术被广泛应用于抗原抗体库的建立、药物设计、疫苗研究、病原检测、基因治疗、抗原表位研究及细胞信号转导研究等中。

（二）细菌防御系统及噬菌体抵抗防御系统

细菌及噬菌体已经共同进化了数十亿年，两者之间存在着复杂的"军备"竞赛。噬菌体作为感染细菌的病毒，能劫持细菌的分子机器，合成大量子代噬菌体，并最终裂解杀死细菌。一方面，为了应对这样强大的生存压力，细菌发展出一系列复杂的"防御系统"抵抗噬菌体的攻击。另一方面，噬菌体也进化出相应的"反防御系统机制"来逃避或阻断细菌防御系统，以确保最终成功感染细菌。借助于生物信息学和高通量筛选实验技术，科学家得以从分子水平一窥细菌与噬菌体之间的"军备"竞赛。对于细菌防御系统而言，人们发现了包括常间回文重复序列丛集/常间回文重复序列丛集关联蛋白系统（clustered regularly interspaced short palindromic repeats/CRISPR-associated proteins system, CRISPR/Cas system）、限制性修饰系统（restriction and modification system，R-M system）、流产感染系统（abortive infection anti-phage system, Abi system）、毒素-抗毒素系统在内的多种防御系统，涉及特异/非特异性降解噬菌体核酸、介导噬菌体流产感染等各种机制。而噬菌体反防御系统可通过抑制防御元件功能、阻断宿主启动流产感染等机制来抵抗细菌防御系统的攻击。

由于在 CRISPR/Cas9 基因编辑技术中的突出贡献，Emmanuelle Charpentier 和 Jennifer A. Doudna 被授予了 2020 年的诺贝尔化学奖，基于 CRISPR 的基因编辑技术给生命科学领域的研究注入了强大的动力。此外，科学家通过研究细菌免疫噬菌体、噬菌体抵抗细菌的分子机制，提出了新的抗菌治疗策略、核酸编辑技术、分子诊断技术及细胞靶向杀伤策略，极大地推动了生命科学的进步发展。随着新的细菌防御系统、噬菌体反防御系统的不断发掘、解析，更多的新机制、新发现、新应用等着研究者去探索和开发。

（三）噬菌体生态学与进化生物学

噬菌体和细菌是地球上数目最庞大的两种生命形式，它们协同进化并在各种生态系统中扮演着重要角色。噬菌体生态学主要研究噬菌体的生态分布及其与环境中宿主细菌的相互作用，而噬菌体进化生物学关注噬菌体在与宿主细菌的相互作用中发生的基因组变异、适应性进化等。噬菌体与细菌之间的相互作用研究主要在实验室中进行，并且研究范围局限于几株噬菌体与细菌之间点对点的作用。近年来，随着大规模宏基因组学技术飞速发展，越来越多的研究者开始关注复杂生态群落中噬菌体与细菌的共同进化关系。从深海到土壤再到人类肠道，人们从各种生态系统中鉴定出海量的病毒序列，对复杂生态群落中噬菌体的丰度和基因多样性、生态学意义等特征有了更深入的了解。

生态环境中存在着丰富且多样的噬菌体。据统计，地球上病毒颗粒的丰度能达到 10^{31} 数量级，是微生物细胞数量的 10 倍以上，其中大部分属于噬菌体：在每毫升海水中有 $10^{5}\sim$ 10^{7} 个噬菌体颗粒，每克粪便中的噬菌体颗粒数量能达到 $10^{8}\sim10^{10}$。病毒组学研究提示，目前的发现仅是冰山一角，还有更多的病毒基因序列有待发现。

目前，还原论仍然是科学研究的主要策略，实验室模式下探索的噬菌体-细菌相互作用十分有限，与真实生态系统环境之间仍然存在很大差距。因此，我们对各个复杂生态系统中噬菌体-细菌相互作用的理解还远未完成，需要更多的研究来充分了解生物多样性和非生物因素如何影响噬菌体-细菌的生态和进化动态。

（四）噬菌体治疗对抗细菌耐药性

随着抗生素的大量使用，细菌的耐药性进化不断加速，多耐药、泛耐药的"超级细菌"已成为当今临床治疗的难题之一。*Lancet* 发布的一项研究报告证实，细菌感染已成为全球第二大死因。世界卫生组织（World Health Organization，WHO）发出严重警示，若当前不采取紧急应对措施，预计到 2050 年，超级耐药菌将可能引发高达每年 1000 万人死亡的悲剧。其中，WHO 公布了最急需开发新型抗菌药物的 12 类超级细菌名单，包括耐碳青霉烯类的鲍曼不动杆菌（carbapenems-resistant *Acinetobacter baumannii*，CRAB）、铜绿假单胞菌（carbapenems-resistant *Pseudomonas aeruginosa*，CRPA）、肠杆菌科（carbapenems-resistant *Enterobacteriaceae*，CRE）和耐甲氧西林金黄色葡萄球菌（methicillin resistant *Staphylococcus aureus*，MRSA）等。噬菌体可裂解细菌，在治疗耐药菌感染中具有广阔前景。迄今全球多国，包括我国，已开展了上百例噬菌体治疗（案例 0-2）。

案例 0-2

2016 年，美国 Steffanie 等通过腹腔引流及静脉注射噬菌体的方式开展了一例噬菌体治疗，成功挽救了一名耐药菌感染脓毒血症患者的生命；2018 年，上海噬菌体研究所团队通过抗生素-噬菌体联合治疗的方式，成功治愈了患者由耐药菌导致的反复尿路感染；2019 年，Hatfull 课题组通过对分枝杆菌噬菌体进行遗传改造，成功开展了全球第一例基因编辑噬菌体治疗。噬菌体种类丰富、分布广泛、易于分离及遗传改造，并且具有治疗不良反应小、特异性杀菌等优势，将会是"后抗生素"时代对抗超级耐药菌的重要力量。

尽管目前噬菌体治疗呈现蓬勃发展之势，但是由于单一噬菌体的特异性强、宿主谱很窄，开展噬菌体治疗需要专业团队配合，目前噬菌体治疗案例大多是个体化的治疗方案，即分离细菌后，筛选敏感噬菌体，再进行生产、质检和治疗。但是个体化治疗模式难以实现临床上的大面积推广应用。为了克服单个噬菌体宿主谱窄的问题，"噬菌体鸡尾酒制剂"是重要的解决方案之一：通过混合多株宿主谱不一样且互补的噬菌体，制备一组广谱的鸡尾酒制剂，尽可能多地裂解临床菌株，减少由噬菌体特异性导致的治疗失败。在未来，为了推动噬菌体治疗进一步发展和广泛应用，一方面仍然需要规范化的噬菌体治疗有效性评估及随机临床对照试验，另一方面开发一组广谱、强效、稳定的鸡尾酒制剂仍是噬菌体治疗领域亟待解决的关键科学问题之一。

（五）噬菌体与现代合成生物学技术

合成生物学（synthetic biology）是一门汇集生物学、基因组学、工程学和信息学等多种学科的交叉学科，旨在通过设计、改造、重建手段，构建具有生命活性的生物元件、系统及人造细胞或生物体。对于噬菌体研究而言，一方面，噬菌体为合成生物学发展提供了丰富的"资源库"和"工具包"。自噬菌体被发现以来，DNA 聚合酶、限制性内切酶、连接酶和CRISPR/Cas 系统等许多技术和试剂都是从噬菌体的研究过程中发展而来的，极大地促进了现代生物学的发展。噬菌体基因组中尚存在着大量未知的功能基因元件，在抗菌剂研发、开发噬菌体疗法和载体递送方面具有巨大的研究潜力。另一方面，合成生物学领域的许多新技术如基因组编辑、基因组组装、体外表达技术等，为科学家理解噬菌体-细菌共同进化、开展噬菌体工程化改造及调控噬菌体-细菌相互作用等方面提供了全新的思路。天然噬菌体宿主谱窄，且存在细菌耐受噬菌体的情况。借助合成生物学技术，科学家得以实现噬菌体基因组合成与改造，开发经过工程化改造的人工合成噬菌体，拓展其宿主范围，提高噬菌体的安全性和抗菌活性。在未来，噬菌体与合成生物学相结合的研究有望成为噬菌体基础研究及临床应用的热点领域。

二、古菌病毒相关的生命科学领域发现

1977 年，美国科学家 Carl Woese 和 George Fox 确定了地球上第三种生物形式——古菌，并且 Carl Woese 于 1990 年首次将自然界生物分为三大领域，分别为细菌域、真核生物域及古菌域。古菌最初是从火山、盐湖和陆地热泉等极端生态系统中发现和分离的。随着对古菌的深入研究，科学家发现了感染古菌的古菌病毒（archaeal virus）。

首先，古菌病毒的形态具有丰富的多样性，其包括 15 个不同的病毒家族，包含多种形态（如纺锤形、瓶状、液滴状、多晶状、头尾状及线形等）。相比之下，目前分离鉴定的 6000 多种已知的噬菌体仅包含 10 个病毒家族，并且绝大部分病毒形状为头尾状。其次，古菌病毒独特的基因元件、病毒结构及生活周期吸引了科学家的注意。近年来，人们开始逐渐关注古菌病毒对宿主细胞的吸附和侵染、病毒的复制及病毒的释放等生活周期的具体机制。Pina 等通过研究古菌病毒发现了一种全新的病毒释放机制，可以通过出芽方式从慢性感染的宿主中释放出来，并且不会显著影响宿主的生长代谢活动。有研究通过宏基因组学分析推测，这样的病毒释放方式可能在古菌种群中广泛存在。

随着研究技术和方法的不断革新，未来人们对于古菌病毒的研究将更加深入。目前我们对古菌病毒及其宿主基因组的认识仍十分有限。Sorek 等发现约 90% 的测序古菌基因组包含 CRISPR/Cas 序列，而在细菌中这个比例仅有 50%。为什么 CRISPR/Cas 系统在古菌种群中如此普遍？古菌种群和细菌种群之间 CRISPR/Cas 系统是否存在差异？古菌病毒与宿主间存在着怎样的相互作用关系？对于古菌病毒而言，目前的基因组测序数据库中约 90% 的基因缺少同源基因信息，大多数预测的基因产物功能未知。随着古菌培养技术、环境宏基因组学等手段的不断发展，未来科学家将慢慢揭开古菌病毒神秘的面纱，进一步增进我们对微生物病毒领域的理解。

三、真核微生物病毒相关的生命科学领域发现

真核微生物是一类具有复杂细胞结构的微小生物，它们具有核膜包裹的细胞核，能进行有丝分裂，并且细胞质中存在线粒体等多种细胞器，它们与细菌和古菌在细胞结构和遗传特性上存在显著差异。常见的真核微生物包括原生生物（如眼虫、草履虫等）、真菌（如酵母、霉菌等）、藻类（如衣藻、褐藻等）等。真核微生物在自然界中广泛分布，对维持生态平衡和人类健康等具有重要作用。真核微生物病毒则是专门感染真核微生物的病毒。

（一）真菌病毒

真菌病毒是在真菌细胞中复制的病毒，最先是从双孢蘑菇和青霉中发现的。1962 年，Hollings 首次在患有致病性枯死的双孢蘑菇中发现了三种形态的病毒粒子，该发现被认为是真菌病毒学研究的开始。真菌病毒学的"黄金时代"出现在 20 世纪 70 年代，当时科学家发现了一种名为 *Cryphonectria hypovirus* 1（CHV-1）的真菌病毒，其能够通过感染板栗枯萎病真菌 *Cryphonectria parasitica* 降低该种真菌对板栗树的毒力，即导致弱毒力菌株产生。基于这种"传染性低毒力"现象，感染真菌病毒后弱毒力菌株可以用作生物防治剂以保护板栗。至此人们致力于寻找其他能够导致宿主弱毒力的真菌病毒，从而将其应用于经济作物的生物防治中。

高通量测序技术的飞速发展，特别是 RNA 测序技术的革新，极大地促进了真菌病毒学的分离鉴定、机制研究及应用研究。目前，已经发现了 100 余种真菌病毒，国际病毒分类委员会（International Committee on Taxonomy of Viruses，ICTV）目前将真菌病毒分为 23 科和 1 个未分类的属 *Botybirnavirus*，大多数真菌病毒的遗传物质为 dsRNA 或+ssRNA。同时，已有研究报道了以 DNA 为遗传物质的真菌病毒以及基因组为负链单链 RNA[（−）ssRNA]的真菌病毒。姜道宏团队于 2010 年从核盘菌（*Sclerotinia sclerotiorum*）低毒力菌株 DT-8 中分离出一株真菌 DNA 病毒 SsHADV-1，证明该真菌病毒与核盘菌的致病力衰退紧密相关。SsHADV-1 可以将致病真菌转化为非致病性内生菌，从而保护植物免受其他病原体的侵害，揭示了 SsHADV-1 巨大的生物防治潜能。2014 年，姜道宏团队从核盘菌低毒力菌株 AH98 中发现了（−）ssRNA 病毒 SsNSRV-1，并且发现其进化上与感染动物（−）ssRNA 病毒有较近的亲缘关系。尽管真菌病毒在环境中普遍存在，但是目前真菌病毒学研究仍处于起步阶段。在未来，通过对真菌病毒-真菌宿主相互作用的进一步理解，真菌病毒将在生物防治、农林业安全、环境问题和人类健康等领域大放异彩。

（二）藻类病毒

藻类是一类能进行光合作用的真核生物。在环境生态系统，尤其是海洋生态系统中，藻类群落丰富且高度多样化。藻类病毒（algae virus）在调控生态系统藻类群落中发挥重要作用，进而影响地球生态系统中的物质能量循环过程。近年来，藻类病毒在优化生物燃料生产方面的潜力引起了科学家的关注。藻类是营养物质（如蛋白质、脂质）的丰富来源，可以被用于生产生物燃料、生物脂质、生物肥料等。目前已有大量研究探索如何优化藻类来源的生物脂的生产方式，而借助机械、物理或化学方法开发的生物脂提取方法成本很高，

影响了生物燃料的效率。Sanmukh 等报道了藻类病毒在提高藻类生物脂提取效率方面的应用潜力。研究证实,与未处理的样品相比,藻类病毒裂解后的藻类宿主最终生物脂产量提高了 11.58%。天然的藻类病毒在自然环境中即可获取,并且由于其编码特异性的裂解酶,能够用于专门裂解目标藻类。藻类病毒的应用对于生物燃料生产、水华清理、环境保护等具有非常重要的意义。

（三）原生动物病毒

原生动物是一类单细胞真核生物,细胞结构简单,通常只有一个细胞核,没有细胞壁,细胞体积相对较小,并且缺乏一些细胞器如线粒体、高尔基体等。原生动物在世界范围内广泛分布于海洋、淡水、陆地等,分类学家估计还有许多原生动物种类尚未发现。目前尽管人们只鉴定了有限种类的原生动物病毒（protist virus）,但是感染原生动物的病毒表现出显著的多样性,通过研究病毒-原生动物间相互作用,可以揭示原生动物对病毒感染的反应,进而为人们了解细胞提供新的见解,并且可能发现普适更广泛真核生物的生命机制。

自 20 世纪 70 年代发现巨型噬菌体和 80 年代早期发现藻类 DNA 病毒以来,人们已经认识到存在具有超大病毒颗粒和超大基因组大小的病毒。2003 年,人们发现了感染阿米巴原虫的原生动物病毒 *Acanthamoeba polyphaga mimivirus*,该病毒的基因组为 181 kb,编码超过 900 种蛋白质。人们对巨型病毒的兴趣急剧增加,而对于巨型病毒的认识主要来源于研究病毒与原生动物的相互作用。Christopher Bellas 课题组在研究原生动物基因组时发现了一种神奇的三方作用关系。原生动物会被巨型病毒感染进而被杀死,然而巨型病毒中同样存在着寄生者——噬病毒体（virophage）。噬病毒体能够利用巨型病毒的复制机器,从而损害巨型病毒的复制增殖。Christopher Bellas 等发现原生动物的基因组中 10%成分属于内源性病毒,并且可能来源于噬病毒体。他们推测这些类似噬病毒体的基因元件可以在宿主被巨型病毒感染时激活,重新编码产生噬病毒体颗粒,保护宿主种群免受巨型病毒的侵害。可见,对原生动物病毒的研究为人们认识病毒-宿主间相互作用提供了全新的视角。

数字资源
0-2

微生物病毒与
人类的关系

（姜昕宇　乐　率）

小　结

以噬菌体为代表的微生物病毒在医疗、农业、环保等多个领域都展现出了广阔的应用前景。例如,在医疗领域,噬菌体可以作为治疗细菌感染的有力武器,通过特异性识别并杀灭目标细菌,实现对疾病的精准治疗;在农业领域,噬菌体可以用于防治作物病害,提高农产品的产量和品质;在环保领域,噬菌体可以用于降解污染物,促进生态环境的改善等。噬菌体的应用不仅具有广泛的实际意义,还为我们提供了深入了解生命本质和生态系统运行的新视角。

复习思考题

1. 什么是病毒？举例说明有哪些微生物病毒。
2. 什么是噬菌体？
3. 噬菌体是由谁发现的？
4. 简述噬菌体展示技术及其应用场景。
5. CRISPR/Cas9 系统有哪些应用？

主要参考文献

Antimicrobial Resistance Collaborators. 2024. Global burden of bacterial antimicrobial resistance in 2019: a systematic analysis. Lancet , 399(10325): 629-655.

Bao J, Wu N, Zeng Y, et al. 2020. Non-active antibiotic and bacteriophage synergism to successfully treat recurrent urinary tract infection caused by extensively drug-resistant *Klebsiella pneumoniae*. Emerging Microbes & Infections, 9(1): 771-774.

Chevallereau A, Pons B J, van Houte S, et al. 2022. Interactions between bacterial and phage communities in natural environments. Nature Reviews Microbiology, 20(1): 49-62.

Liang G, Bushman F D. 2021. The human virome: assembly, composition and host interactions. Nature Reviews Microbiology, 19: 514-527.

Rybicki E P. 2023. Cann's Principles of Molecular Virology. 7th Ed. Lonodn：Elsevier：1-53.

Salmond G P C, Fineran P C. 2015. A century of the phage: past, present and future. Nature Reviews Microbiology, 13(12): 777-786.

Schnabel H, Zillig W, Pfäffle M, et al. 1982. *Halobacterium halobium* phage øH. The EMBO Journal, 1(1): 87-92.

Xie J, Jiang D. 2014. New insights into mycoviruses and exploration for the biological control of crop fungal diseases. Annual Review of Phytopathology, 52: 45-68.

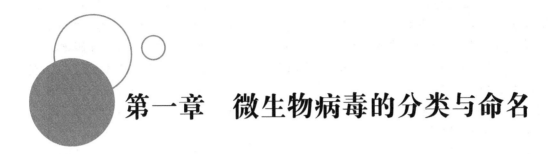

第一章 微生物病毒的分类与命名

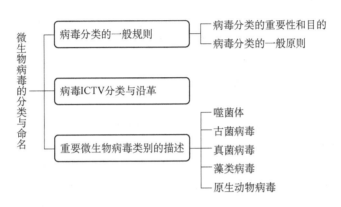

人类生活在一个充满病毒的世界，几乎所有独立的生命个体（包括细菌、古菌、真菌、藻类、原生动物等微生物，以及无脊椎动物、哺乳动物、人类、植物）都有病毒相随。据报道，在可观测的宇宙中，仅海洋就可能包含比恒星数量还多的病毒粒子，哺乳动物可能携带至少 320 000 种不同种类的病毒，可见病毒种类及数量繁多。对这些病毒进行研究，以及认识它们在生命过程中的作用时，病毒的系统化分类和命名起着非常关键的基础作用。

第一节 病毒分类的一般规则

病毒分类是病毒学中的一个关键概念，在病毒遗传进化、病毒病预防控制等方面起着很基础的作用，它给相关病毒提供一个供人类可以相互交流的名字，有助于深入理解和研究不同类型的病毒。同时，采用什么特征来对浩瀚的病毒种类进行分类和相应的命名本身也是一大科学问题。

一、病毒分类的重要性和目的

病毒分类的重要性和目的可以概括为以下几条。

（1）理解病毒的多样性　病毒是一类非常多样化的微生物，通过对其进行分类，可以更好地了解它们的多样性和变异性，这也有助于预测病毒的行为、传播方式和潜在的危害。

（2）有针对性地诊断和治疗　　通过对病毒进行分类，可以确定特定病毒的特征，从而更准确地进行病毒的诊断和治疗。例如，可以通过病毒的基因组特征，找到一类病毒的保守性片段，实现对该类病毒的检测。不同类型的病毒也可能需要不同的治疗方法和药物。

（3）更好地预防和控制　　病毒分类有助于我们了解病毒的传播途径和宿主范围。一般来说，相近的病毒可能具有相似的传播途径和宿主范围，这使得我们能够采取相应的预防和控制措施，以减少病毒的传播和流行。还可通过比较不同时间和个体感染的基因组相似性和变异等，来对感染的病毒进行溯源，确定病毒的传播途径。

（4）促进研究和科学发展　　通过对病毒进行分类，我们可以更好地研究它们的进化、遗传特征和生命周期，同时为人类相互交流相关病毒的研究成果提供名字。这有助于推动病毒学的科学发展，并为疫苗和抗病毒药物的研发提供基础。

总之，病毒分类在病毒学研究以及病毒疾病的预防和控制等方面都发挥着关键基础作用，特别是对新发现的病毒进行分类具有非常重要的意义。

二、病毒分类的一般原则

病毒分类的本质是将性质上具有共性的病毒归纳在一起，便于对病毒进行分类认识，以及了解不同病毒的区别。病毒的特征可以表现在各方面，如遗传物质、宿主范围、病原性等。

（1）基于遗传物质　　病毒可以根据其遗传物质的类型进行分类。主要有两种类型的遗传物质，即核酸和蛋白质（如朊病毒）。核酸可以进一步分为 DNA 病毒（如乙型肝炎病毒）和 RNA 病毒（如流感病毒）。根据核酸链的不同，可以进一步分为单链和双链、分节段和不分节段、正链 RNA 和负链 RNA 等。这些分类基于病毒所使用的遗传物质类型及其在宿主细胞内的复制方式。

（2）基于宿主范围　　病毒可以根据它们感染的宿主范围进行分类。有些病毒只感染特定的物种。例如，人类免疫缺陷病毒只感染人类，该病毒可以归为人类病毒；非洲猪瘟病毒只感染猪，可归为动物病毒；其他病毒可能具有更广泛的宿主范围，可以感染多种物种，如禽流感病毒可以感染鸟和人，可归为人畜共患病毒。病毒特别是 RNA 病毒的进化能力一般较强，感染一个物种的病毒有可能突破物种屏障感染另一个物种。因此，基于宿主范围对病毒分类有时只具有相对的意义。

（3）基于病原性　　病毒可以根据其对宿主的病原性进行分类。一些病毒可能对宿主产生轻微的症状或无症状感染，而其他病毒可能引起严重的疾病或导致死亡。基于病原性，病毒可以分为高致病性病毒（如埃博拉病毒）和非致病性病毒（如人乳头瘤病毒）等。但由于一些病毒具有快速突变的特性，致病性有可能在传播中减弱或增强。

（4）基于病毒标志性基因（virus hallmark gene，VHG）　　比较基因组学和宏基因组学的进展揭示了日益增多的多样病毒。日益丰富的病毒基因组序列数据和越来越复杂的分析方法（如基因网络分析、迭代和自优化序列比对等）使我们能够粗略勾勒出整个病毒世界的全景，包括导致主要病毒类群出现的关键进化事件。描绘病毒之间的进化关系必然依赖于连接它们的标志性基因/蛋白质的识别。与细胞生物不同的是，目前没有发现所有病毒都共享的标志性基因。因此，目前认为病毒可能有几个不同的起源点，即它们不能基于进化原因统一归类为单一最高分类单位。但存在一些跨病毒群体的保守基因，也即病毒标志性基因，这些基因一般为负责病毒复制和病毒颗粒形态生成的关键基因。采用病毒标志性基因进行系统发育分析，可以建立病毒的巨型分类支架。其中最广泛使用的 VHG 包括：①RNA 定向 RNA 聚合酶（RNA-directed RNA polymerase，RdRp）；② 与 RdRp 同源的 RNA 定向 DNA 聚合酶/逆转录酶（RT）；③ 超家族 3 解旋酶（superfamily 3 helicase，S3H）；④ 单卷主要衣壳蛋白（single jelly-roll major capsid protein，SJR-MCP）；⑤ 双卷主要衣壳蛋白（double jelly-roll major capsid protein DJR-MCP）；⑥ 滚环复制起始核酸内切酶（rolling-circle replication initiation endonuclease，RCRE）。

基于病毒标志性基因分类的分析表明，目前发现的绝大多数病毒可以归类为 6 个可能是独立进化的病毒域之一。基于病毒标志性基因分析产生的巨型分类支架已被纳入 ICTV 最新的分类体系中。

（危宏平）

第二节　病毒 ICTV 分类与沿革

从本章第一节的介绍中可以看出，由于病毒种类很多，病毒的特征也有各种表现形式，如果没有一个统一和比较稳定的病毒分类系统，将很容易导致混乱。事实上，在 20 世纪中叶，因病毒的命名方式存在混乱和不一致性，研究者之间的交流和合作变得困难。当时的病毒学家就意识到需要一个统一的分类系统来描述和命名病毒。因此，1966 年成立了一个由病毒学家组成的国际组织，即国际病毒分类委员会（ICTV）来对病毒进行统一分类和命名。目前 ICTV 的工作目标包括：① 制定国际公认的病毒和其他移动遗传元素（MGE）的分类法，这些元素是病毒圈的一部分；② 制定国际公认的病毒分类名称；③ 向国际病毒学界传达分类决策；④ 维护一个已达成共识的病毒分类名称索引。我们现在讲的病毒分类主要是指 ICTV 的病毒分类。

ICTV 的规则和规范旨在提供一个统一的框架，使研究者能够准确地描述、分类和命名病毒。这有助于促进病毒学研究的发展，加强病毒之间的比较和研究，以及推动疫苗研发和疾病预防控制的工作。

（危宏平）

第三节　重要微生物病毒类别的描述

微生物病毒按照宿主类型分为细菌病毒（bacterial virus）[或噬菌体（bacteriophage）]、古菌病毒（archaeal virus）、真菌病毒（mycovirus）和原生动物病毒（protist virus）。由于近年来测序技术的快速进步，以及各种宏基因组测序发现了大量的微生物病毒，微生物病毒的系统分类主要基于基因组数据的比对进行了大量调整。下面结合 ICTV 最新分类目录信息，就各类微生物病毒的分类（病毒科）与基因组类型进行简要介绍，后续的章节中将对相关重要病毒的类别和性质等进行更详细介绍。

一、噬菌体

历史上细菌病毒或噬菌体的分类主要基于其形状，如肌尾噬菌体科（*Myoviridae*）、短尾噬菌体科（*Podoviridae*）和长尾噬菌体科（*Siphoviridae*）等，随着基因组学在 21 世纪初期的广泛应用，噬菌体基因组的测序揭示了比以前考虑要高得多的基因组多样性，很多生物信息分析工具如噬菌体蛋白质组树、第一个噬菌体基因组相关性网络等显示这 3 科并不是单系的，也不在一个单系目内具有内聚性。根据这些证据，ICTV 的细菌和古菌病毒小组委员会开始通过定义新的基于基因组的科来解决这些问题。例如，设立了原属于肌尾噬菌体科的埃凯曼病毒科（*Ackermannviridae*）、蔡斯噬菌体科（*Chaseviridae*）和代列尔噬菌体科（*Herelleviridae*）；原属于长尾噬菌体科的德默莱兹噬菌体科（*Demerecviridae*）和德雷克斯噬菌体科（*Drexlerviridae*），以及原属于短尾噬菌体科的自复制短尾噬菌体科（*Autographiviridae*）等新科。

除了有尾噬菌体，其他噬菌体类群的基因组多样性也在增加，但主要是由宏基因组测序发现的。通过结合测序、分离和电子显微镜成像方法，在海洋细菌中发现了一种新的无尾双链 DNA 噬菌体谱系，被命名为奥托吕科斯噬菌体科（*Autolykiviridae*）。同样，分离出了一种新的单链 DNA 噬菌体，并新建了芬兰湖病毒科（*Finnlakeviridae*）。根据宏基因组测序数据组装的病毒序列，还推断并给出了一些假定为新型有尾双链 DNA 噬菌体的主要谱系，包括 crAssphage 谱系、Lak 巨噬体以及多个其他"巨型噬菌体"谱系。

对于丝状单链 DNA 噬菌体，之前的 *Inoviridae* 科被分为 2 科，即丝状噬菌体科（*Inoviridae*）和微管噬菌体科（*Plectroviridae*），它们共同被归为 *Tubulavirales* 目。同样，基于病毒组测序数据，在单链 DNA 噬菌体所属的 *Microviridae* 中，新提出了许多额外的亚科。最近，通过计算方法，发现了大量属于光滑病毒科（*Leviviridae*）中 ssRNA 噬菌体的基因组。

在所有不同的噬菌体谱系中，已经清楚地看到，为了应对噬菌体基因组多样性的增加，需要对分类进行根本性的改变。目前 ICTV 已经废除了有尾病毒目 *Caudovirales*，新设了有尾噬菌体纲（*Caudoviricetes*），在其下新建了 7 目。废除了肌尾噬菌体科（*Myoviridae*）、短尾噬菌体科（*Podoviridae*）和长尾噬菌体科（*Siphoviridae*），新建了许多新科，如德雷克斯噬菌体科（*Drexlerviridae*）和格兰噬菌体科（*Guelinviridae*）等。

对于目前种类最为丰富的有尾噬菌体纲，ICTV 建议采用全基因组相似性 95% 以上作为两个噬菌体是否属于一个种的标准，全基因组 70% 相似性作为是否属于一个属的标准。亚科级别对于噬菌体是可选的。当两个或更多个离散的属在科级别以下相关时，应创建亚科。在实际操作中，这通常意味着它们共享较低程度的核苷酸序列相似性，并且这些属在标记树系统发育中形成一个分支。以前科级别没有任何固定的划分标准。现在 ICTV 提出建立新科应基于以下标准：① 该科在主要的基于预测蛋白质组的聚类工具（ViPTree、GRAViTy 树状图、vConTACT2 网络）中由一个具有内聚类的单系群组成。② 该科的成员共享大量同源基因（数量将取决于科成员的基因组大小和编码序列数量）。③ 如果一个科级别的聚类与另一个科级别的聚类共享同源基因，那么该科聚类在共享同源基因的系统发育分析中需要是单系群。

国际病毒分类委员会（ICTV）将目前的噬菌体分类在双链 DNA 病毒域（*Duplodnaviria*）、

单链 DNA 病毒域（*Monodnaviria*）、RNA 病毒域（*Riboviria*）、多变 DNA 病毒域（*Varidnaviria*）4 个病毒域和 4 个未进行更高级别分类的病毒科。需要注意的是，由于分离的噬菌体数量多，还有很多典型噬菌体未完全归在现有的病毒科下，预计未来还会建立新的病毒科。另外，病毒科 *Picobirnaviridae* 下的病毒为通过检测人或动物的肠道粪便等样本的宏基因组得到，其宿主被认为是人或动物体内的原核微生物，但具体是什么微生物还未知。

二、古菌病毒

古菌是一种与细菌和真核生物分开的微生物独特群体。古菌病毒是专门感染古菌的病毒。ICTV 将目前的古菌病毒分类在 A 型 DNA 病毒域（*Adnaviria*）、双链 DNA 病毒域（*Duplodnaviria*）、单链 DNA 病毒域（*Monodnaviria*）、多变 DNA 病毒域（*Varidnaviria*）4 个病毒域和 12 个未进行更高级别分类的病毒科。其中脂肪链病毒科（*Lipothrixviridae*）、鲁迪病毒科（*Rudiviridae*）、螺旋病毒科（*Fuselloviridae*）和双尾病毒科（*Bicaudaviridae*）等研究较多。脂肪链病毒科包括具有双链 DNA 基因组且包裹在脂质膜中的病毒。这些病毒具有独特的柠檬形头壳结构。鲁迪病毒科包括具有线性双链 DNA 基因组的病毒。它们具有棒状或丝状头壳，并且没有包膜。螺旋病毒科包括具有环状双链 DNA 基因组的病毒。它们具有纺锤形头壳并且没有包膜。双尾病毒科包括具有线性双链 DNA 基因组的病毒，它们具有二十面体头壳并且没有包膜。

三、真菌病毒

ICTV 将目前的真菌病毒分类在 单链 DNA 病毒域（*Monodnaviria*）、RNA 病毒域（*Riboviria*）2 个病毒域。大部分的真菌病毒为 RNA 病毒。其中分体病毒科（*Partitiviridae*）中的真菌病毒具有非包膜的二十面体衣壳，通常在真菌细胞分裂期间垂直传播。整体病毒科（*Totiviridae*）中的真菌病毒具有非包膜的二十面体衣壳，通常通过菌丝融合或孢子接触进行水平传播。金色病毒科（*Chrysoviridae*）中的真菌病毒具有非包膜的球形或丝状衣壳，通常通过菌丝融合或孢子接触进行水平传播。低毒性病毒科（*Hypoviridae*）中的真菌病毒已知会导致宿主真菌的低毒性，降低真菌的毒性。它们具有非包膜的等距衣壳，通常通过菌丝融合或真菌载体进行水平传播。裸露 RNA 病毒科（*Narnaviridae*）中的真菌病毒具有非包膜的等距衣壳，通常通过菌丝融合或孢子接触进行水平传播。

四、藻类病毒

藻类是在水生环境中发现的光合微生物。藻类病毒，也称为藻病毒，是专门感染藻类的病毒。ICTV 将目前的藻类病毒分类在 单链 DNA 病毒域（*Monodnaviria*）、RNA 病毒域（*Riboviria*）、多变 DNA 病毒域（*Varidnaviria*）3 个域。其中藻类 DNA 病毒科（*Phycodnaviridae*）是最大、研究最充分的藻类病毒科，具有双链 DNA 基因组，能感染各种藻类，包括海洋和淡水物种。

五、原生动物病毒

数字资源 1-1

如何对新分离的噬菌体进行命名与分类

原生动物是一类多样的单细胞真核生物，它们可以被各种类型的病毒感染，这些病毒通常不根据宿主进行特定分类。ICTV 将目前的原生动物病毒分类在单链 DNA 病毒域（*Monodnaviria*）、RNA 病毒域（*Riboviria*）、多变 DNA 病毒域（*Varidnaviria*）3 个域。拟菌病毒科（*Mimiviridae*）包括感染变形虫（一种原生动物）的大型双链 DNA 病毒。它们具有复杂的结构，被认为是已知最大的病毒之一。

（危宏平）

小　结

随着组学与生物信息学等学科的迅速发展和应用，新发现的病毒越来越多，对病毒的研究和认识也越来越深入和系统，病毒的分类与命名也在动态发展中。最近几年，ICTV 就对病毒分类系统进行了几次大的更新，新增了更高级别的分类单元以便更系统和更统一地纳入更多样的病毒，在病毒命名上也作了不少调整。预计相关趋势仍将持续，将继续随着研究的深入而不断更新。病毒学领域的研究人员和学者可持续关注病毒分类和命名方面的更新与发展。

复习思考题

1. 简述病毒分类的重要性和目的。
2. 简述病毒分类的一般原则。
3. ICTV 对病毒分类和命名的规则与规范是怎样的？
4. 简述几种重要微生物病毒类别。

主要参考文献

Al-Shayeb B, Sachdeva R, Chen L X, et al. 2020. Clades of huge phages from across Earth's ecosystems. Nature, 578(7795): 425-431.

Callanan J, Stockdale S R, Shkoporov A, et al. 2020. Expansion of known ssRNA phage genomes: from tens to over a thousand. Science Advances, 6(6): eaay5981.

Nishimura Y, Yoshida T, Kuronishi M, et al. 2017. ViPTree: the viral proteomic tree server. Bioinformatics, 33(15): 2379-2380.

Turner D, Kropinski A M, Adriaenssens E M. 2021. A roadmap for genome-based phage taxonomy. Viruses, 13(3): 506.

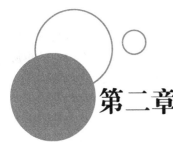

第二章 微生物病毒的形态结构与复制

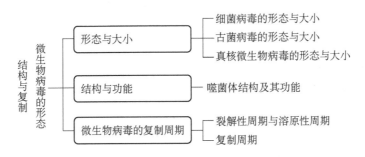

微生物病毒是最微小、结构最简单的非细胞型微生物，其形态多样，包括球形、杆形、多面体等，且尺寸微小，需在电子显微镜下观察。病毒的结构主要由核酸（DNA 或 RNA）和蛋白质外壳组成，核酸位于中心，提供遗传信息，蛋白质外壳则保护核酸并决定其感染特异性。病毒的复制过程复杂，需在活细胞内进行。首先，病毒通过与细胞表面的受体结合并吸附在细胞上，随后侵入细胞内部并脱去外壳，释放核酸。其次，病毒核酸利用宿主细胞的酶和原料进行复制和基因表达，合成新的病毒组分。最终，新合成的病毒组分组装成完整的病毒颗粒，并释放到细胞外，继续感染其他细胞。这一过程展示了病毒的高度寄生性和复制能力。

第一节 形态与大小

微生物病毒是感染细菌、古菌、真菌、藻类、原生动物等微生物的病毒，是生态系统中的重要组成部分。微生物病毒具有极大的生物多样性，随着越来越多的微生物病毒被发现、分离、观察，微生物病毒的形态多样性日益显现，有的有尾，有的无尾，有蝌蚪状、纺锤状、瓶状、杆状、丝状、水滴状等形态类型。已被发现、鉴定的微生物病毒只占微生物病毒总量的冰山一角，绝大多数微生物病毒还有待被发现、观察。

一、细菌病毒的形态与大小

感染细菌的病毒称为噬菌体，其中感染蓝细菌（cyanobacteria）的噬菌体称为噬蓝藻体（cyanophage）。绝大多数（超过 96%）已鉴定的噬菌体具有尾部结构，且基因组为双链 DNA（double-stranded DNA，dsDNA），属于有尾噬菌体纲（*Caudoviricetes*）。

（一）有尾dsDNA噬菌体的形态与大小

有尾噬菌体纲属于双链DNA病毒域（*Duplodnaviria*）。纲名*Caudoviricetes*源自拉丁语caudo，意为尾巴。有尾噬菌体纲的病毒均具有一个核衣壳头部（head）和一个中空的螺旋尾部（tail），绝大多数呈下列三类形态特征之一：长尾病毒样、肌尾病毒样和短尾病毒样。通过对当前ICTV分类系统中的病毒进行统计，发现长尾病毒样噬菌体约占有尾噬菌体纲的54.1%，肌尾病毒样噬菌体约占25.7%，短尾病毒样噬菌体约占20.1%。肌尾病毒样噬菌体具有直的、可收缩的长尾，尾管表面具有可伸缩的尾鞘，如肠杆菌噬菌体T2、T4和T6。长尾病毒样噬菌体具有可弯曲但不可收缩的长尾，如肠杆菌噬菌体λ、T1和T5。短尾病毒样噬菌体具有不可收缩的短尾，由一个接合器蛋白连接衣壳和短尾，如肠杆菌噬菌体T7和沙门菌噬菌体P22。大多数有尾噬菌体的尾部都有固定的结构，如基板、尾部纤维（6或12条）、刺突（图2-1），它们依靠这些结构与细菌表面受体相互识别和结合，进而注入其DNA。

大多数有尾 dsDNA 噬菌体（约75%）的核衣壳头部呈二十面体结构；约15%的有尾dsDNA噬菌体头部呈非二十面体结构，它们以尾轴为中心对称。

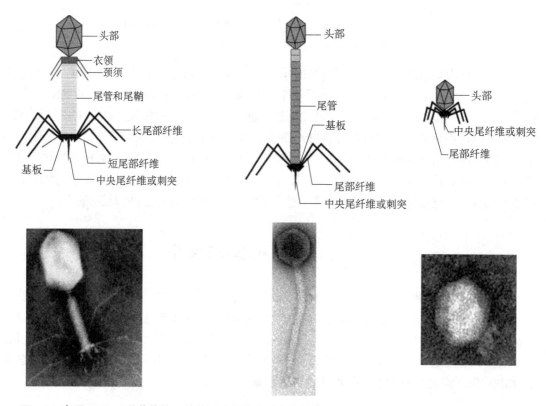

图 2-1　有尾 dsDNA 噬菌体的 3 种典型形态模式图（李托等，2023）和实物图（https://ictv.global/ ）
从左到右依次为肌尾病毒样噬菌体、长尾病毒样噬菌体和短尾病毒样噬菌体

有尾噬菌体纲各成员间的衣壳大小差异很大，其直径为40～300 nm，这通常与基因组大小有关。绝大多数噬菌体的头部直径为40～100 nm，少数肌尾病毒样噬菌体的头部直径大于100 nm，其基因组大于200 kb，被称为巨型噬菌体（giant phage，jumbo phage 或 huge phage），

其中基因组大于 540 kb 的噬菌体被称为巨大噬菌体（megaphage），其头部直径约可达 300 nm。

（二）其他噬菌体的形态与大小

少数已分离鉴定的噬菌体不具有尾部结构，形态多种多样，分别呈立方体、丝状、杆状和多形型（图 2-2），含或不含脂质膜。

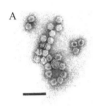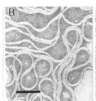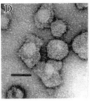

图 2-2　其他噬菌体的形态与大小

A. 微小噬菌体科病毒（二十面体）；B. 丝杆噬菌体科病毒（丝状）；C. 短杆状噬菌体科病毒（杆状）；
D. 原生质噬菌体科病毒（多形型）（Ackermann，2012）。比例尺为 100 nm

（1）无尾 dsDNA 噬菌体　　具有两类形态，为二十面体或多形型。

二十面体无尾 dsDNA 噬菌体的直径为 45～80 nm，在其核衣壳中含有脂质内膜。

多形型无尾 dsDNA 噬菌体具有非常特殊的形态结构，其噬菌体粒子没有核衣壳，因而形态大小不定，具有脂质囊膜，呈伪球形、包膜状，直径为 50～150 nm，在感染过程中至少会产生三种不同形态的病毒粒子，约 75% 的病毒粒子为 70～80 nm，约 20% 为 80～90 nm，约 5% 为 110～120 nm。

（2）ssDNA 噬菌体　　主要具有三类形态，分别为丝状、杆状和二十面体。

丝状 ssDNA 噬菌体无包膜，呈长而柔韧的细丝。其中，丝杆噬菌体科病毒直径为 6～10 nm，长度为 600～2500 nm，典型的代表有 M13 噬菌体，其长度为 800～1000 nm，直径为 6～7 nm；小噬菌体科病毒的直径为 8～12 nm，长度为 620～830 nm。

杆状 ssDNA 噬菌体无包膜，呈刚性直杆状，直径为 10～16 nm，长度为 70～280 nm，属于短杆状噬菌体科（*Plectroviridae*），该科也属于管噬菌体目。

二十面体 ssDNA 噬菌体无囊膜，直径为 25～30 nm，典型的代表为 ΦX174，其直径为 27 nm。

（3）(+)ssRNA 噬菌体　　形态类似于脊髓灰质炎病毒，呈球形或二十面体，直径约为 23 nm。

（4）dsRNA 噬菌体　　呈二十面体形态，直径约为 63 nm，非常特殊的是其具有双层蛋白质衣壳，衣壳又被脂质膜包裹。

二、古菌病毒的形态与大小

迄今发现的古菌病毒均为 DNA 病毒，大部分为 dsDNA 病毒；只有极少数为 ssDNA 病毒，如 α-多形包膜病毒属（*Alphapleolipovirus*）的 HHPV-2。古菌病毒形态多样，常见的形态为有尾或无尾的二十面体和丝状，少数古菌病毒呈现瓶状、纺锤形、球形、液滴状、线圈状等形态（图 2-3）。

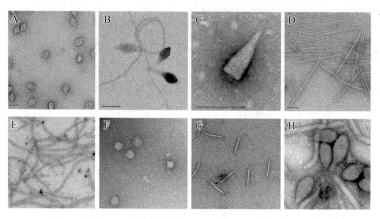

图 2-3　古菌病毒（Baquero et al., 2020）

A. 微小纺锤形病毒科（无尾纺锤形病毒粒子）；B. 双尾病毒科（有尾纺锤形病毒粒子）；
C. 瓶状病毒科（瓶状病毒粒子）；D. 竿形病毒科（坚硬的杆状病毒粒子）；E. 脂毛病毒科
（柔软的丝状病毒粒子）；F. 球状病毒科（具有囊膜的球状病毒粒子）；G. 三层病毒科
（丝状包膜病毒粒子）；H. 滴状病毒科（液滴状病毒粒子）。比例尺为 200 nm

　　根据 ICTV 最新发布的病毒分类，古菌病毒包含 46 科，其中有尾噬菌体纲（*Caudoviricetes*）包含 23 科，线状病毒纲（*Tokiviricetes*）包含 5 科，保护病毒纲（*Tectiliviricetes*）包含 3 科；莱塞病毒纲（*Laserviricetes*）包含有 2 科，凌乱噬菌体纲（*Huolimaviricetes*）包含 1 科，其余的 12 科为独立的科（不属于任何域、界、门、纲、目）。

三、真核微生物病毒的形态与大小

（一）藻类病毒的形态与大小

　　感染藻类的病毒通常呈二十面体，直径<300 nm，其中 RNA 病毒和 ssDNA 病毒粒子较小；而感染藻类的 dsDNA 病毒则具有巨大的基因组和病毒粒子，是核质大 DNA 病毒（nucleo-cytoplasmic large DNA virus，NCLDV）（注意：其为俗称，不是分类学名词，泛指具有巨大的基因组和病毒粒子的 DNA 病毒）。藻类病毒主要分布在 ssDNA 病毒域（*Monodnaviria*）、核糖病毒域（*Riboviria*）和多变 DNA 病毒域（*Varidnaviria*）中。

（二）真菌病毒的形态与大小

　　感染真菌的病毒绝大部分存在于核糖病毒域中，包含 27 科、1 个不属于任何科的亚科和 1 属，其形态多样，有的呈有或无包膜的等距多面体或球形（直径为 25～120 nm），有的呈丝状或棒状。

（三）原生动物病毒的形态与大小

　　原生动物病毒粒子大多呈二十面体结构（图 2-4）。已分离鉴定的原生动物病毒不足百株，集中在 3 个域，分别是 ssDNA 病毒域、核糖病毒域和多变 DNA 病毒域。感染 ssDNA 与 RNA 病毒的原生动物多营寄生，而感染 dsDNA 病毒的原生动物多可自由生活于淡水或海水中。

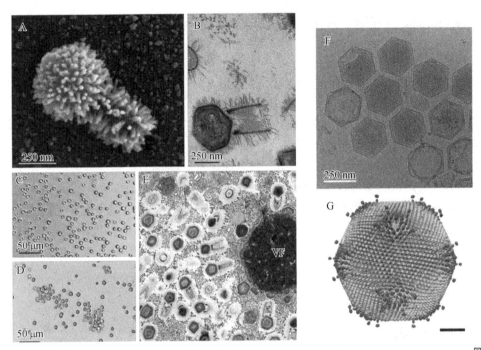

图 2-4　原生动物病毒粒子的形态与大小

A. 扫描电镜下的 *Tupanvirus* 病毒粒子；B. 透射电镜下的 *Tupanvirus* 病毒粒子；
C. 光学显微镜下的 *Mimivirus* 病毒粒子；D. 光学显微镜下的 *Tupanvirus* 病毒粒子；
E. 透射电镜下感染 *Tupanvirus* 的卡氏棘阿米巴原虫（*Acanthamoeba castellanii*）细胞，
可见病毒工厂（VF）和大量成熟的病毒粒子；F. ACMV-J1 的冷冻电镜图；G. ACMV-J1
病毒粒子的三维重建图。A～E 引自 Lima et al., 2019；F、G 引自 Zhang et al., 2023

（1）ssDNA 病毒域中的原生动物 ssDNA 病毒粒子与基因组微小，病毒直径大多小于 30 nm。归为 3 科，分别是维雅病毒科（*Vilyaviridae*）、纳雅病毒科（*Naryaviridae*）和能雅病毒科（*Nenyaviridae*）。

（2）核糖病毒域的原生动物病毒为 dsRNA 或 ssRNA 病毒，分别属于全整病毒科（*Totiviridae*）、利什曼原虫布尼亚病毒科（*Leishbuviridae*）、分体病毒科（*Partitiviridae*）和转座病毒科（*Metaviridae*）等。

（3）多变 DNA 病毒域的原生动物病毒为 dsDNA 病毒，分别属于拟菌病毒科（*Mimiviridae*）、马赛病毒科（*Marseilleviridae*）、魔物病毒科（*Mamonoviridae*）和雅拉病毒科（*Yaraviridae*）。

数字资源 2-1

微生物病毒的形态与大小

（李登峰）

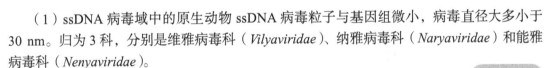

第二节　结构与功能

噬菌体由蛋白质及基因组构成。蛋白质结构包括头部衣壳（capsid）结构和尾部（tail）结构。基因组由 DNA 或 RNA 组成，可能是双链的（dsDNA 和 dsRNA），也可能是单链的（ssDNA 和 ssRNA）。衣壳蛋白包裹核酸形成多面体（polyhedral）、丝状（filamentous）、多形型（pleomorphic）等形态。衣壳的大小及形态与基因组密切相关，基因组越大其结构组织越复杂。

一、噬菌体整体结构

根据噬菌体有无尾部分为有尾噬菌体和无尾噬菌体。有尾噬菌体是被分离、研究最多的噬菌体，目前已知最大的噬菌体基因组就分布于有尾噬菌体。有尾噬菌体大小差异很大，直径为 45～185 nm，基因组为 18～500 kb，绝大多数为 dsDNA。根据尾部形态可分 3 类：长尾噬菌体，有一条长的不可收缩的尾巴；短尾噬菌体，有一条粗短、不可伸缩的尾巴；肌尾噬菌体，有一条复杂的可收缩尾巴。有尾噬菌体的结构主要包含 3 部分：衣壳，起包裹基因组的作用；尾部，在感染期间作为管道转移基因组至宿主细胞；吸附装置（adsorption apparatus），位于尾部末端的一种特殊黏附系统，可以识别宿主细胞并穿透其细胞壁。组成这些结构的蛋白质主要包括衣壳蛋白（capsid protein）、门蛋白（portal protein）、尾蛋白（tail protein）、骨架蛋白（skelemin protein）等。

二、衣壳蛋白

有尾噬菌体的衣壳结构有等距的、扁平的、拉长的等形态类型。一些头部呈增大或拉长状的噬菌体具有头部丝状体。大约 75% 的有尾噬菌体头部衣壳呈二十面体结构，约 15% 的有尾噬菌体头部具有与尾轴等长的拉长衣壳结构。大多数二十面体衣壳由一种或多种蛋白质的多个拷贝组成。二十面体噬菌体的特征是有 12×5 倍轴、20×3 倍轴和 30×2 倍轴，这些轴由 60 个相同的拷贝组成立体多面体。有尾噬菌体的主要衣壳蛋白（major capsid protein，MCP）具有相似的折叠，即 HK97 折叠，这一折叠可以通过 X 射线衍射仪进行观察及分析。

三、连接器复合体

衣壳通过连接器复合体（connector complex）连接到尾部，连接器复合体通常由与头部补全蛋白（head completion protein）或连接蛋白（nectin）偶联的门蛋白组成。门复合体的结构呈十二元环，它们的蛋白质序列在有尾噬菌体中相似性较低，但具有相似的高级结构。在长尾噬菌体 SPP1 和 HK97 中观察到头部补全蛋白或连接蛋白也呈十二聚体环，且在可收缩和不可收缩尾巴的各种噬菌体中均具有组成门复合体的同源蛋白。此外，尽管没有观察到序列相似性，但短尾噬菌体 P22 的头尾连接蛋白 gp4 与长尾噬菌体 SPP1 和 HK97 中的头尾连接蛋白具有相似的结构。

四、尾部

噬菌体的尾部长短不一，一些是柔性的，一些是刚性的；一些收缩，一些不收缩。长尾噬菌体家族的尾部由一个中央卷尺蛋白（tape measure protein）组成，该蛋白质被尾管（tail tube）包围，终止于末端蛋白（terminal protein）。在肌尾噬菌体家族中也观察到了类似的结构，其外还有一层鞘蛋白（sheath protein），鞘蛋白层能够在噬菌体感染期间收缩以将尾管插入细菌宿主。而长尾 λ 噬菌体的衣壳-尾部连接蛋白 gpFII 与其尾管蛋白 gpV 具有相似的三级折叠，并且在噬菌体结构组装时采用相同的四级结构。gpV 还与肌尾噬菌体的尾管及细菌 VI 型分泌系统的一些成分如 Hcp1 蛋白具有结构同源性。此外，gpFII 和 gpV 的折叠与肌尾噬菌体 T4 和 Mu 的基板枢纽蛋白（baseplate hub）的折叠相似，但没有任何序列同源性。长尾噬菌体和肌尾噬菌体的衣壳-尾部接头使用相同的尾管样折叠，尾管蛋白和基板是尾部重要的结构组成成分。短尾噬菌体，如大肠埃希菌（*Escherichia coli*）噬菌体 T7，有一非常短且不能收缩的尾巴，其尾部的管状延伸可以穿透两层细胞膜将噬菌体基因组输送至宿主细胞中。

五、吸附装置

有尾噬菌体的尾部具有吸附结构与宿主表面分子相互作用以识别宿主。有些吸附结构是末端尾蛋白（distal tail protein，DTP）形成的寡聚环，该寡聚环附着在尾管的最后一个环上，可以识别并结合宿主细胞表面的受体结合蛋白（receptor-binding protein，RBP）；在 T4、T5 和其他噬菌体中，尾纤维（tail fiber）可以起到受体识别蛋白的作用。许多革兰氏阴性菌噬菌体的末端尾蛋白还具有溶菌酶功能，这些蛋白质可以渗入宿主细胞以消化肽聚糖屏障，从而帮助噬菌体吸附。

六、展望

对目前已知的有尾噬菌体结构的研究表明，它们均具有类似的组织结构，这意味着它们有共同的祖先，说明噬菌体多样性是通过不断进化产生的。然而，噬菌体形态多样，而且其结构蛋白质具有低的序列相似性，它们在不断地进化，蛋白质之间怎么排列以维持衣壳稳定性，承受不同基因组的高内部压力仍有很多未解之谜。噬菌体尾部结构及吸附装置也呈现出了高度的复杂性和多样性。为了能更深入地了解噬菌体的组织结构，应结合使用不断发展的结构生物学、生物化学和微生物学方法在原子水平上进行解析并解释它们的相互作用。

数字资源
2-2

微生物的结构
与功能

（秦金红）

第三节　微生物病毒的复制周期

微生物病毒的复制周期可分为两种基本类型——裂解性繁殖与溶原性繁殖。进行裂解性繁殖时，病毒吸附并将基因组注入宿主细胞，利用宿主细胞的核糖体等细胞器来合成子代病毒，细胞的代谢功能被挟持，随即细胞裂解、死亡，子代病毒颗粒被释放。进行溶原性繁殖时，病毒将自身核酸整合到宿主的基因组中，或在宿主细胞质中形成环状复制子以质粒的形式存在。在此过程中，宿主可以继续正常生活，病毒 DNA 随着宿主基因组的复制而复制，并在每一次细胞分裂时传递给子代细胞作为细胞遗传物质的一部分。

一、裂解性周期与溶原性周期

噬菌体是感染细菌的病毒，根据其复制周期可分为裂解性噬菌体和溶原性噬菌体两大类（案例2-1）。裂解性噬菌体在侵入宿主细胞后，随即引起宿主菌裂解，而溶原性噬菌体在繁殖过程中产生的部分子代噬菌体将进入裂解周期，使宿主细胞裂解，另一部分子代噬菌体则进入溶原周期，其基因组不复制，而是进入静止态，形成原噬菌体（prophage）。当细菌繁殖时，原噬菌体也被复制并存在于每个子细胞中，这种溶原状态可以长期维持，此时的宿主细胞被称为溶原化（lysogenesis/lysogenization）细胞。部分原噬菌体也可以离开宿主菌的染色体而逃离静止态，启动裂解周期（图2-5）。

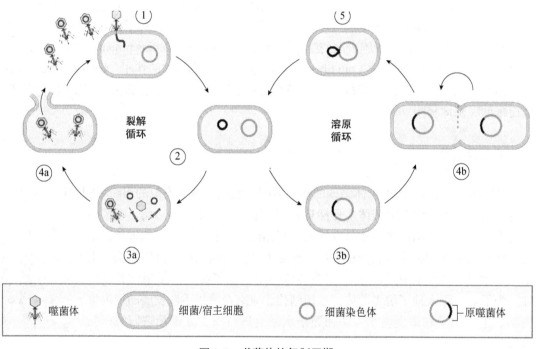

图2-5　噬菌体的复制周期

1. 噬菌体吸附宿主，注入DNA；2. 噬菌体进入裂解性生长或溶原性生长；3a. 合成新噬菌体的DNA和蛋白质，组装形成噬菌体颗粒；4a. 细菌细胞裂解释放噬菌体颗粒；3b、4b. 溶原性生长，噬菌体基因组整合到宿主染色体内，成为原噬菌体，与宿主一起繁殖；5. 有时原噬菌体从宿主染色体切离，进入复制周期

图例：噬菌体　　细菌/宿主细胞　　细菌染色体　　原噬菌体

案例2-1

裂解和溶原之间的转换是由噬菌体基因组内编码的基因开关所"决定"的，并且受到与宿主相关的或外部因素的影响。以溶原性的λ噬菌体为例，该噬菌体启动裂解或溶原的概率与感染的细胞多样性有关，它的溶原性概率随着感染的多样

性增加及细胞体积的减少而增加。其他非宿主因素也影响溶原噬菌体感染的结果，如环境条件的变化，在海洋或极地水域时，处于生态系统生产力低的时期，溶原性繁殖对噬菌体的生存有利；而在生态系统生产力高的时期，裂解性繁殖则更具优势。一些物理、化学因素也会影响噬菌体的状态。例如，用紫外线照射或丝裂霉素C处理，或高温刺激时，都可诱发溶原菌中原噬菌体转变成裂解性噬菌体而导致宿主细胞裂解。

溶原状态下，病毒和宿主共同进化。有研究表明，在表层海水、深海、极地、热液口等地，分离自浅层沉积物和深海沉积物的希瓦菌中的原噬菌体，它通过与细菌宿主建立"共生关系"，从而可以提供新的功能而使宿主细菌受益，帮助细菌宿主适应极端环境，溶原性噬菌体和所感染的海洋细菌之间的密切关系显著地塑造了二者的生物共进化。

微生物病毒的裂解性繁殖和溶原性繁殖之间的区别在于，在溶原性周期中，病毒DNA随着宿主细胞产生子代细胞而传递；而裂解循环中，病毒的遗传物质迅速大量增殖，并且裂解宿主细胞（图2-6）。因此，在进行噬菌体治疗时，通常会选择裂解性噬菌体而不是溶原性噬菌体。同时，溶原性噬菌体会改变宿主菌的性质，通过插入噬菌体DNA影响宿主基因的表达。例如，溶原性λ噬菌体在感染大肠埃希菌后，将其DNA直接整合到宿主菌染色体中，整合过程由 *cI* 和 *int* 基因的产物所激活，*cI* 基因将编码阻遏蛋白CI。阻遏蛋白CI结合溶原状态的操纵序列（operator），阻遏除了自己以外的所有其他基因转录。此外，一些温和噬菌体可以编码破坏真核免疫系统的毒力因子，使细菌转变为致病菌，并促进细菌与其真核宿主之间的相互作用。

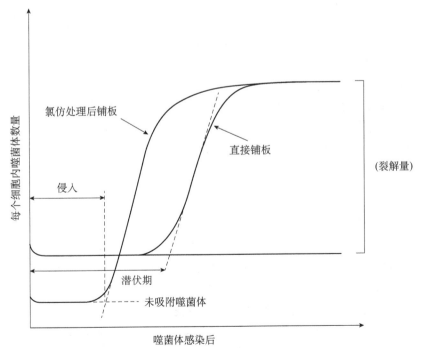

图 2-6　噬菌体感染宿主细菌后的一步生长曲线

氯仿对宿主细菌细胞膜、DNA和代谢活动产生影响，使噬菌体更容易感染和侵入宿主细胞

二、复制周期

以裂解性噬菌体为例，微生物病毒从进入宿主细菌起，到引起细菌裂解并释放出子代噬菌体为止，称为一个复制周期。噬菌体繁殖包括：识别（吸附）、侵入、生物合成（基因组复制和蛋白质合成）、组装、释放 5 个方面。增殖时不进入裂解期的噬菌体被划分为溶原性噬菌体。噬菌体与其宿主菌相互作用的关键是识别与结合，在识别过程中，吸附位点的特异性及吸附能力影响噬菌体的宿主范围及侵染能力。噬菌体首先通过病毒蛋白与细菌表面的受体蛋白相互作用吸附至细胞表面，再通过不同的方式进入宿主细胞，即侵入过程，一般包括注射式侵入、细胞内吞、膜融合等，从而使病毒基因组进入宿主细胞内，并在宿主细胞内进行核酸复制、蛋白质合成和子代噬菌体的组装，实现增殖。

（一）吸附

吸附是噬菌体与细菌表面受体结合的过程，也是噬菌体感染的最初环节，吸附位点的特异性及吸附能力影响噬菌体的宿主范围和侵染能力。噬菌体结合到细菌表面的结构称为受体结合蛋白（RBP），在同一个噬菌体上可存在多个 RBP，其功能在于识别细菌表面的特异性受体，进而吸附并与之结合，大多数噬菌体通过尾部结构吸附细菌，分为可逆吸附和不可逆吸附。例如，NJS1 是一种靶向肺炎克雷伯菌（*Klebsiella pneumoniae*）的噬菌体，NJS1 可以先通过其侧纤维蛋白（side fiber protein，SFP）可逆地附着到细菌 O 抗原上，然后它的中心纤维蛋白（central fiber protein，CFP）可与细菌外膜蛋白 FepA 发生不可逆吸附，从而触发噬菌体将 DNA 注入宿主细胞；靶向大肠埃希菌 K-12 的噬菌体 Bp7 的 RBP gp38 可以与细菌的外膜蛋白 LamB 和 OmpC 可逆性结合，同时还可以与细菌多糖内核的 Hep I 不可逆结合。

实验研究中，噬菌体吸附细菌的过程可以采用噬菌体的吸附曲线进行表征。不同噬菌体、不同宿主之间的吸附效率具有一定的差异。同时，温度、酸碱度等物理因素的变化也会引起噬菌体吸附效率的改变。

1. 噬菌体吸附装置　　噬菌体的吸附装置主要包括 RBP 和黏附素（adhesin），以及从 RBP 接收信号的其他噬菌体结构和在某些噬菌体中起调节作用的其他组分。一些噬菌体可以感染不同宿主，可能与其具有多种 RBP 相关（案例 2-2）。

● 案例 2-2

短尾噬菌体科中，P22 通过尾刺蛋白 gp9 的 C 端识别细菌外膜脂多糖（LPS）；肌尾噬菌体科 T4 通过 6 根长尾丝与 6 根短尾丝，共同介导噬菌体吸附：长尾丝的 gp37 为受体结合域，可以与细菌 LPS 或外膜蛋白 OmpC 通过电荷间作用力可逆结合，短尾丝由 *gp12* 编码，不参与噬菌体的宿主特异性，与 LPS 不可逆结合；微小噬菌体科的大肠埃希菌噬菌体ΦX174 的衣壳蛋白作为 RBP，其顶点有 12 个刺突蛋白——G 蛋白（protein G），刺突在识别细菌 LPS 后从衣壳解离，暴露衣壳 F 蛋白（protein F），F 蛋白锚定于细胞壁上并协同引导蛋白（protein H）发生构象变化，帮助噬菌体完成 DNA 注入（图 2-7）。

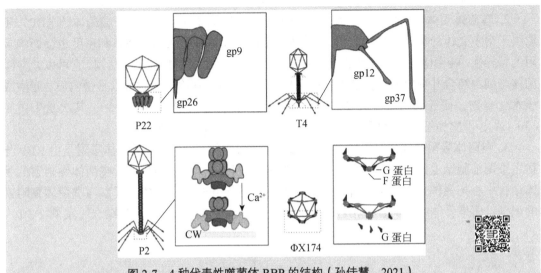

图 2-7　4 种代表性噬菌体 RBP 的结构（孙佳慧，2021）

短尾噬菌体科 P22 通过尾刺蛋白 gp9 的 C 端识别细菌外膜 LPS；肌尾噬菌体科 T4 通过尾丝介导
噬菌体吸附；长尾噬菌体科 P2 的不可逆吸附过程依赖于基板；微小噬菌体科 ΦX174 的 F
蛋白锚定于细胞壁上并协同 protein H 发生构象变化，帮助噬菌体完成 DNA 注入

　　RBP 是噬菌体表面能够特异性识别细胞受体并与之结合的结构蛋白，它决定着噬菌体能否成功吸附于宿主菌的表面，某些 RBP 具有水解细菌表面结构的功能，可以协助核酸注入宿主细菌。不同噬菌体 RBP 的大小、形状和位置不同。RBP 多为尾部结构中的尾刺、尾丝蛋白及基板。例如，短尾噬菌体 T7 和长尾噬菌体 SSU5 分别通过尾纤蛋白 gp17 和 gp22 与志贺菌、大肠埃希菌和沙门菌的脂多糖（lipopolysaccharide，LPS）结合，乳球菌噬菌体 Tuc2009 和 TP901-1 的尾纤维蛋白即其 RBP，某些具有尾钉的噬菌体还有甘氨酰水解酶活性，能够解聚宿主菌表面的多糖；少数不具有尾部结构的噬菌体，其衣壳蛋白可作为吸附结构，如微小噬菌体科（Microviridae）的大肠埃希菌噬菌体 ΦX174 没有尾部结构，其衣壳为对称的二十面体，它的衣壳蛋白 H 为管状，具有 RBP 功能，能以大肠埃希菌 LPS 为靶标，其管状结构也为 DNA 注射提供了通道。

　　RBP 的结构通常包含保守的 N 端（amino-terminal）结构域、中间灵活的铰链（linker）、末端可吸附和水解细菌受体的 C 端（carboxy-terminal）结构域。不同噬菌体的 RBP 结构和识别位点不同，其吸附过程也有所差异：在长尾病毒科（Siphoviridae）中，以长尾病毒 P2 为代表，其具有基板吸附模式，当尾管蛋白的黏附域将噬菌体黏附于细菌表面后，基板 RBP 会识别细胞壁（cell wall，CW）特定糖基，基板蛋白头部结构在 Ca^{2+} 协同作用下，C 端由向上转为向下，暴露更多的 RBP 位点，同时基板 RBP 将以尾部蛋白为轴心进行 200° 的螺旋相变，打开基底底部的核酸注入通道，这是一个依赖于基板进行的不可逆吸附过程。

　　有尾噬菌体通过尾部的接触位点（attachment site）与宿主菌表面分子相互作用来识别宿主菌。噬菌体与宿主菌受体结合的分子是一种黏附素，噬菌体通过产生种内或种间重组、噬菌体突变都可获得不同的宿主特异性，黏附素的基因区可能是其基因组中变化最大的区域。

2. 噬菌体受体 噬菌体与宿主之间相互作用的特异性不仅取决于噬菌体的 RBP，还取决于宿主受体的类型和结构。同时，受体的定位以及在细胞表面的数量和密度也会影响吸附的特异性。噬菌体受体是指细菌表面能被噬菌体特异性识别并吸附的结构，它可以介导噬菌体与细菌结合并释放噬菌体的 DNA 进入细菌细胞内，其化学本质可以是蛋白质、脂质或碳水化合物。研究表明，噬菌体最常使用糖类化合物作为受体（50.1%），其次是蛋白质（30.7%），再次为细菌的表面特殊结构（11.7%）如菌毛和鞭毛等。

3. 噬菌体吸附过程 不同类型噬菌体的吸附过程存在差异，噬菌体吸附是由 RBP 与宿主细菌细胞壁上的受体特异性结合，黏附素对受体分子的识别是由于噬菌体黏附素的受体结合中心与受体分子的某些部位相对应而发生的，并非整个受体分子参与噬菌体黏附素的识别，而是受体结合中心上相对较小的区域与细菌表面的分子特异性结合（案例 2-3）。

🌢 案例 2-3

　　以 T4 噬菌体为例，在噬菌体的吸附过程中，它具有可伸缩的尾鞘结构，同时，T4 噬菌体还具有两种不同长度的尾丝纤维，长尾丝纤维（long tail fiber, LTF）在侵染时处于回缩状态，当第一个 LTF 识别到宿主菌 LPS 或外膜蛋白（OmpC 或 OmpA）后，LTF 面向细胞表面，并与受体可逆结合，将噬菌体暂时锚定于宿主菌上；在其解离前，第二个 LTF 将进行伸展并与受体可逆结合；随后噬菌体将重复 LTF 的"伸展-结合-回缩"过程；当至少 2 个或 3 个长尾丝蛋白与细菌可逆结合时，基板将被初步激活并产生构象变化暴露单个短尾丝（short tail fiber, STF）；当 STF 的 gp12 与 LPS 不可逆结合后，基板被进一步激活暴露更多 STF 并打开核酸释放通道，STF 可将基板拉近细胞膜（cell membrane, CM），噬菌体尾鞘收缩，带动尾管刺入细胞膜（图 2-8）。

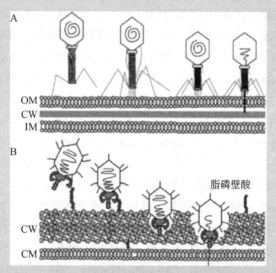

图 2-8　T4 噬菌体吸附大肠埃希菌（A）及 Φ29 噬菌体吸附枯草芽孢杆菌（B）的过程
（改自孙佳慧，2021）

　　OW. 细胞外膜；IM. 细胞内膜；CW. 细胞壁；CM. 细胞膜。短尾噬菌体科 Φ29 通过尾部蛋白对壁磷壁酸（wall teichoic acid, WTA）和肽聚糖的水解及消化作用降解宿主菌枯草芽孢杆菌肽聚糖层

　　了解噬菌体的吸附过程对临床应用噬菌体鸡尾酒疗法有很大帮助，选择靶向不同受体的噬菌体混合制剂可以成功提高疗效。近年来，应用分子生物学方法对宿主谱不同的噬菌体进行基因修饰、替换，或将不同家族噬菌体进行种内或种间重组、突变，改变黏附素，识别新宿主受体，从而扩大其宿主谱，有益于其在生物防治和临床治疗中广泛应用。

（二）侵入

　　当噬菌体吸附到细菌表面时，其尾部释放水解蛋白局部降解细胞膜肽聚糖层，将 DNA 注入宿主细胞，实现每个噬菌体特异性 DNA 的转移过程。在这个过程中，噬菌体的尾丝纤维顶部与细菌细胞壁接触或穿透内膜，通过能够穿透肽聚糖层的酶使细胞壁产生小孔，直接将 DNA 释放到细胞中。对于 T4 噬菌体而言，这个小孔可以导致细菌细胞内容物漏出。但在正常病毒繁殖过程中，小孔很快会被细菌修复。

　　噬菌体侵入细胞的过程取决于宿主细菌的特性，尤其是宿主细菌的表面结构，大多数噬菌体只有其核酸会注入宿主细胞，而其蛋白质外壳则停留在菌体外，对长尾噬菌体 T5 而言，其基因组较大，当它注射 DNA 进入细胞时，它的刚性外壳不发生改变，颗粒包装不稳定而释放出的能量不足以使几微米长的 DNA 分子通过尾丝纤维管狭长的通道，小部分核酸会先进入细胞中，合成与其进入细胞相关的蛋白质后，剩余的核酸再进入。一旦 T5 噬菌体的 DNA 从衣壳释放，其大部分 DNA 转移的第二步即可正常进行。T5 噬菌体的基因组为多价阴离子，该侵入过程也涉及离子通道的参与。噬菌体基因组的注入需要穿透外膜与内膜两层疏水障碍和肽聚糖层，以及含有核酸酶的周质空间，噬菌体 DNA 转移速率高达 3000～4000 bp/s，远高于自然转化或接合的 100 bp/s，T4 噬菌体颗粒长度是 T5 噬菌体的 1/5 倍，这意味着 T4 噬菌体的高效感染对于其 DNA 分子几乎没有影响。此外，无尾噬菌体与丝形噬菌体还可以脱壳的方式进入细菌细胞内。

　　噬菌体侵入的能量学过程可能涉及多种多样的机制，如 ATP、膜电势（membrane potential）、酶分子等。T5 噬菌体即使没有代谢能量也可以进入细胞。不同噬菌体转移 DNA 的方式不同。例如，短尾噬菌体 T7 的 DNA 是通过转录介导进入细胞的，由于其 DNA 进入细胞后会产生对宿主菌核酸外切酶及限制性内切酶的敏感性，噬菌体会通过黏性末端或末端冗余将其 DNA 迅速环化或保护线性末端，T7 噬菌体还可以通过抑制宿主核酸酶对 DNA 进行保护。

（三）挟持与生物合成

　　噬菌体个体微小、结构简单，仅具有核酸而没有独立的代谢能力，因此完全依赖于宿主细胞代谢产生的能量进行生物合成，从而实现高效复制，诱导细菌的代谢调控而影响感染效果。噬菌体 DNA 进入宿主细胞后，大多数溶原性噬菌体会潜伏下来，将核酸整合于细胞基因组，成为原噬菌体随细胞的分裂而传递，而裂解性噬菌体则接管细胞的代谢机制，利用细胞内的原料、场所、能量进行蛋白质和核酸等生物大分子的合成，此时噬菌体会以细菌标准的环状 DNA θ 复制模式完成复制。随后，大多数的噬菌体将会进行滚环复制（rolling circle replication）产生线性 DNA，而一些裂解性噬菌体通过编码出自己的 DNA 聚合酶，复制出线性分子，重组复制末端合成更长的分子，再进一步切割、包装入新的噬菌体外壳中。

（四）组装

噬菌体大分子合成的结构组分可以通过一定的方式组合，进一步组装成完整的子代噬菌体颗粒，这一个复制阶段称为装配（assembly）。结合生物化学、遗传学等理论，综合利用 X 射线单晶衍射、核磁共振、电子显微镜、冷冻电镜等技术，能够对许多噬菌体分子元件组装的高度复杂的功能性结构进行研究。装配时，噬菌体将 DNA 包装到预组装好的二十面体蛋白质外壳中，该结构即噬菌体的衣壳。绝大多数噬菌体的组装还涉及主要头部结构蛋白和特定骨架蛋白之间的相互作用，同时，蛋白质将切除骨架蛋白和主要头部蛋白的 N 端。噬菌体头部是组装的起点，同时是 DNA 包装酶停靠位点及 DNA 进入的通道，包装前或在包装过程中，噬菌体头部延伸并增大其内部体积，促使 DNA 装入。

（五）释放

噬菌体复制的最后一步是裂解宿主细胞，并以该种方式被释放至细胞外，这个过程需要多种酶参与，如溶菌酶水解细菌细胞壁、脂肪酶水解细菌细胞膜。噬菌体可以编码具有裂解细菌特性的蛋白质，这些蛋白质都在噬菌体裂解宿主菌的过程中发挥着重要作用，它们被称为裂解酶。噬菌体穿透细胞膜和细胞壁可能依赖单个蛋白质分子，也可能需要多个蛋白质同时协助。在宿主菌裂解后，将会释放子代噬菌体颗粒。丝状噬菌体则以分泌的方式从受染细胞中释放出来，是穿过细胞膜的典型实例，这种非破坏性的方式不裂解和杀死宿主细胞，不妨碍宿主细胞，但宿主细胞的生长速率却大大降低。例如，丝杆噬菌体 fd 的增殖不杀死宿主细胞，而是以分泌的方式进行。芽生噬菌体科（*Plasmaviridae*）病毒有囊膜，其释放过程类似于有外膜的动物病毒的出芽方式。与裂解相关的其他酶还包括穿孔素（perforin）、转运信号肽（signal peptide）和跨膜蛋白。穿孔素是一组噬菌体编码的膜蛋白，它是噬菌体在感染细菌后期所合成的一种小分子量的疏水性跨膜蛋白，到目前为止共发现有 3 类穿孔素，目前研究最广泛、最深入的是属于 I 类穿孔素的大肠埃希菌噬菌体 λS105 蛋白。大多数噬菌体常采用"穿孔素-裂解酶"系统，裂解由穿孔素触发，在特定的时间以寡聚体的形式聚集于细菌细胞膜上，然后损害细胞膜，形成一条稳定的跨膜通道，随后，裂解酶通过这条由穿孔素所形成的跨膜通道接触到细菌肽聚糖，水解细胞壁中的肽聚糖层，最终通过破坏内肽酶、酰胺酶及糖苷酶而引起细菌裂解，从而使子代噬菌体从宿主菌中被成功释放。一些革兰氏阴性菌噬菌体可能有第三类蛋白质参与破坏外膜，它们可以跨越周质，在内外膜之间提供物理连接。对于大肠埃希菌 λ 噬菌体而言，跨膜素复合物在裂解过程中是至关重要的。例如，RZ 和 RZ1 分别是 II 类内在膜蛋白和 OM 脂蛋白，它们的 C 端具有可溶性，因此被认为可以跨越整个外周。

噬菌体裂解宿主菌需要的时间一般比较短，并且也需要在适当的时机启动裂解。裂解启动过早或过晚都会影响噬菌体复制的效率，若启动裂解过早，组装形成的噬菌体数量过少，宿主细胞不能被有效裂解；若裂解启动的时期过晚，则容易错过新一轮繁殖期。噬菌体的裂解过程也相对较复杂，该研究认为一般有两种触发方式，一种是细菌细胞因为压力因素爆裂然后释放出大量子代噬菌体粒子；另一种则是后期所形成的溶菌酶导致噬菌体释放并随后感染新的宿主细胞。在噬菌体的复制周期中，所有其他过程都在为使宿主细胞内积攒尽可能多的子代噬菌体颗粒而服务，而何时终止感染并适时裂解宿主细胞也对噬菌体复制效率尤为重要。在宿主菌裂解时，噬菌体裂解过程相关的酶也会参与。例如，内溶素和孔蛋白可能与噬菌体的裂解调控相关，它们分别能够裂解细菌的肽聚糖层和使内溶素精准地进入周质空间。

数字资源
2-3

噬菌体的复制
周期

（聂鑫雨　范华昊）

小　结

微生物病毒是最微小、结构最简单的非细胞型微生物，其形态多样，包括球形、杆形、砖形等，多数在电子显微镜下才能观察到。病毒的基本结构由核心（核酸）和衣壳组成，有的还有包膜和刺突。病毒严格寄生在活细胞内，通过复制方式增殖，包括吸附、侵入、生物合成、组装与释放等步骤。其复制过程依赖宿主细胞的酶系统、能量和原料，最终释放出具有感染性的子代病毒。病毒不仅是微生物的重要组成部分，也是许多疾病的致病因子，其复制和感染机制对医学研究和疾病防控具有重要意义。

复习思考题

1. 为什么古菌病毒具有如此多样化的形态？
2. 什么是微生物病毒的复制周期？
3. 噬菌体的蛋白质结构是怎样的？
4. 噬菌体与宿主之间相互作用的特异性取决于什么？

主要参考文献

胡福泉，童贻刚. 2021. 噬菌体学：从理论到实践. 北京：科学出版社.

李托，李陇平，屈雷. 2023. 有尾噬菌体的结构及其受体研究进展. 生物技术通报，39(6): 88-101.

孙佳慧. 2021. 噬菌体吸附及受体结合蛋白 (RBP) 的研究进展与应用. 生物工程学报，37(8): 2614-2622.

谢天恩，胡志红. 2002. 普通病毒学. 北京：科学出版社.

张明阳. 2021. 细菌与噬菌体相互抵抗机制研究进展. 微生物学通报，48(9): 3293-3304.

Ackermann H W. 2012. Bacteriophage electron microscopy. Advances in Virus Research, 82: 1-32.

Baquero D P, Contursi P, Piochi M, et al. 2020. New virus isolates from Italian hydrothermal environments underscore the biogeographic pattern in archaeal virus communities. Multidisciplinary Journal of Microbial Ecology, 14(7): 1821-1833.

di Lorenzo F, Duda K A, Lanzetta R, et al. 2022. A journey from structure to function of bacterial lipopolysaccharides.Journal of Chemical Reviews, 122(20): 15767-15821.

Letarov A V, Kulikov E E. 2017. Adsorption of bacteriophages on bacterial cells. Biochemistry (Mosc), 82(13): 1632-1658.

Lima R R A, Said M, Phillipe C, et al. 2019. "Tupanvirus", a new genus in the family *Mimiviridae*. Archives of Virology, 164: 325-331.

Rao V B, Fokine A, Fang Q, et al. 2023. Bacteriophage T4 head: structure, assembly, and genome packaging. Viruses, 15(2): 527.

Zhang R, Takemura M, Murata K, et al. 2023. "*Mamonoviridae*", a proposed new family of the phylum *Nucleocytoviricota*. Archives of Virology, 168: 80.

第三章 微生物病毒的生态作用

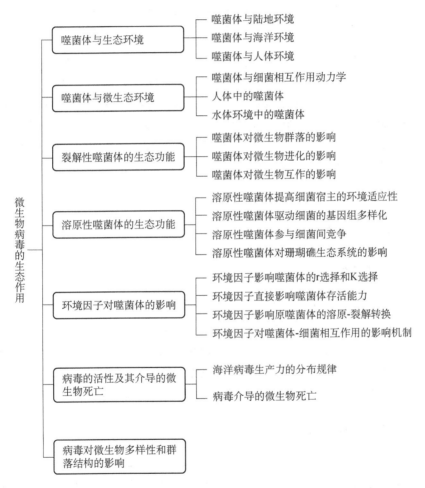

微生物是一类个体非常微小，肉眼无法分辨，需要借助显微镜才能观察到的生命形式，包括病毒、细菌、古菌、真菌、藻类和原生动物等。病毒及其宿主微生物是地球生态圈中两个重要的生命群体，其中噬菌体与其宿主菌是两种数目庞大的类群，噬菌体依赖于宿主菌进行繁殖与扩散，导致宿主菌大量死亡。在漫长的进化过程中，噬菌体与宿主菌之间存在一种动态平衡，噬菌体不断侵染和裂解宿主菌，而宿主菌则进化出抵抗噬菌体的不同机制。噬菌体所处环境包括生物因素和非生物因素，其中宿主菌的种类与数量是噬菌体生态学研究中

的重要组成成分。在不同生态环境中，烈性噬菌体通过裂解宿主菌来调控微生物群落结构，维持劣势物种的数量，保证生态位中微生物物种多样性，同时宿主菌细胞内容物的释放进一步促进或抑制微生物群落的生长，间接影响整体微生物群落结构。温和噬菌体通过溶原方式将遗传物质整合到宿主菌的染色体中，建立共生关系，并通过溶原-裂解的转换机制被激活、繁殖、裂解菌、寻找新的宿主菌，从而灵活地调节其生命周期。

微生物病毒生态作用的主要内容包括：① 噬菌体与生态环境；② 噬菌体与微生态环境；③ 裂解性噬菌体的生态功能；④ 溶原性噬菌体的生态功能；⑤ 环境因子对噬菌体的影响；⑥ 病毒的活性及其介导的微生物死亡；⑦ 病毒对微生物多样性和群落结构的影响。

第一节　噬菌体与生态环境

噬菌体作为自然界广泛存在的微生物捕食者，对生态环境具有重要影响。它们通过特异性感染并裂解细菌，参与调节细菌种群动态，影响生物地球化学循环。噬菌体的活动有助于维持微生物群落多样性，防止某些细菌过度繁殖，从而保持生态系统的平衡。此外，噬菌体还在生物防治、基因转移及环境修复等方面展现出潜在应用价值。然而，噬菌体与细菌的相互作用也可能影响人类健康及农业生产，如病原菌的噬菌体抗性问题。因此，深入探究噬菌体与生态环境的相互关系，对理解生态系统功能、保护生态环境及促进可持续发展具有重要意义。

一、噬菌体与陆地环境

（一）土壤噬菌体的丰度

美国特拉华州一项研究表明，来自农田、海岸和山麓不同土壤中每克土壤所含有的病毒样颗粒（virus like particle，VLP）数量为 10^9 个。英国加的夫和牛津田地的非根际土壤也含有相似的 VLP 密度。因此，有人认为，大多数土壤中，每克土壤含有 $10^9 \sim 10^{10}$ 个病毒样颗粒，病毒丰度也在此范围或更高。然而，土壤病毒组序列是碎片化的，目前未培养病毒基因组综合生态和进化框架中土壤生态数据仅含有 10 009 个病毒重叠群（contig）。

（二）土壤噬菌体的多样性

目前对土壤噬菌体多样性的认识大都建立在通过透射电子显微镜（TEM）对噬菌体形态的观察。例如，根际和非根际土壤中噬菌体形态主要为有尾、球形、棒状、丝状或杆状。一些分析土壤病毒组的研究项目逐渐引入基于核酸的方法和生物信息学。例如，基于序列预测的研究表明，沙漠土壤中有尾病毒占总病毒的 67%，包含肌尾病毒科（*Myoviridae*）、短尾病毒科（*Podoviridae*）和长尾病毒科（*Siphoviridae*）。该研究还发现新型有尾病毒目（*Caudovirales*，7%）、地热芽孢杆菌（*Geobacillus* sp.）噬菌体（6%）和芽孢杆菌（*Bacillus* sp.）噬菌体（4%），同时也发现了一个微小噬菌体科（*Microviridae*）ssDNA 噬菌体（4%）

和一株与深海嗜热噬菌体 D6E 相似的噬菌体（1%）。总之，基于 TEM 和核酸序列分析，科学家从各种不同土壤中发现了丰富的噬菌体，它们伴随着多样的细菌宿主。然而，在生态位的生物生长和进化中，噬菌体有多大的多样性依然未知。

（三）土壤噬菌体的潜在用途

土壤噬菌体用于植物病害的生物防控（噬菌体疗法）可以追溯到抗生素时代前。但那个年代对土壤中噬菌体的生命周期了解甚少，极大地限制了土壤噬菌体学的发展。为了发展防控植物病害的生物学技术，土壤噬菌体的使用重新进入人们的视野。到目前为止，噬菌体疗法已成功用于马铃薯软腐病和黑胫病病原菌 *Dickeya solani* 的防控。

二、噬菌体与海洋环境

（一）噬菌体大小与数量

病毒（包含噬菌体）是海洋中丰度最高的生物体。病毒的数量是细菌的 10 倍，比浮游植物（phytoplankton）、浮游动物（zooplankton）或营养层级更高生物的丰度还高。

（二）噬菌体的裂解-溶原模式

噬菌体在海洋生物地理化学中的作用主要由其裂解性侵染来调节，在此过程中裂解性噬菌体注入的 DNA 指导宿主菌复制其 DNA，造成宿主菌裂解并释放噬菌体颗粒。海洋环境中，每个宿主菌裂解后的噬菌体平均释放量为 24，但此数值变化很大，在营养条件好和感染的宿主菌比例更高的情况下，此数值会随之升高。与裂解性噬菌体相比，溶原性噬菌体能够使宿主菌溶原化，既能整合进宿主菌染色体中，有时候也可以独立存在于宿主菌染色体之外，它们就像原噬菌体一样随着宿主菌细胞复制，直到环境或细胞因子启动其转换成裂解模式（案例 3-1）。

> **案例 3-1**
>
> 目前，在海洋环境中一种决定噬菌体溶原化的常用技术是通过丝裂霉素 C 引入原噬菌体。该技术通过交联损坏 DNA，激活细菌的压力响应，启动原噬菌体进入裂解模式。虽然丝裂霉素 C 在实验室中常被用作诱导剂，但该方法是受限制的，原因是丝裂霉素 C 不是海洋系统中自然产生的，并且与其他自然因子，如紫外辐射或人为污染物（杀虫剂或石油）相比，它的诱导效率是被低估的。

（三）噬菌体操控细菌代谢

噬菌体除了通过贡献溶解有机质（dissolved organic matter，DOM）和裂解宿主菌来影响海洋的生物地理化学之外，还可通过表达辅助代谢基因（auxiliary metabolic gene，AMG）

影响海洋微生物群落的多样性和功能。海洋异养细菌和蓝细菌的噬菌体基因组 AMG 主要涉及光合作用、核酸代谢和磷循环。通过分析海洋宏病毒组数据及 AMG 分类体系在 KEGG 数据库的代谢通路的存在与否，大大增加了对海洋噬菌体的 AMG 数量和功能多样性的了解，其中最丰富的是核酸合成通路，表明噬菌体在侵染宿主时是如何通过复杂机制将宿主代谢向噬菌体 DNA 合成转移的。

将来的研究需要鉴定可培养噬菌体-宿主系统中噬菌体特异性 AMG 的功能，从而解析它们的表达方式及潜在的适应优势。

三、噬菌体与人体环境

噬菌体能够调节细菌的丰度、多样性和代谢，在许多生态系统的维持和功能中起着核心作用。它们能为细菌提供相关基因，用于合成毒素、多糖等，也可作为抗生素抗性基因的来源。然而，在各种微生物组研究中，噬菌体经常被忽视，它们在人类肠道中的作用也不清楚。

（一）肠道噬菌体群落

与细菌群落相比，肠道噬菌体群落很少被描述至科水平以下，这主要与成功分离噬菌体和基因组注释的试验限制有关。噬菌体缺乏一个通用的标记基因，所以噬菌体基因组序列很少被鉴定出来，而细菌可以用 16S rRNA 基因作为标记。肠道噬菌体的基因组通常很小，平均只有 30 kb，且有一个高度镶嵌的结构。从肠道噬菌体组中分拣出来的已知噬菌体序列含量变化非常大，为 14%～87%。目前，常见的肠道噬菌体是有尾噬菌体中的有尾 dsDNA 噬菌体，以及微小噬菌体科（*Microviridae*）中的 ssDNA 噬菌体。虽然肠道噬菌体的丰度始终不能镜像反映细菌的丰度，且其宿主范围也不完整，但这些噬菌体大都能够侵染多种宿主，包括厚壁菌门（*Firmicutes*）、拟杆菌门（*Bacteroidetes*）、变形菌门（*Proteobacteria*）和放线菌门（*Actinobacteria*）的细菌。

（二）肠道中噬菌体动态

目前，不同组学（包括宏基因组、宏转录组和宏代谢组）仅能发现很少的细菌和噬菌体动态。但如果将它们进行组合，就可以发现一系列生态学理论能阐明肠道中复杂的细菌和噬菌体动态。

婴儿肠道的微生物组动态。0～3 岁的婴儿肠道微生物组在细菌和噬菌体两个层面同时动态变化。从出生开始，微生物群落的复杂度开始增加，并从基础的乳酸菌属（*Lactobacillus*）细菌向类似于成年人肠道的微生物群落转变，而噬菌体的丰度则降低。新生儿所需的第一个细菌群落来自母亲和他们直接接触的环境，而肠道中最开始的噬菌体则是原噬菌体，并从新定植的细菌中诱导而来。然而，也可能来自其他环境，如食物。婴儿肠道噬菌体的动态类似于杀死获胜者（Kill-the-Winner，KTW）模型，即当新来的细菌宿主在婴儿肠道中定植后，高密度的噬菌体快速复制，并侵染宿主菌。这种动态在健康成人肠道中却不存在，主要原因是成年人肠道噬菌体主要以溶原化存在。

健康成人个体肠道微生物组动态。"'军备竞赛'动力学"（"'arms-race' dynamics"，ARD）动态存在于裂解性噬菌体和宿主菌之间，筛选出细菌抗噬菌体机制和噬菌体防御抵抗的策略，在这种动态中，丰度高的细菌进化出逃避噬菌体侵染的机制，反过来，噬菌体进化出新的侵染机制。健康成人个体的肠道宏基因组数据显示，溶原化的复制循环占据主导地位。由于肠道营养丰富，与在营养匮乏的环境或细菌代谢不允许噬菌体有效复制理论刚好相反。搭乘胜利者（Piggyback-the-Winner，PTW）模型预测，当细菌丰度高和有高生长率时，溶原化复制循环占主导地位，这与在肠道中观察到的现象是一致的。

噬菌体的生态学功能包括对微生物群落结构自上而下的调控、宿主菌的裂解及加速元素循环。噬菌体引起的微生物死亡是微生物食物网络中影响营养循环和形成微生物群落结构的关键因子。它们通过裂解宿主细胞加速有机碳直接进入食物链，从而缩短有机碳的循环途径并形成一个独特的微型食物网循环的"病毒分流"（viral shunt），最终对生物圈的生物地理化学循环起重要作用。

数字资源
3-1

生态环境中的
噬菌体

（郑自强）

第二节　噬菌体与微生态环境

噬菌体是研究生态学原理的模式生物，可归因为：首先，其生态关系相对简单，噬菌体与其宿主菌之间的关系可简述为捕食关系，噬菌体寄生于宿主并利用其生物机制进行复制和释放，这种关系更易于研究和理解；其次，噬菌体生命周期通常较短暂，其繁殖速率快，这使得研究者能够在较短时间内观察到噬菌体与宿主之间的相互作用过程，从而更好地研究生态系统中的动态变化；再次，噬菌体可以在实验室中轻松培养和繁殖，这使得科学家可以进行大规模的实验和研究，探究噬菌体在不同条件下的行为和生态学特征；最后，噬菌体和其宿主微生物是地球各种生态系统中最常见的两种生命形式，噬菌体在自然界中起着重要的生态调控作用，它们通过控制细菌群落的组成和数量，影响着整个生态系统的平衡和稳定性，因此研究噬菌体可以帮助我们更好地理解生态系统中的生物相互作用和能量流动。

一、噬菌体与细菌相互作用动力学

噬菌体由于易于操作、种群规模大、世代时间短及丰富的生理和遗传特征，在实验室内测试微生物群落已成为生态学理论的流行实验工具。基于这一认识，通过控制微生物群落的初始组成及影响因子，来探索不同群落结构对生态现象的影响，如生态群落的稳定性、多样性和对入侵的抵御能力等。以下介绍如何将噬菌体应用于生态学理论和概念，以及病毒如何在生态学中引发新概念发展。

（一）Lotka-Volterra 模型

Lotka-Volterra 模型是用来描述捕食者-猎物相互作用的数学模型。该模型由意大利数学家洛特卡（A. J. Lotka）和瑞典数学家沃尔泰拉（V. Volterra）分别在 20 世纪初提出的，用来描述生态系统中捕食者和猎物之间的动态关系。因烈性噬菌体和宿主菌的关系与捕食者-猎物的相互作用类似，故可采用捕食者-猎物的数学模型来模拟。Lotka-Volterra 模型基于以下假设：捕食者数量主要受猎物数量的影响，捕食者数量的增加会导致猎物数量的减少。猎物数量主要受捕食者数量的影响，猎物数量的增加会导致捕食者数量的增加。然而，需要注意的是，这个模型基于一些简化的假设，并不完全能够描述所有生态系统中的复杂情况。

（二）连续时间化学恒流培养模型

连续时间化学恒流培养模型（continuous-time chemostat model）是用于研究微生物群落中噬菌体和细菌之间相互作用的数学模型。这个模型通常用来探讨在化学恒流培养系统中，噬菌体和细菌之间的动态关系和稳定性。在连续时间化学恒流培养模型中，主要考虑的是噬菌体和细菌在培养液中的浓度随时间变化的情况。

该模型描述了细菌和噬菌体在连续时间化学恒流培养模型中的动态变化过程。通过调整模型中的参数和初始条件，可以模拟不同情况下细菌和噬菌体的相互作用、稳定性和动态平衡。这种模型对于研究噬菌体在微生物群落中的作用、生态学中的微生物相互关系及生物工程领域中的生物制剂开发都具有重要意义。然而，需要注意的是，模型中的参数选择和假设条件会影响模型的预测结果和适用范围。因此，在使用连续时间化学恒流培养模型时，需要谨慎选择参数和对模型进行验证。

（三）噬菌体与宿主互作的 Kill-the-Winner 模型和 Piggyback-the-Winner 模型

从 Kill-the-Winner 模型到 Piggyback-the-Winner 模型的发展，伴随着对裂解性噬菌体和溶原性噬菌体在生态功能中的认识。因噬菌体可分为溶原性噬菌体和裂解性噬菌体，故海洋噬菌体生态学存在两种观点，一种观点认为裂解性噬菌体引起的感染是海洋细菌群落被感染的主要模式，另一种观点认为可诱导的溶原性噬菌体也具有重要作用。

Kill-the-Winner 模型与 Lotka-Volterra 模型有关。它假设原核生物在争夺有限资源时，随着"赢家"在其环境中变得更加丰富和活跃，它们与宿主特异性病毒（也称为噬菌体）的接触增加，使它们更容易受到病毒感染和裂解。因此，病毒调节了"赢家"的种群规模，并允许多个物种（包括"赢家"和"防御者"）共存。

Piggyback-the-Winner 模型的提出伴随着对溶原性噬菌体研究的发展。最近的发现是，与微生物丰度较低时相比，当宿主微生物水平较高时，每个宿主的病毒数量都较少，这对先前建立的病毒裂解-溶原性转换理论提出了挑战，并促使 Piggyback-the-Winner 模型的提出。过去认为，在海洋低宿主密度的生态环境中，噬菌体更趋向于整合在宿主基因组中。

但是最近的研究报道表明，在一些特殊生境，如珊瑚礁生态系统中的珊瑚黏液层，细菌密度越大，温和噬菌体的特征性基因（如整合酶基因等）出现的频率越高，暗示温和噬菌体在珊瑚黏液层中发挥重要的作用。根据 Piggyback-the-Winner 模型，当微生物密度增加时，宿主丰度是将裂解性感染转变为溶原性感染的主要驱动力。这种高微生物密度状态与减少的病毒-微生物细胞比例（virus-to-microbial cell ratio，VMR）和增强的溶原性相结合，可以赋予优势微生物竞争优势，表明这可能会减少相对较少的微生物的生长机会，从而降低微生物群落的多样性。因此，在高微生物丰度下增加溶原性可能不仅是一种成功搭载宿主微生物的病毒策略，也是一种共同进化以赋予溶原性优势并促进宿主适合度的微生物策略。

二、人体中的噬菌体

据估计，一个人体内大约有 10^{12} 个细胞，而细菌及其病毒（其中大部分居住在大肠中）的数量至少是这些人类细胞的 10 倍。最新研究表明噬菌体在人体内的分布具有广泛性和复杂性。早先，人们普遍认为噬菌体仅存在于人体肠道中，但随着宏基因组分析技术的发展，研究者发现它们也分布于肺部、皮肤、生殖道、口腔、呼吸道等多个部位，甚至出现在各种临床样本中，如腹水和尿液。动物实验还揭示了噬菌体存在于血清和血流中，并能够通过血液转移到胎儿组织，甚至越过血脑屏障到达大脑。

这些新发现改变了对噬菌体在人体内分布的既有认知，表明其分布范围更为广泛，与人体细胞的互动也更加复杂。需要注意的是，人体内的噬菌体分布情况受多种因素影响，包括个体差异、环境因素、生活习惯等。此外，噬菌体对人体健康的影响还在进一步的研究和探讨之中。

三、水体环境中的噬菌体

病毒成为世界海洋水中最丰富的生物体，也是仅次于原核生物的第二大生物量组成部分。海洋中病毒和细菌的丰富大致为 10∶1，相当于每一个细菌细胞周围有 10 个左右的病毒粒子，其中绝大部分病毒为细菌病毒（噬菌体）。

对沿海水域和沉积物的基因组研究表明，在 200 L 海水中可能有数千种病毒基因型，在 1 kg 沉积物中可能有 100 万种病毒基因型，从而揭示了海洋中病毒多样性的程度。群落分布不均匀，最丰富的基因型占群落的比例不到 5%，而大多数基因型占群落的比例<0.01%。60%～80% 的序列与数据库中的序列不相似（$E>0.001$），这一事实揭示了群落的遗传丰富性。相比之下，原核生物群落的宏基因组数据中约 90% 的假基因与数据库序列具有可识别的相似性。显然，宏基因组数据表明，海洋病毒群落比原核生物病毒群落具有更大的遗传丰富性。

数字资源
3-2

噬菌体与
微生态

（刘晓晓）

第三节 ▶ 裂解性噬菌体的生态功能

噬菌体通常能够影响所处环境中微生物群落结构的组成、群落组成物种的进化及细菌与其他生物之间的相互作用。

一、噬菌体对微生物群落的影响

噬菌体通常具有塑造微生物群落和物种的组成、结构及其稳定性的功能，但不同的噬菌体种类具有不同的影响方式。烈性噬菌体通常被认为遵循 Kill-the-Winner 模型，其驱动基于物种密度和互作频率的动态平衡。在此过程中，它们抑制丰度高的细菌宿主从而使丰度低的物种群落频率得以提升。这种影响抵消了单一主要物种的繁殖，有助于维持细菌群落的物种多样性。然而，这种模式过于简单，忽略了空间变化或者统计学的随机性。例如，烈性噬菌体可能裂解效率不高或者进入假裂解性状态（pseudolysogenic state），导致噬菌体群落的波动。在众多生态环境，如淡水生态系统、咸水湖及复杂的季节性流行疾病环境中，通常会出现捕食者-被捕食者动态平衡，在这种平衡中，细菌密度达到峰值后伴随着噬菌体丰度的提升，紧接着细菌密度会急剧下降。噬菌体和宿主菌丰度之间这种负相关性循环，在马尾海藻通常会长达 10 年之久。噬菌体还能通过表达 AMG 重塑细菌的代谢（案例 3-2）。

♥ 案例 3-2

据估计，地球上每秒钟会发生 10^{23} 次噬菌体对细菌的感染，进而改变细菌群落的功能和生态系统。辅助代谢基因在海洋噬菌体中已经得到很好的阐明，涉及光合作用、碳代谢和硝酸盐还原作用等大量生命活动。例如，蓝细菌噬菌体在感染宿主菌过程中，可能依然保持着光合作用，但噬菌体破坏了宿主菌编码光合作用基因的表达。

另外，宏基因组数据的挖掘发现了大量新型辅助代谢基因，这些基因分布不均匀，甚至一些只存在于一些特殊生态环境中，而另一些分布则更广泛。辅助代谢基因的多样性和高丰度表明噬菌体在生物地理化学循环中起着非常重要的作用，然而量化它们在物质和能量生产过程中所发挥的作用仍然具有挑战性。

温和噬菌体通常对细菌群落的动态变化影响有限，原因是它们在宿主菌中可以垂直遗传和水平转移，与宿主菌结成更加紧密的合作同盟，发生比烈性噬菌体更多的共生行为。然而，由于原噬菌体被诱导或者超强毒性突变体的进化，温和噬菌体会对细菌群落造成很高的致死率。温和噬菌体也会通过维持菌株间竞争来影响微生物群落动态变化。当温和噬菌体随机裂解少部分溶原性宿主菌群体（原噬菌体诱导）时，它们会促进宿主菌毒素（细菌素）的释放，从而抑制同群落中其他细菌的生长，或通过释放自身病毒颗粒杀死敏感的细菌竞争者，以造成适应溶原菌的优势直到竞争者变成溶原菌并对噬菌体侵染产生抗性（如同种免疫）为止。

二、噬菌体对微生物进化的影响

（一）抗性突变选择

噬菌体能够快速驱动细菌遗传和表型的改变。体外试验证实，细菌通常会通过以下方式快速进化出噬菌体抗性，如改造细胞表面噬菌体受体的结构，或者将噬菌体序列插入细菌CRISPR/Cas 位点，以便细菌被噬菌体再次侵染时识别并剪切噬菌体携带的同源序列。这两种抗噬菌体机制在实验条件下通常进化非常快，且受体改造最常见。

（二）噬菌体作为遗传创新的资源

鉴于原噬菌体广泛存在于微生物基因组中，溶原性转变可能对微生物群落的适应性和进化产生强烈影响。原噬菌体可能编码有益基因（如毒力因子和代谢基因等），使宿主菌能在新生态位定植，并在处于变化的环境中得以生存。在鸟类病原大肠埃希菌、猩红热致病菌——化脓性链球菌或人类共生粪肠球菌等细菌中证实，敲除原噬菌体会降低宿主菌在其宿主动物中的定植能力。

（三）噬菌体作为水平基因转移的载体

噬菌体通过普遍性转导和局限性转导调控水平基因转移，进而影响宿主菌的基因组进化。最近，一些新型机制，如侧向转导和主动转导被发现，其中一些还涉及噬菌体样颗粒（如噬菌体诱导的染色体岛和基因转移元件）。转导被认为是微生物群落适应环境变化的重要驱动力。分离的噬菌体基因组和病毒组学数据中鉴定的抗生素抗性基因（ARG）表明噬菌体是 ARG 的资源库，并且能在细菌之间转移，然而这种观点有待商榷。测序的病毒样品中可能含有细菌污染，或者预测 ARG 的阈值较低，导致病毒组来源 ARG 的丰度被高估。然而目前为止，自然界中的转导频率仍然未知，需要进一步研究。

三、噬菌体对微生物互作的影响

裂解与溶原是噬菌体的两种主要形态。在成功侵染宿主之后，裂解性噬菌体利用宿主细胞的复制机器产生更多的病毒颗粒，然后从裂解的宿主细胞中释放出来；溶原性噬菌体将基因组整合到宿主染色体中，并随着宿主基因组的复制而复制。当出现不利信号时，裂解状态和溶原状态的转换机制会以一种调控形式被激活。

许多原噬菌体能介导重复感染排除机制。例如，含有靶向其他噬菌体 CRISPR/Cas 序列的噬菌体能够为它们的溶原菌提供抗性，并能整合进染色体。反过来，细菌通过产生代谢信号来影响噬菌体侵染，如沿着胃肠道减少代谢功能来抑制噬菌体侵染。而噬菌体则通过改变靶向敏感宿主的代谢物组成来应对细菌诱导的代谢信号。总之，细菌和噬菌体之间的广泛军备竞赛通常会是彼此在分子、细胞甚至组织水平进行连续信息交流。基于这些细菌-噬菌体之间的相互作用,在过去一个世纪里,噬菌体组成员被作为一个治疗工具用于调节细菌群落以达到稳态平衡,这种治疗方法即噬菌体疗法。当前,面临多重药物抗性和碳青霉烯类抗生素抗性细菌的威胁,噬菌体被重新用作抗细菌药物。

(郑自强)

第四节　溶原性噬菌体的生态功能

溶原性噬菌体是能够与宿主细菌建立和维持一种稳定关系的噬菌体,其具有两种生活方式:第一种,像裂解性噬菌体一样,以裂解方式在宿主菌中生长、复制、繁殖子代并裂解细菌,将子代释放到外界环境中。第二种,溶原性噬菌体在感染宿主后,能够编码整合酶,将自身的基因组整合到宿主染色体中,并随着宿主基因组复制而复制,不再形成产生后代所需的蛋白质,即溶原性状态。整合到宿主基因组中的噬菌体称为原噬菌体,携带原噬菌体的细菌被称为溶原菌。当溶原性噬菌体暴露在某些压力源下,如紫外线、低营养条件或丝裂霉素 C 等化学物质,可以自发地从宿主基因组中切离,进入裂解周期。最近的研究揭示细菌基因组可以由高达 30% 的噬菌体插入物或其残余物组成。维持外来基因可能为宿主菌或噬菌体提供另外的选择优势。在溶原性状态期间表达外来基因能够影响宿主菌表型,从而提供选择压力以维持噬菌体中这些基因的存在,并且维持噬菌体和宿主菌之间的关系。同时,一些外来基因能够给细菌与其动物宿主的关系提供选择优势(促进与宿主的附属关系或造成致病效应)。鉴于溶原性噬菌体与细菌间复杂的相互作用,溶原性噬菌体在环境中具有广泛的生态意义,对细菌基因组进化也具有重要贡献。

一、溶原性噬菌体提高细菌宿主的环境适应性

溶原性转化以稳定的表型变化或增加宿主基因组可塑性的形式,改善细菌在多变环境下的存活能力。例如,插入的噬菌体(原噬菌体)可以防止相似的噬菌体颗粒再次感染,噬菌体携带的有益基因也可以为宿主提供多种生态功能。

溶原性噬菌体本身可以在其自己的基因组中编码有用的细菌辅助基因,然后在溶原性转化过程中供溶原化的宿主菌细胞使用。例如,霍乱、猩红热等许多人类疾病,是由原噬菌体编码的毒力因子所致,这些毒力因子包括原噬菌体编码调节宿主-病原体相互作用的毒素或蛋白质,如抗原和效应蛋白。这些毒力因子赋予了宿主菌在特定环境的竞争力,促进了环境适应性。

噬菌体携带的基因可以带来稳定的变化,这些基因可以增强细菌代谢或扩展宿主细胞的代谢库,从而帮助宿主细胞开辟新的生态位。这种现象已经在噬菌体中被观察到,溶原性噬菌体携带的 AMG 以多种方式增加代谢并转移代谢途径。一个关键的发现是,在鼠伤寒血清型肠沙门菌(*Salmonella enterica* serotype *typhimurium*)中,溶原性噬菌体 SopEΦ 可以增

加诱导型一氧化氮合酶（iNOS）的产生，从而促进电子受体硝酸盐前体的产生。这可能会使沙门菌位于厌氧环境下通过硝酸盐呼吸替代无氧呼吸的途径来增强适应性。因此，具有溶原性噬菌体 SopEΦ 的沙门菌在缺氧或无氧环境中通过硝酸盐呼吸增加代谢率进而在生存中获利，并在体内生长情况优于野生型细胞。

二、溶原性噬菌体驱动细菌的基因组多样化

与任何突变过程一样，由转座噬菌体插入引起的大多数突变将通过破坏基因功能而对宿主细胞适应性具有有害作用。然而，转座噬菌体引起的突变在适应新环境时可能是有益的，如增加了罕见的有益突变、加速宿主菌的进化等。在最近的一项研究中，当与溶原性噬菌体（包括转座噬菌体 Φ4）共培养时，铜绿假单胞菌群体的适应速度更快。群体基因组分析发现，有噬菌体的铜绿假单胞菌群体比没有噬菌体的群体表现出更大程度的进化和更快的选择性清除（selective sweep），表明溶原性噬菌体可以改变细菌的进化轨迹和模式。此外，在与噬菌体共培养的铜绿假单胞菌群体中观察到的适应性突变就常由转座噬菌体 Φ4 插入介导的 Ⅳ 型菌毛依赖性运动和群体感应等相关基因的改变。

除了引起突变外，原噬菌体序列还可以为细菌适应性进化提供原始遗传物质。细菌基因组中充斥着丧失裂解性的隐匿性原噬菌体，这是因为突变积累失去了裂解复制的能力。然而，许多失活的原噬菌体区域是保守的，这些隐匿性的原噬菌体基因对细菌适应性可能有积极作用。噬菌体的选择压力可促进细菌基因组的进化，其中包括获取可移动遗传元件（包括毒素–抗毒素和限制修饰系统等防御元件）。

三、溶原性噬菌体参与细菌间竞争

噬菌体性状可以改变细菌种群及其运作方式。例如，增加代谢的直接益处赋予个体细胞选择性优势，从而形成成功的亚群。噬菌体也会影响邻近细菌的特性，从而影响种群水平的选择压力。

当噬菌体编码引起宿主致病的毒力因子（virulence factor）时，这些因子可能被认为是细菌种群内的"公共物品"。为了侵入真核宿主，需要细菌细胞之间的充分合作来维持毒力。个体溶原化细菌细胞产生毒力因子并分泌到胞外，而所有相邻细胞，包括非溶原化细胞和不分泌毒素的细胞都从中受益。由于溶原免疫，后者既不会遭受噬菌体感染，也不会受到毒力因子的影响，因此这种方式在群体中受到青睐。

噬菌体可以影响生物膜形成、成熟和解体的多个阶段。在生物膜形成的第一步中，一些噬菌体可能会降低细菌的运动性，从而刺激细胞在聚集体中的沉降。在生物膜形成的早期阶段，噬菌体可以进一步调节细菌代谢，提供生物膜结构所需的细胞外多糖，或者作为生物膜的结构单元，如炭疽芽孢杆菌噬菌体。细菌和噬菌体的基因表达可能受生物膜环境（营养和氧限制）的影响。局部裂解可以通过以下方式改善生物膜形成：①为邻近细胞的生长提供额外的营养物；②提供生物膜基质的组成部分——胞外 DNA（eDNA）；③在生物膜中形成空

心，促进细菌脱离生物膜基质并扩散出去。有时候，这种看似随机的裂解可以通过噬菌体和溶细胞素的协同作用来促进。当生物膜中足够数量的细胞被溶原化并且其中一部分通过裂解产生 eDNA 时，生物膜变得更稳定。

研究人员发现，铜绿假单胞菌生物膜形成过程中差异表达变化最大的是丝状噬菌体 Pf 携带的基因。Pf4 噬菌体参与生物膜形成过程中的各个阶段，在敲除 Pf 噬菌体后，铜绿假单胞菌生物膜形成能力与致病性明显下降。

噬菌体诱导的裂解可以进一步在细菌间的竞争中起作用。当细菌争夺资源时，它们可能会产生对竞争对手有害的毒素。细菌毒素的输出通常由细菌素操纵子中编码的特定蛋白质介导。在这种情况下，噬菌体介导细菌素的释放，携带噬菌体菌株的适应性得到增强。已经证明在多数条件下，溶原性噬菌体能在细菌群体中稳定保持并且将与裂解性噬菌体共存。溶原性是噬菌体在"困难时期"维持其种群数量的一种适应力。存活的溶原菌可以从降低的菌群密度中获益，而新的溶原化细胞可以避免立即死亡，并获得对抗竞争对手的"武器"。因此，噬菌体溶原-裂解的益处是促进群体的适应，保持宿主和噬菌体的共存，具有显著的生态学影响。

四、溶原性噬菌体对珊瑚礁生态系统的影响

珊瑚礁是一种重要的海洋生态系统。在海洋中，珊瑚礁虽然只占据不到 0.2%的面积，却养育了 1/4 的海洋生物种类，还有近 1/3 的海洋鱼类生活在其中。珊瑚礁的生物多样性是珍贵且无可替代的。珊瑚与其共生微生物群落统称为珊瑚共生功能体（coral holobiont），包含光合甲藻（photosynthetic dinoflagellate; *Symbiodinium* spp.）及与其保持长期互利共生关系的细菌、古菌、真菌、原生动物与病毒等一系列微生物。因此，珊瑚礁可以作为一种复杂微生物群落中了解溶原性噬菌体溶原-裂解决策的独特自然系统。在这个独特的自然系统中，溶原性噬菌体可调控珊瑚共附生微生物种群数量、驱动珊瑚礁细菌群落多样性和组成的变化。研究发现，溶原性噬菌体在介导珊瑚微生物群落的定植竞争中起着重要作用。具体来说，栖息在健康珊瑚中的非致病弧菌（*Vibrio* sp.）比致病病原体解珊瑚弧菌（*Vibrio coralliilyticus*）具有更强的定植能力，但后者可以通过基因组携带的 *lodAB* 操纵子编码赖氨酸-ε-氧化酶，其可以催化产生过氧化氢（H_2O_2），H_2O_2 会诱导非致病弧菌中的溶原性噬菌体进入裂解循环。重要的是，解珊瑚弧菌还可以通过产生 LodAB 诱导其他携带含有受 H_2O_2 诱导原噬菌体的珊瑚共附生微生物的裂解，来杀死其他珊瑚共生细菌（图 3-1，如 *Endozoicomonas* spp.），从而占据更多生态位。Esther Rubio-Portillo 等从珊瑚（*Oculina patagonica*）黏液中分离出两种能够感染珊瑚致病菌地中海弧菌（*Vibrio mediterranei*）的噬菌体。这些噬菌体在珊瑚黏液层内中保持较低丰度，当地中海弧菌感染珊瑚时噬菌体快速增殖，这表明它们在珊瑚防御中具有潜在作用。此外，其中一种噬菌体具有富含亮氨酸的重复蛋白质的保守结构域，类似于珊瑚基因组中含有的重复蛋白质，其在病原体识别中起着关键作用，暗示了潜在的珊瑚-噬菌体协同进化。他们还发现了解珊瑚弧菌感染可能触发珊瑚中的噬菌体诱导，这可能会在珊瑚黏液层中传播包括代谢基因、毒力因子基因等遗传元件。

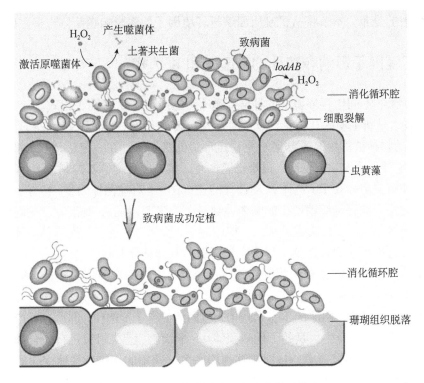

图 3-1　溶原性噬菌体溶原-裂解转换影响珊瑚共生菌互作（Wang et al., 2022）

宏基因组的调查发现，海洋中半数以上的细菌都感染了溶原性噬菌体，溶原性噬菌体整合在宿主基因组上所形成的原噬菌体不仅可以通过复杂而多样的机制驱动海洋微生物群落多样性和组成的变化，更重要的是可以时刻影响海洋生态系统的平衡。

（王晓雪）

第五节　环境因子对噬菌体的影响

自然界中的噬菌体数量庞大，广泛存在于宿主菌存在的各种环境中。以海洋环境为例，据科学统计和估算，海水中噬菌体的平均密度为 $10^6 \sim 10^7$ 个/mL。在海洋中每秒大约有 10^{23} 个微生物被噬菌体感染。海洋环境持续的病毒（噬菌体）生产对所有营养级别的海洋生物施加了强大的压力。从生物地球化学循环角度来看，病毒感染可以去除浮游植物通过光合作用固定的高达 26% 的碳，并且每天在海洋中去除 20%～50% 的细菌储存量。通过感染和微生物的溶解，病毒释放溶解的有机物质和营养物质，使其可用于其他微生物。这种控制减少了能量向更高营养级的转移，并从另一方面促进了微生物的生长。当环境中营养资源有限时，病毒的这种"能量分流"作用意义更大，如在贫营养海水中，病毒通过感染去除最具竞争力和优势的分类群，使竞争力较弱的微生物得以生长并保持多样性。

从生态系统的角度来说，噬菌体与宿主菌之间的相互作用与生态系统的物质循环和能量流动密切相关；系统中的环境因子也可以通过影响噬菌体与宿主菌的相互作用从而影响二者在环境中的分布，本节将从机制层面解析环境因子如何影响噬菌体与宿主菌的分布。

一、环境因子影响噬菌体的 r 选择和 K 选择

在生态学上，不同生存环境下的种群繁殖有 r 选择和 K 选择两种模式。r 选择的物种被称为 r 对策者，是新生境的开拓者，但存活要靠机会，所以在一定意义上它们是"机会主义者"；K 选择的物种被称为 K 对策者，是稳定环境的维护者，在一定意义上，它们是"保守主义者"，当生存环境发生灾变时，很难迅速恢复，如果再有竞争者抑制，就可能趋向灭绝。

噬菌体和宿主菌存在于 r 选择和 K 选择的连续体中。对噬菌体而言，具有小基因组和小裂解量（平均每个被感染细菌产生的噬菌体数量）的噬菌体是 K 对策者，它们可以感染原核生物群落中最丰富、生长缓慢的细菌。相比之下，大多数 r 选择的噬菌体具有高毒力、大裂解量，并且可以迅速裂解细菌，其响应于短暂的有利条件并且快速生长。

在噬菌体与宿主菌的分布问题上，选择不同生存策略的噬菌体将塑造不同结构的细菌群落，而噬菌体对生存策略的选择并不是一成不变的，而是受到环境因子的广泛影响。在营养物质充足、能量流动不阻滞的生态系统中，噬菌体倾向于 r 选择，即通过感染环境中最具优势的细菌迅速繁殖，产生大量的子代噬菌体。一般而言，感染可以进行光合作用的细菌的噬菌体具有高毒性和高繁殖率，从而能够利用高生长速率的优势对快速变化的环境做出反应。在营养物质贫瘠的生态系统中，噬菌体更倾向于 K 选择，即通过将自身基因组整合到宿主菌的基因组上成为溶原状态，进而与宿主共同进化，维持相对稳定的状态。有研究指出，原噬菌体在细菌代谢中不仅可以抑制自己的裂解基因，而且可以抑制宿主代谢过程中不必要的和浪费的基因。这种"代谢节约"使宿主（和原噬菌体）能够在不利条件下存活，直到环境因子报告细胞生长条件已经改变。因此，原噬菌体不仅是危险的分子"定时炸弹"，可以导致细胞死亡，同时也是寡营养海洋中细菌存活的关键。

一般而言，寡营养或碳元素限制等恶劣条件可阻碍被噬菌体感染细胞的裂解过程，使受感染的细胞不会产生新的噬菌体，或推迟细胞裂解，或减小裂解量，同时宿主菌群的生理状况对噬菌体活性起着重要作用。例如，1990 年 Bratbak 等描述了春季浮游植物的繁殖，细菌丰度增加，当碳和能量输入异养系统（细菌）中时，触发了噬菌体的裂解机制，随后噬菌体丰度增加导致细菌菌群（非浮游植物）瓦解。1995 年，Tuomi 等进行了类似的实验，将氨基酸和磷酸添加到海水微生态系统中，与细菌生物量相比，利用碳源和能量的增加刺激了噬菌体的繁殖，而可用性磷酸盐的增加刺激总生物量增加而不是噬菌体繁殖。在磷元素限制条件下，被噬菌体感染的蓝细菌的裂解量有所减少，且细胞裂解有所延迟。在海洋中，溶解氧饱和度的间歇性非周期性变化表明净自养过程（碳固定）随时间而变化，暗示碳和能量输入异养区系也可能随着时间的变化而发生很大变化。许多系统中发生的这种短期变化可能会影响噬菌体的生产，这一集中现象解释了海洋中噬菌体丰度的变化、噬菌体与细菌比例的变化，以及海洋细菌感染频率的变化。因此评估环境中噬菌体的一个指标是裂解性噬菌体和溶原性噬菌体的比例及其变化规律。

另一个指标就是噬菌体和宿主菌的比例。噬菌体在海洋中的丰度在时空上存在差异，最高估计数超过 10^8 个/mL。多年来，人们一直认为，噬菌体丰度通常比宿主菌细胞丰度高 10 倍。

但有研究表明，在不同环境下，噬菌体与宿主菌细胞比例的变化显著，10：1的模型并不具有代表性。相反，噬菌体丰度被更好地描述为宿主菌细胞丰度的非线性幂律函数，拟合的比例指数通常小于1，这意味着噬菌体/宿主菌细胞值随着宿主菌细胞密度的增加而减小，而不是保持不变。用不依赖培养的方法估计的病毒丰度比用传统培养方法估计的要高几个数量级，VMR被用作表示淡水和海洋系统中病毒及其潜在宿主之间关系强度的统计指标。噬菌体可以通过依赖于密度的裂解性捕食者-猎物动力学来控制宿主菌的丰度。在微生物的丰度增加时，噬菌体丰度更符合溶原而不是裂解的生命周期。一项对24种珊瑚礁噬菌体的分析表明，随着微生物数量的增加，溶原性噬菌体的丰度相对增加。人类活动造成的压力因素将珊瑚礁生态系统分流到可降解的状态，导致病毒和微生物群落组成发生变化，微生物能量需求和密度上升，这种状态被称为微生物化。在高度微生物化的珊瑚礁上，当微生物的丰度从每毫升 10^5 个增加到 10^6 个时，VMR 由 25 下降为 2。在不同的海岸和河口、开阔海洋和温带湖泊等环境中，都观察到 VMR 随微生物密度增加而下降。由此提出了 Piggyback-the-Winner 模型，表示溶原性噬菌体在宿主密度高的生态系统中更为重要，因为噬菌体通过溶原作用来利用宿主，而不是将宿主杀死。

二、环境因子直接影响噬菌体存活能力

由于噬菌体选择的生存策略依赖于宿主菌，因此在环境中噬菌体与宿主菌的分布具有同一性，即在有宿主菌分布的环境才可能有噬菌体分布。

环境因子对噬菌体和宿主菌分布影响的直接表现是温度、盐度、酸碱度等理化因子，这些因子可以影响噬菌体的存活能力，从而影响宿主菌的分布情况。如前所述，噬菌体包含蛋白质外壳和核心基因组两部分，蛋白质遇酸、温度变化不稳定，容易变性，直接导致噬菌体降解，从而导致该种噬菌体的宿主迅速繁殖，占据生态位。

一般来说，分离于不同环境的噬菌体有相对于其分离环境的生理特性，这是其环境适应的直接证据。有研究表明，从海洋中分离的一株溶藻弧菌噬菌体感染宿主的最适 pH 为 8.0，最适盐度范围为 25‰～35‰，其对酸碱和盐度的耐受范围较强，并与海水环境相一致。一株从极地海冰中分离的假交替单胞菌的丝状噬菌体对低温和高盐有明显的耐受能力。

因此，生态系统中的环境因子可以直接影响噬菌体和宿主菌的理化特性和抗压能力，从而塑造生态系统中的微生物群落结构。

三、环境因子影响原噬菌体的溶原-裂解转换

据统计分析，环境中的溶原菌可以占到细菌总数的一半以上。与裂解性噬菌体不同，进入溶原状态的原噬菌体与宿主具有更密切的联系。一方面，噬菌体基因组作为一个大的基因片段会破坏宿主原有基因表达，并且可能对细菌细胞造成健康负担；另一方面，细菌和原噬菌体之间在长期共存的情况下共进化，原噬菌体可以发挥一定功能使宿主受益进而维持自身在基因组上的稳定性。

宿主菌所处生存环境也可以影响原噬菌体的溶原-裂解转换。在致病菌侵染哺乳动物细

胞的过程中，细菌群体的一小部分会发生原噬菌体的激活并裂解细菌，从而释放大量毒力因子，便于剩余细菌群体侵入哺乳动物细胞。这可能是由于细菌利他（一部分细菌为群体共同利益时牺牲自身）或噬菌体为确保未来宿主存活的机制，在感染哺乳动物细胞方面更有效。另外一例研究指出，李斯特菌在一般情况下，基因组上摄取外来 DNA 的 Com 系统操纵子的主要调控基因 comK 是被原噬菌体隔断的，当人体内的李斯特菌在被吞噬细胞吞噬时，细菌体内的原噬菌体自发切离，形成有功能的 comK 操纵子，促进胞外生物膜形成，从而帮助细菌从吞噬细胞逃逸。

从以上例子中可以看出，环境因子对噬菌体溶原-裂解转换的调控实际上是对噬菌体和宿主菌的一种选择机制。对原噬菌体来说，只有帮助宿主抵抗环境压力才有继续存活下去的可能；对于细菌来说，原噬菌体本身是一种代谢负担，只有对细菌自身生存有帮助的噬菌体才有留存在基因组上的必要。环境因子正是帮助噬菌体和宿主菌进行双向选择的"试金石"，只有在环境中彼此合作，噬菌体与宿主菌才能在复杂多变的环境中生存，换言之，共进化才是噬菌体与宿主菌在环境中生存的不二法宝。

四、环境因子对噬菌体-细菌相互作用的影响机制

环境因子对原噬菌体的溶原-裂解转换的影响直接影响噬菌体和宿主菌的动态平衡及命运去向。溶原性噬菌体的溶原性状态虽然稳定，但也能转变为裂解性状态。针对不同噬菌体，调控这种转变的环境因子也存在较大差异。其中，对 λ 菌体的研究较为深入。λ 噬菌体在感染宿主菌后的 10～15 min 就要在裂解性和溶原性两种去向之间做出选择，这种选择依赖于激活蛋白 CⅡ 的水平。如果 CⅡ 水平高，则 CⅡ 指导的 CⅠ 阻遏物高水平表达，被感染的细胞进入溶原性途径。如果 CⅡ 不存在或水平低，则细胞进入裂解性途径。细胞在贫瘠的培养基中、饥饿或低温等条件下生长都有利于形成溶原性状态。温度可以影响原噬菌体的溶原-裂解转换，进而影响宿主的环境适应性。据报道，分离自湖泊的希瓦菌 MR-1 的原噬菌体 CP4So 在低温条件下（15℃）会发生部分切离，调控宿主菌中的基因表达，促进宿主菌进入生物膜状态下的休眠态以抵抗低温，帮助宿主菌在不利条件下存活，从而扩大噬菌体和宿主菌在不同环境中的分布。

数字资源
3-3

环境与溶原性噬菌体的溶原-裂解转化

（王晓雪）

第六节 病毒的活性及其介导的微生物死亡

自然环境中的病毒处于非常活跃的状态，其感染和裂解宿主，释放出子代病毒和宿主细胞内的蛋白质、核酸和细胞壁等物质，是宿主微生物死亡的一个重要原因。病毒生产力（viral productivity）是病毒生态学上表征病毒活性的重要参数。它指病毒裂解作用导致的子代病毒颗粒的释放速率，可用于在群落水平上评估病毒的活性、侵染特征及其与宿主微生物的相互作用。

一、海洋病毒生产力的分布规律

随着病毒生产力检测方法的成熟，海洋环境中浮游病毒生产力相关的研究也越来越多。在空间分布上，研究区域横跨全球各个海区，包括中国南海、马尾藻海、北大西洋、南大洋、西太平洋、南太平洋、地中海和北亚得里亚海等；在垂直方向上包括表层到深海的开阔大洋全水柱、海山、海沟和沉积物等多种环境；而时间尺度上又涉及日周期、潮汐周期、季节性变化和年际变化等。这些研究使我们对海洋浮游病毒生产力的时空分布有了较为清晰的认识。浮游病毒生产力在不同的海区变化幅度较大。同病毒丰度分布规律类似，裂解性病毒生产力也整体呈现近岸高远洋低、表层高深层低的趋势，与环境的营养条件呈正相关关系（案例 3-3）。

● 案例 3-3

在富营养的北亚得里亚海，其表层病毒生产力高达 4×10^6 个/（mL·h）；而在寡营养的南太平洋海区表层只有大约 10^5 个/（mL·h）。浮游病毒生产力在不同的水层也有较大变化。例如，在大西洋海区，50 m 水层病毒生产力为 $0.8 \times 10^5 \sim 1.3 \times 10^5$ 个/（mL·h）；400~600 m 水层病毒生产力为 $1 \times 10^4 \sim 3 \times 10^4$ 个/（mL·h）；1000 m 以下水层病毒生产力为 $2 \times 10^3 \sim 7 \times 10^3$ 个/（mL·h）。

目前，尽管对溶原性病毒生产力的研究相对较少，但仅有的数据表明其变化趋势有别于裂解性病毒生产力。例如，Evans 和 Brussard 在南大洋海区发现，裂解性病毒生产力与异养细菌生产力呈现相同的趋势［变动范围为 $2.5 \times 10^3 \sim 7.5 \times 10^4$ 个/（mL·h）］，而溶原性病毒生产力呈相反的趋势［变动范围为 $6.3 \times 10^2 \sim 1.4 \times 10^4$ 个/（mL·h）］。Corte 等在北大西洋发现，随着水深增加，裂解性病毒生产力会显著降低。例如，裂解性病毒生产力从 50 m 水层的 1.2×10^5 个/（mL·h）下降到 4500 m 水层的 2.1×10^3 个/（mL·h）；而溶原性病毒生产力却没有明显差异，平均为 4.5×10^4 个/（mL·h）。Lara 等在横跨太平洋、大西洋和印度洋的调查中发现，溶原性病毒生产力在大洋表层为 9.3×10^5 个/（mL·h），明显高于裂解性病毒生产力的 3.8×10^5 个/（mL·h）。但在深层海洋却呈现相反的趋势。例如，在 4000 m 水层溶原性病毒生产力为 5.7×10^3 个/（mL·h），而裂解性病毒生产力为 1.4×10^5 个/（mL·h）。

二、病毒介导的微生物死亡

不同的研究对病毒侵染造成的宿主死亡率的估计相差较大，一个重要的原因是检测的方法不同。例如，由电镜观察计算的病毒侵染率无法包括原噬菌体和溶原部分的比例，往往会造成死亡率的低估。同样，一些感染细胞在仅产生少量子代病毒粒子时就可能导致细胞最终的裂解并死亡，这种"非显著"感染通过电镜的方法难以观察到。相比之下，一些研究在生产力测定实验过程中测量了病毒丰度的增加和宿主丰度的减少，理论上包括所有的裂解事件，使得换算出来的死亡率可以反映原位环境中病毒介导微生物死亡的真实情况。一般来说，表层海洋中由病毒引起的浮游细菌死亡率通常能达到10%～50%。例如，Boras等的研究表明，西北地中海表层的病毒导致的细菌死亡率为13%～29%。另有研究也报道了在寒冷的北冰洋叶绿素最大层中，病毒导致的细菌死亡率为1%～26%。在一些不利于原生生物生存的环境（如含氧量低的水体和沉积物）中，病毒导致的死亡率甚至高达50%～100%。例如，在深海环境中，病毒裂解作用导致的原核生物死亡量大约相当于80%的原核生物生产力。而病毒介导的原核生物死亡率随着水深的增加而增加，在水深1000 m以下，几乎所有的原核异养生物都被病毒感染所裂解，转化为有机物质。

数字资源 3-4

如何测定病毒的生产力

（危 威 张 锐）

第七节　病毒对微生物多样性和群落结构的影响

微生物是生态系统物质循环和能量流动的驱动者，其多样性和群落结构深刻影响其生态功能。因此，近年来生态学中一个非常活跃的方向是微生物多样性和群落结构及其影响因素的研究。总体来说，影响微生物生态特征的因素可以归纳为两类：自下而上（bottom-up）控制因素和自上而下（top-down）控制因素，其中下行控制因素包括原生生物介导的捕食和病毒介导的宿主裂解。捕食过程主要依赖微生物的大小和丰度，而病毒的侵染具有较高的种属特异性，所以病毒裂解被认为对微生物多样性和群落结构的影响更大。另外，虽然病毒可以通过介导水平基因转移（HGT）和溶原化影响宿主微生物的多样性和群落结构（见第四节　溶原性噬菌体的生态功能），但病毒裂解在生态系统层面和群落层面起到的作用更大。

数字资源 3-5

病毒对微生物生态群落结构的影响

（蔡兰兰　张　锐）

小　结

微生物病毒在生态系统中扮演着重要角色，它们是生物多样性的关键组成部分，通过感染、裂解宿主细胞并释放子代病毒粒子，影响宿主种群的数量和动态。此外，病毒能通过水平基因转移等方式促进生物种群的遗传多样性，推动生物进化。它们与宿主生物之间复杂的相互作用关系，如寄生、共生、竞争等，对维持生态系统的平衡和稳定具有重要意义。病毒还作为生物控制剂，控制害虫和病原体等有害生物的数量，促进生态平衡。总之，微生物病毒在生态系统中发挥着不可替代的作用，其生态作用值得深入研究和重视。

 复习思考题

1. 噬菌体的生态学功能有哪些？请举例说明。
2. 描述噬菌体与细菌相互作用的数学模型有哪些？
3. 噬菌体对微生物进化的影响有哪些？
4. 简述溶原性噬菌体的生态功能。
5. 目前病毒生产力的估算方法有哪些？

主要参考文献

Feiner R, Argov T, Rabinovich L, et al. 2015. A new perspective on lysogeny: prophages as active regulatory switches of bacteria. Nature Reviews Microbiology, 13(10): 641-650.

Knowles B, Silveira C B, Bailey B A, et al. 2016. Lytic to temperate switching of viral communities. Nature, 531(7595): 466-470.

Rabinovich L, Sigal N, Borovok I, et al. 2012. Prophage excision activates *Listeria* competence genes that promote phagosomal escape and virulence. Cell, 150(4): 792-802.

Wang W, Tang K, Wang P, et al. 2022. The coral pathogen *Vibrio coralliilyticus* kills non-pathogenic holobiont competitors by triggering prophage induction. Nat Ecol Evol, 6(8): 1132-1144.

Wang X, Kim Y, Wood T K. 2009. Control and benefits of CP4-57 prophage excision in *Escherichia coli* biofilms. Multidisciplinary Journal of Microbial Ecology, 3(10): 1164-1179.

Winter S E, Thiennimitr P, Winter M G, et al. 2010. Gut inflammation provides a respiratory electron acceptor for *Salmonella*. Nature, 467(7314): 426-429.

Wommack K E, Colwell R R. 2000. *Virioplankton*: viruses in aquatic ecosystems. Mircobiology and Molecular Biology Reviews, 64(1): 69-114.

Xie L, Wei W, Cai L L, et al. 2021. A global viral oceanography database (gVOD). Earth System Science Data, 13:1251-1271.

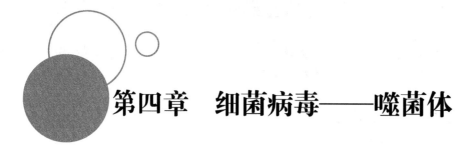

第四章 细菌病毒——噬菌体

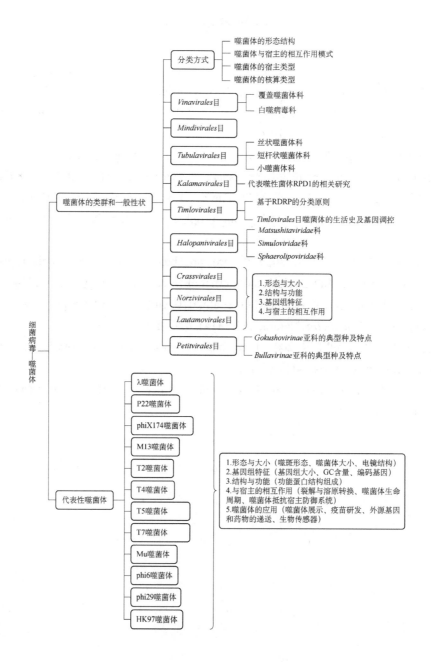

作为地球生物圈中多样性和丰度最大的生物，噬菌体根据形态、核酸性质、宿主类型等特点，可以具有不同的分类方式。为方便查考、交流和应用，ICTV 基于噬菌体性质相似性和亲缘关系加以归纳，形成了较为稳固的噬菌体分类系统。然而，ICTV 仅负责病毒种及以上的分类和命名，种以下的噬菌体分离株名称由公认的国际专家小组确定。因此，本章在介绍 ICTV 的噬菌体分类类群和一般性状的基础上，还将介绍一些代表性噬菌体的特点及现实应用。

第一节　噬菌体的类群和一般性状

噬菌体是一类能够感染并于细菌细胞内复制的病毒。噬菌体是地球上数目最多的生命形式，其研究方向众多，除了作为抗生素替代品这一大家熟悉的用途外，还涉及微生物学、分子生物学、生态学、免疫学和遗传工程等多个领域。如何科学地对它们进行有效的分类，是开展噬菌体基础和应用研究的有效支撑。噬菌体的类群分类体系很多，如可以根据形态结构、宿主范围、核酸类型等建立分类体系。现在 ICTV 主要依据基因型对噬菌体进行分类，但表型分类依然有很现实的意义。

一、概述

（一）基于形态结构对噬菌体进行分类

长期以来形态是微生物分类的主要依据，至今仍然有重要的参考价值，主要发现的噬菌体按形态特征可分为 3 种类型，并依此定义了 3 个噬菌体科。长尾噬菌体科（*Siphoviridae*）：具有长的、非收缩性尾部的噬菌体，包括 λ 噬菌体、TI 噬菌体等；肌尾噬菌体科（*Myoviridae*）：具有长的、收缩性尾部的噬菌体，包括 T4 噬菌体、P1 噬菌体等；短尾噬菌体科（*Podoviridae*）：具有非收缩性、短的尾部的噬菌体，包括 T7 噬菌体、P22 噬菌体等。目前，这三类形态的噬菌体占到现在已有研究的大部分。尽管最新发布的 ICTV 分类系统已经移除了此 3 科，改编为尾噬菌体门（*Uroviricota*）有尾噬菌体纲（*Caudoviricetes*）下的 7 目和若干科。但因为基于形态分类更方便，现在很多人仍倾向于使用这种传统简洁的方式进行分类和命名。

（二）根据噬菌体与宿主相互作用的模式分类

根据噬菌体能否有效地整合入宿主细菌的基因组，可以将噬菌体分为溶原性噬菌体和裂解性噬菌体。烈性噬菌体感染宿主菌后，直接复制并裂解宿主菌，一般不会进入细菌的基因组中。

而溶原性噬菌体感染细菌后，可以存在两种生存状态。第一种状态，噬菌体的基因组可以整合入宿主细菌的基因组中，随着宿主细胞的分裂而复制，这种状态下的噬菌体称为原噬菌体；第二种状态，则进入裂解循环中，噬菌体感染细菌后立即开始复制，然后组装成新的噬菌体粒子，并最终导致宿主细胞裂解并释放新的噬菌体，处于这个状态的噬菌体是可以从游离的环境中分离到的。

（三）根据噬菌体宿主菌类型分类

大部分噬菌体感染谱只限定于特定的细菌种类。根据噬菌体不同的宿主范围可以将其划分为不同的噬菌体类群，根据宿主类型将不同宿主范围的噬菌体组合在一起，能够提高噬菌体鸡尾酒的裂解范围，从而为噬菌体临床治疗提供便利。也有一些噬菌体有比较广泛的宿主谱，如很多肠杆菌科的噬菌体可以同时裂解大肠埃希菌和沙门菌，某些弧菌的噬菌体可以裂解多种弧菌，如副溶血弧菌、哈维弧菌和解藻酸弧菌等。

（四）根据噬菌体核酸类型分类

根据遗传物质对生物进行分类是现在通行，且最科学的分类方式。噬菌体作为病毒，可以将其划分为 DNA 噬菌体和 RNA 噬菌体。对 ICTV 最新发布的病毒元数据库（https://ictv.global/vmr）中的数千株参考噬菌体株的遗传物质类型进行统计，现已经测序的噬菌体绝大多数属于 dsDNA，其次为（＋）ssRNA，只有很少一部分属于 ssDNA 或 dsRNA。

DNA 噬菌体：遗传物质为 DNA 的噬菌体，又分为 ssDNA 噬菌体和 dsDNA 噬菌体。另外，在 ICTV 分类体系中还有一组分类：（＋）ssDNA，也属于 ssDNA 噬菌体。

RNA 噬菌体：遗传物质为 RNA 的噬菌体，可以是（＋）ssRNA 或 dsRNA，尚未发现（－）ssRNA 噬菌体或逆转录噬菌体。

根据 2022 年 ICTV 最新数据显示，目前病毒分为 6 域 10 界 17 门 2 亚门 39 纲 65 目，8 亚目 233 科 168 亚科 2606 属 84 亚属 10 434 种；噬菌体的分类涉及 4 域（*Duplodnaviria*、*Monodnaviria*、*Riboviria* 及 *Varidnaviria*），6 界（*Heunggongvirae*、*Loebvirae*、*Sangervirae*、*Orthornavirae*、*Bamfordvirae* 及 *Helvetiavirae*），7 门（*Uroviricota*、*Hofneiviricota*、*Phixviricota*、*Duplornaviricota*、*Lenarviricota*、*Preplasmiviricota* 及 *Dividoviricota*），8 纲（*Caudoviricetes*、*Faserviricetes*、*Malgrandaviricetes*、*Vidaverviricetes*、*Leviviricetes*、*Ainoaviricetes*、*Tectiliviricetes* 及 *Laserviricetes*）和 10 目（*Vinavirales*、*Mindivirales*、*Tubulavirales*、*Kalamavirales*、*Timlovirales*、*Halopanivirales*、*Crassvirales*、*Norzivirales*、*Lautamovirales* 及 *Petitvirales*）。

（张　炜）

二、*Vinavirales* 目

比尼亚病毒目（*Vinavirales*）是保护病毒纲（*Tectiliviricetes*）6 目之一，由覆盖噬菌体科（*Corticoviridae*）和自噬病毒科（*Autolykiviridae*）2 科共同组成，其典型噬菌体具有 9～12 kb 长的基因组。*Vinavirales* 目噬菌体基因组编码的双果冻卷折叠主衣壳蛋白（DJR-MCP）和包装 ATP 酶是目前公认的 *Vinavirales* 目成员共享的蛋白质结构。

（一）覆盖噬菌体科（*Corticoviridae*）

Corticoviridae 科包含 1 属，即覆盖噬菌体属（*Corticovirus*）。覆盖噬菌体属有 2 个代表性物种，分别为 PM2 噬菌体和 Cr39582 噬菌体，它们都能够感染假交替单胞菌（*Pseudoalteromonas* sp.)。

1. PM2噬菌体　　*Vinavirales* 噬菌体以智利中部太平洋岸城市比尼亚德尔马命名，在那里首次分离出 PM2 噬菌体。PM2 是一种有内膜的无尾噬菌体，是第一种证明病毒粒子有脂质成分的细菌病毒。PM2 噬菌体粒子由直径约 60 nm 的圆形无包膜二十面体衣壳和位于内外蛋白壳之间的内脂膜组成，外观结构呈二十面体，蛋白质衣壳呈现伪 *T*=21 对称性特征。衣壳结构组成从外到内可分为三层：灌木状尖刺结构 P1、三聚体晶格结构 P2，以及 P3～P10 的内部脂质核心结构；其中从 12 个五重对称轴突出的刺突结构 P1 能够与受体有效结合（图 4-1）。

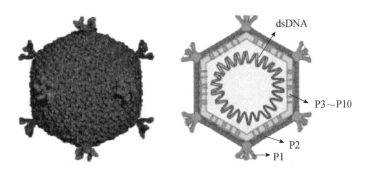

图 4-1　PM2 噬菌体结构示意图（改自 Oksanen and Ictv, 2017）

PM2 噬菌体的基因组是一个高度超螺旋的、环状 dsDNA，基因组大小为 10 079 bp，占病毒粒子重量的 14%，G+C 含量为 42.2%。PM2 噬菌体的基因组共有 21 个基因，其中 10 个基因编码结构蛋白（P1～P10），7 个基因编码非结构蛋白（P12～P18），4 个基因功能未知。PM2 噬菌体是一种裂解性病毒，在感染周期结束时使用一种独特的裂解系统破坏宿主细胞，该系统由噬菌体编码蛋白 P17 和 P18 及一种未识别的宿主自溶素组成。

2. Cr39582噬菌体　　Cr39582 噬菌体是从海洋无脊椎动物肠道分离的假交替单胞菌菌株 Cr6751 在丝裂霉素 C 的诱导下产生的。Cr39582 噬菌体的基因组为 10 584 bp 的环状 dsDNA，具有 20 个预测开放阅读框（ORF），G+C 含量为 48.2%。TEM 观察 Cr39582 噬菌体是一种类似 PM2 噬菌体的无尾病毒颗粒，衣壳直径约为 45 nm。

Cr39582 噬菌体的基因组与 PM2 噬菌体基因组存在 85% 的序列同源性，在刺突蛋白基因侧翼的 5′区和 3′区，Cr39582 和 PM2 之间的成对核苷酸同源性分别为 91% 和 96%。由于刺突蛋白用于识别宿主表面的重要受体以允许噬菌体基因组的注入，编码刺突蛋白的基因差异导致两者的宿主裂解范围存在差别。例如，Cr39582 噬菌体并不能在 PM2 噬菌体的细菌宿主 *Pseudoalteromonas espejiana* BAL-31 上形成噬斑。

（二）自噬病毒科（*Autolykiviridae*）

文献表明水体细菌基因组中可能广泛存在可诱导的 PM2 样原噬菌体，Kauffman 等将这种新型病毒命名为 *Autolykiviridae*（希腊神话中一个难以被捕捉的角色），其噬菌体粒子电镜形态见图 4-2。目前报道的 *Autolykiviridae* 科包含 10 种弧菌噬菌体，它们同样呈现

dsDNA 无尾病毒的特征，基因组大小约为 10 kb。与其他噬菌体具有较窄的裂解谱不同，*Autolykiviridae* 科成员具有广泛的宿主范围，在 4 种弧菌物种中平均杀死 34 个宿主，而有尾噬菌体在一个物种中平均只杀死 2 个宿主。

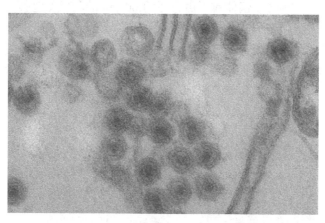

图 4-2　*Autolykiviridae* 噬菌体粒子电镜形态（Kauffman et al., 2018）

随着研究的深入，由传统的基于 *Vinavirales* 目的 2 个保守基因的核心序列进化分析大幅度扩展到 12 个基因，进一步扩展了 *Vinaviriales* 目的家族成员。已有相关文献报道提出除了 *Corticoviridae* 和 *Autolykiviridae* 家族，在 *Vinavirales* 目中还应建立第 3 个新的家族，因为 DJR 病毒的多样性远超过我们传统的认知。最新的 ICTV 将 *Autolykiviridae* 作为一个独立的科直接归属于 *Tectiliviricetes* 纲，而不再列于 *Vinavirales* 目之下。

数字资源
4-1

Vinavirales 目

（王静雪）

三、*Mindivirales* 目

明第奇病毒目（*Mindivirales*）是由 Koonin 等基于 病毒 RNA 依赖于 RNA 的 RNA 聚合酶（RNA-dependent RNA polymerase，RDRP）的系统发育分析扩充 *Riboviria* 域的分类时建立的，属于 *Vidaverviricetes* 纲，下有唯一科［囊状病毒科（*Cystoviridae*）］唯一属［囊状病毒属（*Cystovirus*）］7 种，代表病毒包括 phi6、phi8、phi12、phi15、phi2954、phiNN 和 phiYY 等。

Mindivirales 目噬菌体是唯一已知的 dsRNA 噬菌体类群，其成员是一个具有 3 段 dsRNA 基因组的噬菌体。目前，已经从各种环境样本中分离出大量额外的 dsRNA 噬菌体，这表明 *Cystoviridae* 科比以前认识到的更广泛。

Mindivirales 目噬菌体的基因组根据其大小分为 3 个独立的片段，分别为 L（大，6.4～7.1 kb）、M（中，3.6～4.7 kb）和 S（小，2.3～3.2 kb）。总基因组大小为 12.7 kb（如 phi2954 噬菌体）～15.0 kb（如 phi8 噬菌体），基因组 G+C 含量为 53.4%（phi2954 噬菌体）～58.8%（phiYY 噬菌体）。

　　Mindivirales 目噬菌体成员在整体病毒粒子结构和基因组特征方面惊人的相似，但是在核苷酸序列水平上具有相对较低程度的相似性（＜50%，除 phi6 和 phiNN 之外）。依据目前的分类标准，每个拟议物种的成员在核苷酸序列水平上与其他物种成员的差异应超过 5%。因而，将假单胞菌噬菌体 phi8、phi12、phi13、phi2954、phiNN 和 phiYY 作为独立种纳入 *Cystoviridae* 科。

　　Cystoviridae 科噬菌体的所有成员都是强毒病毒，绝大部分都感染假单胞菌，主要是植物致病性丁香假单胞菌菌株，它们能在自身繁殖周期结束时诱导细菌宿主细胞裂解。然而，也有研究表明，*Cystoviridae* 科成员噬菌体 phi6 也可能在宿主细菌中建立载体状态。迄今为止，phi6 仍然是 ICTV 认可的 *Cystoviridae* 科（和 *Cystovirus*）的唯一代表。phi6 噬菌体球形粒子共有 3 个结构层，其中最外层是脂质双层包膜，由宿主来源的磷脂和 4 种病毒编码的整体膜蛋白（P6、P9、P10、P13）组成；宿主附着刺突结构（由 P3 形成），通过融合蛋白 P6 锚定在包膜上。phi6 噬菌体粒子外壳包裹着核衣壳，由两层同心的蛋白质层组成：核衣壳（NC）表面外壳和聚合酶复合物（PC）核心。核衣壳表面外壳包含 200 个三聚体蛋白 P8，排列成 *T*=13 二十面体晶格；内部 PC 核心由 4 种蛋白质组成，为主要结构蛋白 P1、RdRP P2、六聚体包装 NTPase P4 和组装辅因子 P7。PC 核心的结构框架由 120 个拷贝单元的 P1 蛋白形成，呈 *T*=1 结构，以不对称二聚体的形式排列二十面体晶格。

数字资源 4-2

Mindivirales 目

（王静雪）

四、*Tubulavirales* 目

　　管状病毒目（*Tubulavirales*）包括 3 科：丝状噬菌体科（*Inoviridae*）、短杆状噬菌体科（*Plectroviridae*）和小噬菌体科（*Paulinoviridae*）。这些噬菌体可以感染革兰氏阳性菌、革兰氏阴性菌和无细胞壁细菌中的某些成员。*Tubulavirales* 目的成员具有（+）ssDNA 基因组，并具有独特的形态，呈柔韧的丝状或刚性的杆状。*Tubulavirales* 噬菌体目的基因组结构类似，具有模块化结构，并通过滚环复制（部分噬菌体通过转座复制）。*Tubulavirales* 目噬菌体基因组在染色体外持续存在，或整合到细菌染色体中。*Tubulavirales* 目的一个显著特点是噬菌体既不进入典型的裂解周期，也不进入溶原周期，而是通过挤出（extrusion）从细胞中释放，导致慢性感染而不杀死宿主。

（一）丝状噬菌体科（*Inoviridae*）

　　目前对于 *Tubulavirales* 目噬菌体的了解基本上均来自感染革兰氏阴性菌的丝状噬菌体科（*Inoviridae*）。丝状噬菌体包括 20 多属，其中许多属只发现了一个物种，同一属的不同种之间具有较高的 DNA 序列相似性。丝状噬菌体只有几个基因，是已知的最简单的生物系统之一。*Inoviridae* 通常表现为无包膜柔性丝状噬菌体形态特征，其长度为 600～2500 nm，直径为 6～10 nm。丝状噬菌体的衣壳包裹着一个环状 ssDNA 基因组，基因组大小为 5.5～10.6 kb，编码 7～15 个蛋白质。病毒粒子的长度取决于其所包装基因组的大小和拷贝数。丝状噬菌体的衣壳由数千个衣壳蛋白 p8 和仅有几个拷贝的 4 个次要衣壳蛋白（包括 p3、p6、p7 和

p9）组装而成。

以典型的 *Inoviridae* 大肠埃希菌噬菌体 M13 为例（图 4-3），它由 2700 个主要外壳蛋白 p8 构成，单个外壳蛋白与病毒颗粒主轴呈 20°，并以鱼鳞状重叠覆盖形成一个右手螺旋结构。颗粒头端在电镜下呈钝末端，由约 5 个拷贝的次要衣壳蛋白 p7 和 p9 组成。颗粒尾部由约 5 个拷贝的次要衣壳蛋白 p3 和 p6 组成，p3 将有感染能力的 N 端暴露于噬菌体表面并形成突起的小节点。其他不同类型丝状噬菌体的长度一般由其基因组的大小决定，如果通过人为增加或减少片段以延长或缩短病毒 DNA，则 p8 蛋白的数量和病毒粒子的长度会按比例增加或减少。

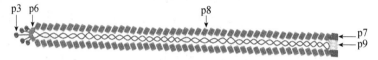

图 4-3　大肠埃希菌噬菌体 M13 病毒粒子示意图（Knezevic et al., 2021）

（二）短杆状噬菌体科（*Plectroviridae*）

Plectroviridae 科包括 *Plectrovirus*、*Vespertilliovirus* 属的成员，以及新属 *Suturavirus* 和 *virgulavirus* 的成员，如螺原体病毒 SVTS2。*Plectroviridae* 科成员的形态特征为刚性的、不对称的、无包膜的、几乎直的杆状（直径为 10～16 nm、长度为 70～280 nm），它的一端是圆形结构，另一端则结构多变。*Plectroviridae* 科的噬菌体基因组为超螺旋环状 ssDNA，大小为 4.5～8.3 kb，编码 4～13 种蛋白质。该家族的噬菌体宿主为柔膜菌［如螺原体属（*Spiroplasma*）和无胆甾原体属（*Acholeplasma*）］，通过吸附在细菌表面，利用滚环复制或转座复制其 DNA，并通过挤压的方式从细胞中释放子代，而不会杀死宿主。

（三）小噬菌体科（*Paulinoviridae*）

Paulinoviridae 科是 *Tubulavirales* 目噬菌体中新划分的一个家族。目前 ICTV 已将双歧病毒属（*Bifilivirus*）和索米克斯病毒属（*Thomixvirus*）从 *Inoviridae* 科移至 *Paulinoviridae* 科，然而目前针对 *Paulinoviridae* 科家族中的噬菌体相关信息较少，需要进一步补充。

（王静雪）

五、*Kalamavirales* 目

（一）*Kalamavirales* 目噬菌体简介

Kalamavirales 目在分类上隶属多 DNA 病毒域（*Varidnaviria*）正 RNA 病毒界（*Bamfordvirae*）质粒前体病毒门（*Preplasmiviricota*）保护病毒纲（*Tectiliviricetes*）。*Kalamavirales* 目下只有 *Tectiviridae* 科，包括 5 属 12 种（截至 2024 年 5 月 7 日，https://ictv.global/taxonomy）。但值得注意的是，*Tectiviridae* 科下有 75 个未分类的噬菌体，且其中 50 个为芽孢杆菌噬菌体（https://www.ncbi.nlm.nih.gov/taxonomy/?term=Kalamavirales），说明 *Tectiviridae* 科下还有大量的

噬菌体未被发现以至于已发现的噬菌体难以归类，而进一步发掘和研究在 *Tectiviridae* 科中占有较大比例的芽孢杆菌噬菌体可能有助于解决 *Kalamavirales* 目噬菌体多样性的问题。*Kalamavirales* 目下噬菌体的总体特征为二十面体且无尾的衣壳，其内部包含脂质膜和 dsDNA（图 4-4）；*Kalamavirales* 目噬菌体与其他噬菌体最大的区别在于主要衣壳蛋白（major capsid protein，MCP），其编码的 MCP 含有两个垂直果冻卷折叠（double jelly-roll，DJR），这也是该噬菌体目划分的重要依据。

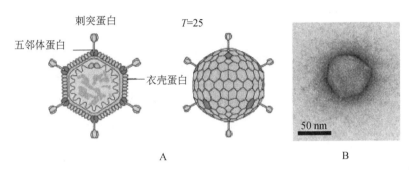

图 4-4　*Kalamavirales* 目代表噬菌体（Dion et al., 2020）

A. *Kalamavirales* 目代表噬菌体 PRD1 的结构特征；B. *Kalamavirales* 目代表噬菌体 AP50 的电镜图片

（二）*Kalamavirales* 目代表噬菌体

Kalamavirales 目噬菌体中的模式种为 PRD1 噬菌体，该噬菌体的宿主范围较广，可侵染铜绿假单胞菌（*Pseudomonas aeruginosa*）、荧光假单胞菌（*Pseudomonas fluorescens*）、恶臭假单胞菌（*Pseudomonas putida*）、肠道沙门菌鼠伤寒血清型（*Salmonella enterica* subsp. *enterica* serovar *Typhimurium*）、奇异变形杆菌（*Proteus mirabilis*）、霍乱弧菌（*Vibrio cholerae*）、大肠埃希菌（*Escherichia coli*）及乙酸钙不动杆菌（*Acinetobacter calcoaceticus*）。PRD1 噬菌体之所以有如此广泛的宿主范围，是因为其识别的受体是由一些广泛传播的结合质粒如 IncP、IncN 和 IncW 等编码，可通过质粒转导将 PRD1 噬菌体抗性菌株转变为敏感菌株。

1. PRD1 噬菌体的结构　　PRD1 噬菌体的颗粒为无包膜、二十面体，具有伪 $T=25$ 的对称性。噬菌体颗粒大小约为 66 nm，顶端尖峰为 20 nm。其基因组大小为 14 927 bp，dsDNA 呈线性且两端与 DNA 末端蛋白（DNA terminal protein）结合。

PRD1 噬菌体的主要衣壳蛋白 P3 由 394 个氨基酸组成，其自身无法折叠，需要宿主 GroEL/ES 伴侣蛋白的帮助才能形成正确结构。该蛋白质的主要特征是含有一对八链 β 折叠（B1-I1 及 B2-I2）组成的结构，这两个结构形似果冻卷，因此被称为果冻卷折叠（V1 和 V2）；每个果冻卷折叠的 F 链后面含有一个 α 螺旋，分别命名为 FG1-α 和 FG2-α，且二者分别与对应 β 折叠垂直，FG1-α 将两个果冻卷折叠锁定在一起。果冻卷折叠 V1 上方环的扩展度高于 V2，该区域被为塔区（tower region），其最终参与形成 PRD1 噬菌体衣壳蛋白上的突起。P3 蛋白的 N 端 α（NT-α）螺旋及两个果冻卷折叠之间的 Q-244 和 N245 残基将位于衣壳蛋白内部并与脂质膜接触。

P3 蛋白形成三聚体，一个亚基的 V1 果冻卷折叠与另一个亚基的 V2 果冻卷折叠相互作用使这种三聚体结构非常稳定：FG2-α 在整个结构的表面以提供大量的氢键结合 V2 果冻卷折叠和另一个亚基的 FG1-loop。此外，FG2-α C 端的 Arg 三联体（Arg-329、Arg-330 和 Arg-331）不仅与同一亚基 FG1-α 的 C 端结合，还能与相邻亚基 FG1-α 的 C 端结合；FG1-loop 与其他两个亚基的 FG1-loop 相互结合以稳定整个结构的顶端。因此，每个 FG1-loop 都会给相邻亚基中的 FG1-α 和 FG2-α "加上螺帽"，以将所有三个亚基锁定在一起。P3 蛋白三聚体将组装成二十面体的噬菌体外壳，而 P30 蛋白位于二十面体相邻界面之间起到稳定衣壳的作用。

PRD1 噬菌体衣壳上有 12 个突起顶点，其中 11 个为受体识别复合物，其由单体受体结合蛋白（monomeric receptor binding protein）P2、三聚体刺突蛋白（trimeric spike protein）P5、五聚的五联蛋白（pentameric penton protein）P31、内在膜蛋白（internal membrane protein）P16 及部分 P3 蛋白组成；剩余一个特殊顶点则是为了服务 DNA 包装，由整合膜蛋白（integral membrane protein）P20 和 P22、包装效率因子（packaging efficiency factor）P6 及 ATPase P9 组成。

2. PRD1 噬菌体的生活史　　PRD1 噬菌体的生活史依旧可以归纳为吸附、注入核酸、复制、组装及裂解释放。PRD1 噬菌体通过其受体识别复合物上的 P2 蛋白吸附到靶细胞受体上，随后复合物被释放从而在噬菌体衣壳上产生一个孔。噬菌体内部膜转变成管状结构，从衣壳上的孔突出，用 DNA 递送蛋白（DNA delivery）P11 和 P18 穿透宿主外膜、转糖基酶（transglycosylase）P7 和 P14 破坏肽聚糖层，与宿主细胞膜融合，将病毒 DNA 释放到细胞质中。基因组进入细胞后，早期操纵子 OE1 和 OE2 即刻转录，其产物主要与 DNA 复制相关，包括 DNA 聚合酶（DNA polymerase）P1、ssDNA 结合蛋白（single stranded DNA binding protein）P12 和 P19 等，而晚期操纵子主要编码噬菌体结构蛋白及裂解蛋白等。蛋白质合成最早发生在感染后 15 min 左右，此时，在细胞膜上可以发现 DNA 递送蛋白和转糖基酶等，五联蛋白 P31 和内在膜蛋白 P16 引起细胞膜向内曲化形成囊泡，组装蛋白（assembly protein）P10 和 P17 在囊泡的基础上组装噬菌体衣壳，ATPase P9 识别共价结合了 dsDNA 的末端蛋白 P8 启动 DNA 组装。PRD1 噬菌体利用穿孔素-内溶素系统（holin-endolysin system）进行子代噬菌体颗粒的释放，除了编码穿孔素 P35、内溶素 P36 和 P37 外，还编码细胞壁质酶（muramidase）P15。

3. PRD1 噬菌体应用的研究　　病毒颗粒一直是良好的生物材料和载体。目前对 PRD1 噬菌体的结构有着清晰的认识，因此研究人员利用 PRD1 噬菌体颗粒可有效装载抗精神病药物氯丙嗪（chlorpromazine，CPZ）。通过冷冻电镜技术发现 CPZ-PRD1 颗粒（主要在 P3 蛋白 V1 果冻卷折叠的塔区）的电子密度发生了变化，推测 P3 蛋白的果冻卷折叠可作为加载杂环 CPZ 分子的支架。上述结果为 PRD1 噬菌体颗粒作为药物载体的研究提供了参考。此外，PRD1 噬菌体在一定温度范围内的相对稳定性及在含水层沉积物中的低附着程度，也被用于涉及地质介质的运输研究。

（彭东海）

六、*Timlovirales* 目

（一）*Timlovirales* 目噬菌体简介

Timlovirales 目噬菌体是 ssRNA 噬菌体的重要分类单元，根据 ICTV 于 2019 年推行的 15 级病毒分类系统，其隶属于核糖病毒域（*Riboviria*）正 RNA 病毒界（*Orthornavirae*）光滑裸露病毒门（*Lenarviricota*）光滑病毒纲（*Leviviricetes*）。*Timlovirales* 目噬菌体包含 2 科 231 属 1327 种（截至 2024 年 5 月 7 日，https://ictv.global/taxonomy）。*Timlovirales* 目下所有噬菌体的总体特征为二十面体且无尾的衣壳结构，其核酸类型为（+）ssRNA，依赖 RdRP 进行复制。

（二）*Timlovirales* 目的分类原则

Timlovirales 目隶属于 *Leviviricetes* 纲，而 *Leviviricetes* 纲的前身为光滑病毒科（*Leviviridae*）。但随着宏基因组学和宏转录组学的发展，大量的测序数据扩展了人们对光滑病毒类噬菌体多样性的认知，*Leviviridae* 科已经不适用当前分类。2021 年，Callanan 等根据光滑病毒类噬菌体的特征，在现有 15 级病毒分类系统的基础上提出适合光滑病毒类新的分类标准，将原有的光滑病毒科（*Leviviridae*）改组为光滑病毒纲（*Leviviricetes*），极大地丰富了该类病毒的多样性。

由于利用 RdRP 进行复制是光滑病毒类乃至整个核糖病毒域的特征，因此光滑病毒类依此建立新的分类标准：编码 RdRP 的 RNA 病毒可以划分进入核糖病毒域；其中核酸类型为（+）ssRNA 的噬菌体划分进入 *Leviviricetes* 纲。然后根据 RdRP 氨基酸序列的隐马尔可夫模型（hidden Markov model，HMM）聚类划分目水平分类，目前 *Leviviricetes* 纲下包含 2 目，分别命名为 *Norzivirales* 和 *Timlovirales*。这两个噬菌体分类的命名是为了纪念 Norton Zinder（1928～2012 年）和 Timothy Loeb（1935～2016 年），他们首次发现 RNA 噬菌体，是这个领域的奠基者和推动者。再根据（+）ssRNA 噬菌体衣壳蛋白的 HMM 聚类进行科水平分类，*Timlovirales* 目下包含 *Blumeviridae* 和 *Steitzviridae* 2 科。最后根据 RdRP 氨基酸序列的一致性进行属水平和种水平的分类，其中 RdRP 氨基酸序列一致性 >50% 的噬菌体归为同一属，>80% 的噬菌体归为同一种，*Blumeviridae* 科有 29 属 38 种，且其噬菌体序列全部来自宏基因组数据，*Steitzviridae* 科有 202 属 1289 种。*Timlovirales* 目下噬菌体种属的数目每年都在增加，由此可见光滑病毒类噬菌体的多样性。

（三）*Timlovirales* 目噬菌体的生活史及基因调控

Leviviricetes 纲噬菌体的生活史包括噬菌体吸附、注入核酸、复制、组装及裂解释放，这一点在 *Norzivirales* 目中的代表—— MS2 噬菌体和 Qβ 噬菌体中研究得比较清楚。*Timlovirales* 目噬菌体（Cb5 噬菌体）与 *Norzivirales* 目噬菌体在病毒结构和基因排布上一致，因此 *Timlovirales* 目噬菌体的生活史及基因调控可参照 MS2 噬菌体和 Qβ 噬菌体。

（四）*Timlovirales* 目的代表噬菌体

目前，*Timlovirales* 目中研究较为清楚的噬菌体就是能侵染 *Caulobacter crescentus* 的 *Cebevirus* 属噬菌体——Cb5，该噬菌体于 1970 年被发现，电镜照片显示其噬菌体颗粒为直径 23 nm 的多面体结构（图 4-5）。随着技术的进步，研究人员于 2009 年解析了 Cb5 噬菌体颗粒的蛋白质结构，其衣壳蛋白单体的 N 端由 7 条 β 链组成，前 2 条 β 链组成发卡结构，构成 Cb5 噬菌体颗粒的表面，另外 5 条 β 链在 Cb5 噬菌体颗粒的内部；C 端包含 2 个 α 螺旋，单体间的 α 螺旋交叉结合使衣壳蛋白形成二聚体（dimer）。Cb5 噬菌体的衣壳蛋白有 3 种等效的构象，分别命名为 A、B、C。A 亚基和 B 亚基形成 AB 二聚体，两个 C 亚基形成 CC 二聚体。Cb5 噬菌体颗粒类似于截角二十面体。

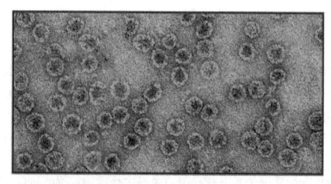

图 4-5　Cb5 噬菌体的电镜照片（Bendis and Shapiro, 1970）

如果衣壳蛋白的表达量相对过高，*Leviviricetes* 噬菌体在组装过程中除了形成正常的噬菌体颗粒，还会形成包含噬菌体基因组以外的 VLP。研究人员发现用强阴离子交换剂时，Cb5 噬菌体 VLP 相对于其他 VLP 更容易解离成蛋白二聚体，在除盐并加入钙离子、核酸或其模拟物后，二聚体以更高效率重新组装成 VLP。因此，Cb5 噬菌体 VLP 在对多种化合物包括 RNA、DNA 和金纳米颗粒的封装有着重要意义。

（彭东海）

七、*Halopanivirales* 目

Halopanivirales 目是一群具有环状或线性 dsDNA 基因组的病毒，包括感染古菌的病毒和感染嗜热细菌的噬菌体。它们为具有二十面体头部的无尾噬菌体，衣壳内的基因组被脂膜包围。*Halopanivirales* 目前含有 3 科：*Matsushitaviridae*、*Simuloviridae* 和 *Sphaerolipoviridae*。其中 *Simuloviridae* 和 *Sphaerolipoviridae* 以古菌为宿主。

（一）*Matsushitaviridae* 科

Matsushitaviridae 科，包括 1 属（*Hukuchivirus*），该属是由原属于 *Sphaerolipoviridae* 科的 *Gammasphaerolipovirus* 属重新分类并更名而来。

  Hukuchivirus 属目前包括 2 种，分别是 P2377 和 IN93，它们都以栖热菌属细菌为宿主。通过对基因组、衣壳结构和高分辨率衣壳蛋白结构的综合分析，将 P2377 噬菌体确定为该属的典型物种。*Hukuchivirus* 具有狭窄的宿主范围，并且其成员之间存在基因组水平的巨大差异，可能与该属病毒基因组来源于不同的细菌和古菌病毒及质粒有关。

  P2377 是一株烈性噬菌体，感染嗜热栖热菌（*Thermus thermophilus*），具有环状 dsDNA 基因组，包含 10 个结构蛋白编码基因。与之相关的病毒和质粒主要存在于嗜盐古菌中。P2377 与嗜盐古菌（*Haloarcula hispanica*）病毒 SH1 具有相似的衣壳结构，这两种病毒可能具有相似的基因组包装 ATPase 和主要衣壳蛋白的折叠。此外，P2377 还与 IN93 噬菌体、整合在 *Haloarcula marismortui* 基因组中的可能病毒（IHP）和 *Halobacterium salinarium* 的质粒 pHH205 具有相似性。

  IN93 噬菌体分离自日本 Hukuchi 的温泉，是一株温和噬菌体，感染嗜热栖热菌。IN93 噬菌体具有环状 dsDNA 基因组，基因组长 19 604 bp，包含 39 个假定的 ORF。其中，20% 基因产物的功能与其他已知噬菌体和细菌功能相似，包括肽酶、裂解酶、整合酶、阻遏蛋白和复制蛋白。

（二）*Simuloviridae* 科

  Simuloviridae 包括具有内部脂质膜的无尾二十面体病毒。衣壳由两种主要的衣壳蛋白组成，都具有单个果冻卷折叠，基因组是长度为 16～19 kb 的环状 dsDNA 分子。该科所有成员感染盐杆菌门中的嗜盐古菌，是温和噬菌体，其前病毒栖息在宿主细胞中作为染色体外游离体。一旦触发裂解生命周期，病毒粒子的产生就会导致细胞裂解。

  Simuloviridae 含有 1 属（*Yingchengvirus*）3 种（*Yingchengvirus koreaense*=HJIV1、*Yingchengvirus boliviaense*=NVIV1、*Yingchengvirus sinense*=SNJ1）。*Yingchengvirus sinense* 是该科的典型种，分离自中国湖北省应城盐矿，其宿主为 *Natrinema* sp.。*Yingchengvirus sinense* 是一种温和的古菌病毒，不整合到宿主染色体中，而是以质粒形式存在。该病毒具有与质粒 pHH205 相同的环状 dsDNA 基因组。*Yingchengvirus sinense* 病毒从宿主细胞膜中选择性地获取其脂质成分，并且与其他具有内囊膜的二十面体 dsDNA 病毒中观察到的情况相似。

（三）*Sphaerolipoviridae* 科

  Sphaerolipoviridae 科含有 1 属 4 种。该科病毒具有线性 dsDNA 基因组，基因组大小为 28～31 kb，G+C 含量为 67%～68%，具有约 300 bp 的反向重复序列和连接的末端蛋白。基因组中含有约 50 个预测基因，按照一定的顺序排列。这些病毒的外壳是无尾的二十面体状，内部富含蛋白质的脂质膜。它们的宿主范围狭窄，感染的是盐生古菌纲中的卤菌属和卤酸盐菌属。这些病毒通过顶点的尖刺复合物与宿主结合。吸附相对较慢，感染周期为 6～12 h，具有裂解生命周期。

  HCIV-1 是一种无尾病毒，HCIV-1 与 SH1、PH1 和 HHIV-2 类似，它们都具有高度相似的结构蛋白分布。所有 4 种病毒都能形成直径约 80 nm 的病毒

数字资源
4-4

Halopanivirales 目

颗粒。HCIV-1 的基因组与 SH1、HHIV-2 和 PH1 相似，长度相近，都是线性 dsDNA 基因组，且它们之间的基因组序列具有较高同源性。HCIV-1 和其他 3 个病毒具有相似的生命周期，都能在宿主细胞中进行裂解性感染，并释放子代病毒。这些病毒还有一定的生态功能，能够影响它们所感染盐生微生物的生长和生态平衡，从而在盐环境中发挥作用。

（肖　炜）

八、*Crassvirales* 目

crAss 噬菌体目（*Crassvirales*）属于 dsDNA 病毒域（*Duplodnaviria*）香港病毒界（*Heunggongvirae*）尾噬菌体门（*Uroviricota*）有尾噬菌体纲（*Caudoviricetes*），于 2014 年首次在人类粪便宏基因组分析中发现。通过比较基因组学和分类分析，研究者发现该目代表了一类高度丰富且多样化的病毒类群。通过携带的 CRISPR 间隔序列推测拟杆菌门（*Bacteroidota*）的细菌是这些噬菌体的宿主，并且已经证实该类噬菌体能够感染肠道拟杆菌。

编码序列及宏基因组分析表明，crAss 噬菌体目可能由广泛且众多的成员组成，并发现这些成员可存在于各种环境中。例如，人类肠道、白蚁肠道、陆地或地下水环境、苏打湖、海底沉积物和植物根际等。其中尤为关注的是该目噬菌体在人类肠道微生物组中普遍存在。

目前，已经有近 600 个 crAss 噬菌体目的基因组通过宏基因组分析被鉴定出来。crAss 噬菌体目包含 4 科［肠噬菌体科（*Intestiviridae*）、肠道噬菌体科（*Crevaviridae*）、肠内噬菌体科（*Suoliviridae*）、肠肚噬菌体科（*Steigviridae*）］10 亚科 42 属。其中 *Crevaviridae* 科的种类最多。病毒的分类依赖于保守结构基因的亲缘关系，这些基因包括主要编码衣壳蛋白、末端酶（terminase）大亚基和门蛋白等的基因。

已经分离出了该目的多个新噬菌体，其中包括 *Kehishuvirus primarius*（crAss001），其宿主是肠道拟杆菌（*Bacteroides intestinalis* APC919/174）；从废水中分离出来的 *Wulfhauvirus bangladeshii* DAC15 和 DAC17，其宿主是拟杆菌 *Bacteroides thetaiotaomicron* VPI-5482；*Jahgtovirus secundus*（crAss002），其宿主是拟杆菌 *Bacteroides xylanisolvens* APCS1/XY；以及同样从废水中分离出来的 *Kehishuvirus* sp. Bc01、*Kolpuevirus* sp. Bc03 和 *Rudgehvirus jaberico* Bc11，其宿主均为拟杆菌 *Bacteroide cellulosilyticus* WH2。

（一）形态与大小

crAss 噬菌体目病毒在形态上与短尾型噬菌体相似，同属肠肚噬菌体科的拟杆菌噬菌体 crAss001、DAC15、DAC17 和 *Cellulophaga baltica* 噬菌体 14:2 也具有类似的结构特征。这些噬菌体的头部是直径为 77～88 nm 的等二十面体衣壳，尾部短小且不具收缩功能，长度在 36～44 nm。拟杆菌 *B. xylanisolvens* 噬菌体 crAss002，又称 *Jahgtovirus secundus*，属于肠噬菌体科，头部是直径约为 77 nm 的衣壳，尾部长约 18 nm。目前尚未成功分离和培养到肠道噬菌体科和肠内噬菌体科的成员，其形态特征尚未知。

（二）结构与功能

目前仅报道通过冷冻电镜技术重构的噬菌体 crAss001 的结构（图 4-6）。该噬菌体具有一个短的、非收缩的尾巴，长度约 44 nm，并具有等二十面体立体对称的头部衣壳。衣壳内部空间较大，不仅能容纳 DNA，还可容纳病毒的货物蛋白（cargo protein）。在尾巴中偶尔观察到这些货物蛋白，提示病毒尾巴可能用于蛋白质注射。

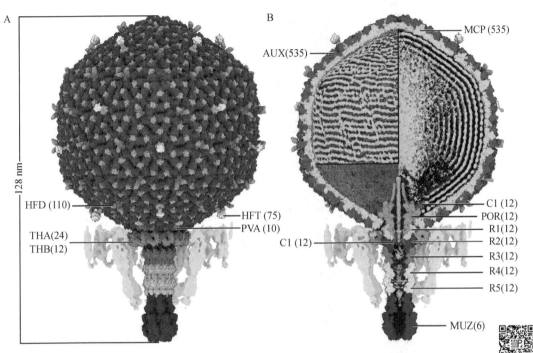

图 4-6　crAss001 病毒颗粒的结构和蛋白质功能（改自 Bayfield et al.，2023）

A. 病毒颗粒的表面分子结构；B. 病毒颗粒内部结构。不同蛋白用不同的颜色表示，灰色代表 DNA。
AUX. 辅助衣壳蛋白；MCP. 主要衣壳蛋白；C1. 货物蛋白；MUZ. 口套；POR. 门蛋白；PVA.
门顶辅助衣壳蛋白；R1～R5. 环蛋白；THA 和 THB. 尾部枢纽蛋白；HFD，HFT. 头部纤维蛋白。
括弧中的数字表示蛋白在病毒颗粒中的亚基个数

（三）基因组特征

crAss 噬菌体目噬菌体为 dsDNA 噬菌体，基因组大小 100～200 kb。如图 4-7 所示，来自同一科的噬菌体呈现较高的基因共线性排列。上面 5 株属于肠肚噬菌体科，下面 2 株来属于肠噬菌体科。

（四）与宿主相互作用

根据初步的序列分析，预测 crAss 噬菌体目噬菌体具有裂解性周期、溶原性周期两种周期，属温和噬菌体。crAss 噬菌体目噬菌体除了在人类肠道中丰度高之外，同一菌株在个体中能够长期以恒定的水平存在，其机制需要后续进一步研究。

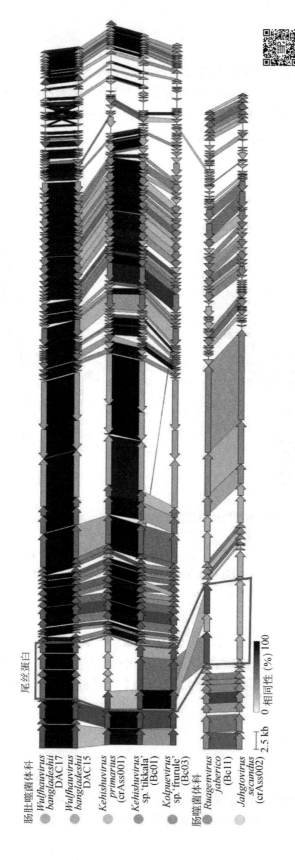

尾丝蛋白

肠肛噬菌体科
* *Wulfhauvirus* *bangladeshii* DAC17
* *Wulfhauvirus* *bangladeshii* DAC15
* *Kehishuvirus* *primarius* (crAss001)
* *Kehishuvirus* sp. 'tikkala' (Bc01)
* *Kolpuevirus* sp. 'frurule' (Bc03)
肠噬菌体科
* *Ruagenvirus* *jaberico* (Bc11)
* *Jahgtovirus* *secundus* (crAss002)

2.5 kb

0 相同性 100

图 4-7 7株 crAss 噬菌体基因组的基因共线性分析（改自 Papudeshi et al., 2023）

基因用不同颜色的前箭头表示，其中灰色代表特有基因。基因连线的颜色深浅与基因的相似性呈正相关，从灰色（30%相似性）到黑色（100%相似性）。红框指示7株噬菌体共有的尾丝蛋白基因。左侧圆点代表各自噬菌体所感染的宿主：橘黄色为肠道拟杆菌 B. intestinalis；紫色为拟杆菌 B. xylanisolvens cellulosilyticus；粉红色为拟杆菌 B. thetaiotaomicron；黄色为拟杆菌 B.

（五）crAss噬菌体目噬菌体与人类的关系

crAss 噬菌体目噬菌体为丰度很高且普遍存在于人类肠道微生物组的病毒。该类噬菌体在西方饮食习惯人群的肠道中更为常见，可能是因为这种饮食更有利于拟杆菌生长。然而，另有研究表明，crAss 噬菌体目噬菌体与人类的关系可能要追溯至人类早期起源，因为在非洲和美洲的人类近亲动物的肠道中也有该类噬菌体的分布。目前关于 crAss 噬菌体目噬菌体在肠道微生物组中的存在及其对人体健康的影响尚不明确，因此认为它是肠道微生物组中的无害定居者。然而，某些不良健康状况的出现，如肠道疾病和代谢疾病，可能与缺乏 crAss 噬菌体目噬菌体有关。研究表明，crAss 噬菌体目噬菌体可通过母体垂直传播，尽管新生儿体内噬菌体的丰度很低，甚至检测不到，但在出生的第一年，肠道微生物中病毒的数量会迅速增加。此外，有证据表明，crAss 噬菌体目噬菌体能够通过粪菌移植传播。

数字资源
4-5

crAss 噬菌体目

（申玉龙）

九、*Norzivirales* 目

诺津噬菌体目（*Norzivirales*）属于核糖病毒域（*Riboviria*）正核糖病毒界（*Orthornavirae*）光滑裸露病毒门（*Lenarviricota*）光滑病毒纲（*Leviviricetes*）。该目原属于光滑病毒目（*Levivirales*），为一类 ssRNA 病毒，其划分标准是 RNA 依赖的 RdRP 的氨基酸同源性。2021年 Callanan 等基于新发现病毒的 RdRP 系统发育和聚类，提出将原来的光滑病毒目重新划分为 2 目——诺津噬菌体目和 *Timlovirales*，共有 6 科 419 属 873 种。其中诺津噬菌体目下有 4 科，分别为菲尔斯噬菌体科（*Fiersviridae*）、阿特金斯病毒科（*Atkinsviridae*）、索尔斯皮格曼病毒科（*Solspiviridae*）和杜因病毒科（*Duinviridae*），共有 271 属 426 种；*Timlovirales* 目下有 2 科，分别为 *Blumeviridae* 和 *Steitzviridae*，共有 148 属 447 种。

Fiersviridae 科下有 185 属 298 种，该科以比利时科学家 Walter Fiers（1931～2019 年）命名，1976 年 Fiers 团队首次对该科的大肠埃希菌噬菌体 MS2 进行全基因测序。除 MS2 外，该科的代表噬菌体还有 Qβ、GA、M、BZ13 和 FI。*Atkinsviridae* 科下有 56 属 91 种，该科以美国科学家 John Atkins（1944 年至今）命名。该科代表噬菌体为 ESE020 和 Gephyllon.2_13。*Solspiviridae* 科下有 24 属 31 种，该科以美国科学家 Sol Spiegelman（1914～1983 年）命名，该科代表噬菌体为 ESE017。*Duinviridae* 科下有 6 属 6 种，该科以荷兰科学家 Jan van Duin（1937～2017 年）命名，代表噬菌体为不动杆菌噬菌体 AP205。

诺津噬菌体目是已知噬菌体中最小的一类，其核酸类型为（+）ssRNA。在自然界中分布广泛，宿主类型多样，以大肠埃希菌为主，也可以感染假单胞菌和不动杆菌等。可作为研究 RNA 结构和动力学功能的理想模型，也可以作为治疗耐药细菌的潜在工具。

（一）形态与大小

诺津噬菌体目的噬菌体为无包膜病毒。分为头部和尾部结构，头部球形类似于二十面体立体对称结构，直径为 26～60 nm（图 4-8）。

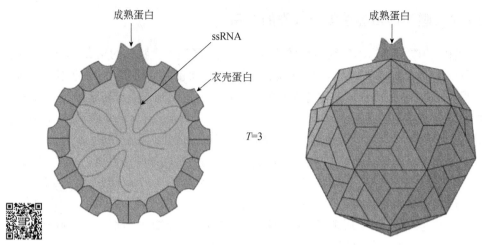

成熟蛋白

ssRNA

衣壳蛋白

成熟蛋白

T=3

图 4-8　MS2 噬菌体结构（改自 https://viralzone.expasy.org/163?outline=all_by_species）

（二）结构与功能

　　诺津噬菌体目的噬菌体由外到内依次是蛋白质衣壳和线性（＋）ssRNA 核酸。衣壳由多个衣壳蛋白和一个成熟蛋白（maturation protein，MP）共同组成。头部主要是衣壳蛋白，以二聚体形式存在；尾部是成熟蛋白。因此，噬菌体的完整衣壳不具典型二十面体的对称性。由冷冻电镜图片可以看到多处 RNA 结构与衣壳蛋白相互结合，这表明病毒粒子内的 RNA 是有序排列的。衣壳蛋白的折叠方式也比较特殊，由 β 折叠和大 α 螺旋组成，其中大 α 螺旋穿过二聚体，并通过 α 螺旋的臂状结构连接两个亚基。该二聚体是组装到衣壳中的功能结构单位。

　　病毒粒子中的核酸即感染性核酸 mRNA，可编码 3～4 个基因。目前研究比较清楚的噬菌体有 2 种：一种以噬菌体 MS2、R17 和其他噬菌体为代表，基因组约为 3500 nt；另一种以 Qβ 噬菌体为代表，基因组约为 4200 nt。上述噬菌体的宿主为大肠埃希菌。

　　Fiersviridae 噬菌体直径约为 26 nm，具有 *T*=3 类型的二十面体结构，由 180 个衣壳蛋白和 1 个成熟蛋白组成。*Duinviridae* 噬菌体直径约为 60 nm，具有 *T*=7 类型的二十面体结构。

（三）基因组特征

　　诺津噬菌体目的基因组为线性（＋）ssRNA，大小为 2878～5067 nt，平均为 3826 nt，其中 Gephyllon.2_13 噬菌体的基因组最小，Gerhypos.2_14 噬菌体的基因组最大。基因组通常含有 3～4 种蛋白质的编码基因。在复制过程中无亚基组 mRNA。在 mRNA 的 5′端是三磷酸核糖核酸，蛋白质编码基因在 mRNA 上的排列顺序为 5′ppp–[成熟蛋白]–[衣壳蛋白]–[复制酶]–3′OH。裂解酶的基因位置可变，大多数裂解酶基因位于衣壳蛋白基因和复制酶基因之间，起始于衣壳蛋白基因末端，终止于复制酶基因的起始区域。Qβ 噬菌体的裂解酶基因紧邻衣壳蛋白基因之后；Gephyllon.2_13 噬菌体的裂解酶基因位于复制酶基因的末端区域；AP205 噬菌体的裂解酶基因位于 5′端的起始区。成熟蛋白的数量几乎与 mRNA 的数量相当。衣壳蛋白通过在该基因的起始位点结合 RNA 发夹结构从而抑制复制酶的翻译。诺津噬菌体目典型噬菌体的基因组特性、所归属和宿主归纳于表 4-1。

表4-1　诺津噬菌体目典型噬菌体的基因组特性、所归属和宿主

名称	大小/nt	(G+C)/%	ORF	属	宿主
MS2	3569	52	4	*Emesvirus*	埃希菌属
Qβ	4189	47	4	*Qubevirus*	埃希菌属
GA	3466	48	4	*Emesvirus*	埃希菌属
FI	4184	51	4	*Qubevirus*	埃希菌属
ESE020	3727	51	4	*Bilifuvirus*	—
Gephyllon.2_13	2878	50	4	*Andhevirus*	—
ESE017	3483	47	3	*Wishivirus*	—
PP7	3588	54	4	*Pepevirus*	假单胞菌属
PRR1	3573	49	4	*Perrunavirus*	假单胞菌属
AP205	4268	44	4	*Apeevirus*	不动杆菌属

（四）与宿主相互作用

噬菌体感染的吸附步骤始于病毒粒子通过其成熟蛋白与 F 菌毛结合。随后，成熟蛋白被蛋白酶水解，释放出结合的 RNA，并被转移到细菌细胞质中完成后续的复制周期。目前尚不完全清楚 mRNA 转移到细胞质中的具体机制，推测可能利用了菌毛的收缩和成熟蛋白的引导。

在 MS2 噬菌体中，裂解酶基因与衣壳蛋白基因的末端和复制酶基因的起点重叠。当 RNA 首次进入细菌的细胞质时，RNA 的二级结构仅允许在衣壳蛋白基因的起始点与核糖体结合。当核糖体在衣壳蛋白的 mRNA 上移动时，就改变了 mRNA 的二级结构，使复制酶基因的起始点区域能够与其他核糖体结合，使合成复制酶晚于合成衣壳蛋白。

数字资源
4-6

Norzivirales
目

子代 MS2 噬菌体由 90 个衣壳蛋白二聚体、1 个成熟蛋白和 1 条+ssRNA 组成。当衣壳蛋白与基因组上的 RNA 发夹结合后，新噬菌体粒子在细胞质中开始装配，并且衣壳蛋白和 RNA 相互作用影响噬菌体的装配能力。

（杨延辉）

十、*Lautamovirales* 目

劳塔莫病毒目（*Lautamovirales*）属于多变 DNA 病毒域（*Varidnaviria*）班福病毒界（*Bamfordvirae*）质粒前体病毒门（*Preplasmiviricota*）单体病毒纲（*Ainoaviricetes*）。劳塔莫病毒目下只有 1 科，即芬兰湖病毒科（*Finnlakeviridae*），科下 1 属，即芬兰湖病毒属（*Finnlakevirus*），属下面只有 1 种，为 *Finnlakevirus* FLiP。

多变 DNA 病毒域（*Varidnaviria*）的主要衣壳蛋白含有相互正交的果冻卷（jelly-roll, JR），其折叠能形成伪六聚体。所谓伪六聚体就是含有两个非常相似的结构域，衣壳粒以三聚体的计数组织，实际上却具有六聚体的形态。多变 DNA 病毒域分为 2 界，即班福病毒界（*Bamfordvirae*）和海尔维蒂病毒界（*Helvetiavirae*）。班福病毒界的主要衣壳蛋白含有 2 个双果冻卷折叠主衣壳蛋白（double jelly-roll major capsid protein，DJR-MCP）；海尔维蒂病毒界的主要衣壳蛋白是 SJR-MCP。多变 DNA 病毒域的病毒基因组多为 dsDNA，芬兰湖病毒 FLiP 比较

特殊，是本域中极少数的 ssDNA 病毒。

（一）形态与大小

FLiP 噬菌体具有二十面体衣壳和内部脂质膜，呈球形颗粒，从尾钉基部测量的顶点到顶点的距离为 59 nm，面到面及边缘到边缘的距离分别为 53 nm 和 55 nm。其中 12 个高约 12 nm 的五聚体尾钉分别从二十面体的顶点伸出。

（二）基因组特征

FLiP 基因组是一个环状 ssDNA 分子，长 9174 nt，G+C 含量为 34%，推测有 16 个 ORF。SDS-PAGE、质谱和 N 端氨基酸测序分析确定了 5 个结构蛋白，分别是 gp7、gp8、gp9、gp11 和 gp14，其中 gp8 是主要衣壳蛋白。根据序列相似性，推测 gp14 为裂解相关的蛋白质，在病毒颗粒进入宿主过程中可以帮助穿透细菌的肽聚糖层。虽然 FLiP 噬菌体不编码任何 DNA 或 RNA 聚合酶，但是 gp15 序列与几个滚环复制蛋白有相似性，表明 FLiP 噬菌体的复制可能采用 ssDNA 病毒的典型复制机制。

（三）结构与进化

FLiP 噬菌体由外到内依次是蛋白质衣壳、内部脂质膜和线性 ssDNA。位于蛋白质外壳和脂质膜之间的次要结构成分将两者连接在一起，最里面包裹着 ssDNA。质谱分析显示噬菌体与宿主菌内膜的脂质类别和分子种类组成相差较大，在宿主菌内膜中含量丰富的鸟氨酸脂质在 FLiP 噬菌体中仅占其总脂质组成的约 7%，而神经酰胺占到了 60%。

冷冻电镜重建显示形成外壳的主要衣壳蛋白为 T=21 右旋二十面体衣壳组织，之前仅在假交替单胞菌噬菌体 PM2 中观察到。FLiP 的主要衣壳蛋白由两个 β 桶/三明治组成，每个 β 桶/三明治由两个反平行的 β 折叠组成，两个 β 桶都具有果冻卷拓扑结构。β 桶的 N 端不存在折片 B，除了嵌入在折片 F 和 G 之间的 α 螺旋外，两个 β 折叠桶装饰有环区。一个长长的 C 端 α 螺旋水平地分布在主要衣壳蛋白的基部。双 β 桶主要衣壳蛋白的三聚体与主要衣壳蛋白亚基的 6 个 β 桶形成假六聚体分子。

主要衣壳蛋白折叠的总体病毒粒子结构 β 桶的拓扑结构和布置，以及嵌入的 α 螺旋的

位置，与在 PRD1-腺病毒谱系成员中观察到的非常相似。到目前为止，二十面体病毒的这一谱系仅包括 dsDNA 病毒，这些病毒感染的生物体有细菌、古菌、绿藻、高等真核生物。值得注意的是，尽管噬菌体 PM2 略大于 FLiP，在衣壳与内部脂质双层的桥接方式上也有所不同，然而它们有相同的伪 T=21 右旋衣壳组织。

（黄玉屏）

十一、*Petitvirales* 目

小病毒目（*Petitvirales*）属于 ssDNA 病毒域（*Monodnaviria*）桑格病毒界（*Sangervirae*） phiX 病毒门（*Phixviricota*）小病毒纲（*Malgrandaviricetes*）。该噬菌体目下有 1 个微小噬菌体科（*Microviridae*）2 亚科 *Bullavirinae* 和 *Gokushovirinae*。其中 *Bullavirinae* 有 3 属——*Alphatrevirus*、*Gequatrovirus*、*Sinsheimervirus*，*Gokushovirinae* 有 4 属——*Bdellomicrovirus*、*Chlamydiamicrovirus*、*Enterogokushovirus*、*Spiromicrovirus*。

小病毒目噬菌体均由微小噬菌体科（*Microviridae*）的噬菌体组成。微小噬菌体科因所属噬菌体的基因组比较小而得名，其基因组为环状 ssDNA、大小通常在 4.5～6.0 kb。病毒颗粒为二十面体结构，无包膜。微小噬菌体科病毒具有广泛的细菌宿主，在塑造微生物群落和生态系统中发挥着重要作用，其中最知名和深入研究过的噬菌体为 phiX174 噬菌体（*Sinsheimervirus* phiX174）。因此，与小病毒目相关的病毒分类名大多与"小"和"phiX"相关。例如，桑格病毒界（*Sangervirae*）来自科学家弗雷德里克·桑格（Frederick Sanger），他使用 phiX174 噬菌体确定了有史以来第一个 DNA 基因组序列。phiX 病毒门（*Phixviricota*）直接来自 phiX174 噬菌体。小病毒纲（*Malgrandaviricetes*）来源于世界语 malgranda，意思是小。微小噬菌体科（*Microviridae*）的"Micro"来自希腊语，意思也是小。亚科 *Bullavirinae* 的"Bulla"来自拉丁文，意为头目/瘤/饰钉，表示在病毒表面存在主要的刺突蛋白 G。亚科 *Gokushovirinae* 的"Gokusho"来自日文，意思是非常小（其基因组比 *Bullavirinae* 中的噬菌体基因组还要小）。

（一）小病毒目病毒的共有特征

目前，ssDNA 病毒被分类为 4 个原核病毒科（*Inoviridae*、*Microviridae*、*Pleolipoviridae* 和 *Spiraviridae*）和 9 个真核病毒科（*Anelloviridae*、*Bacilladnaviridae*、*Bidnaviridae*、*Circoviridae*、*Geminiviridae*、*Genomoviridae*、*Nanoviridae*、*Parvoviridae* 和 *Smacoviridae*）。小病毒目下属的微小病毒科具有编码复制启动蛋白（replication initiator protein，Rep）的环状 ssDNA 基因组，与其他科（*Bacilladnaviridae*、*Circoviridae*、*Geminiviridae*、*Genomoviridae*、*Inoviridae*、*Nanoviridae*、*Pleolipoviridae* 和 *Smacoviridae*）的病毒一起被统称为环状 Rep 编码 ssDNA（circular Rep-encoding single-stranded DNA, CRESS DNA）病毒。

小病毒目下的噬菌体只感染细菌，除了 Rep 蛋白，还具有单卷主要外壳蛋白（single jelly-roll capsid protein），一种在细胞包膜之间传递 DNA 的特征先导蛋白（pilot protein）和内部支架蛋白（internal scaffold protein）。该目下典型噬菌体的几个保守蛋白质的进化分析显示有 2 个分支，可以分为两个亚科 *Bullavirinae* 和 *Gokushovirinae*。

（二）小病毒目 *Bullavirinae* 亚科的典型种及特点

小病毒目 *Bullavirinae* 亚科包括 3 属，共 14 个典型种。小病毒目 *Bullavirinae* 亚科噬菌体的一个典型特点是在病毒表面有在对称轴的 5 倍轴上的五聚体刺突，该刺突蛋白由基因 G 编码。但是同一属内的噬菌体种之间在基因组上采用 BLASTN 比对差别大于 5%，不同属之间在全基因组上的差异大于 30%（表 4-2）。

表4-2　小病毒目 *Bullavirinae* 亚科典型噬菌体比较（ICTV 2015.026a-rB *Bullavirinae*）

噬菌体	GenBank 登录号	基因组长度/kb	G+C 含量/%	CDS 数量	序列一致性/%
phiX174	J02482	5.39	44.8	11	100
G4	V00657	5.58	45.7	11	52
alpha3	X60322	6.09	45.2	10	36

（三）小病毒目 *Gokushovirinae* 亚科的典型种及特点

小病毒目 *Gokushovirinae* 亚科包括 4 属，共 8 个典型种。对 *Bdellomicrovirus*、*Chlamydiamicrovirus* 和 *Spiromicrovirus* 等成员进行的结构和进化研究表明，这 3 属的成员具有与 *Bullavirinae* 亚科不同的共同特性。这 3 属的成员缺少 *G* 基因编码在对称轴的 5 倍轴上的五聚体刺突。与此相符，这些噬菌体没有 *G* 基因同源物。但在对称轴的 3 倍轴上有一个"蘑菇状"突起，这在 *Bullavirinae* 亚科中不存在，该突起由主要外壳蛋白基因中的额外结构域编码形成。病毒外壳组装在没有外部支架蛋白的帮助下进行，因此这些噬菌体缺少外部支架基因（phiX174 中的 *D* 基因）。由于缺少 *G* 和 *D* 基因同源物，*Gokushovirinae* 的基因组比 *Bullavirinae* 的基因组小约 20%。

值得注意的是，*Enterogokushovirus* EC6098 噬菌体是从大肠埃希菌分离的一个原噬菌体。该噬菌体代表了已知的 *Gokushovirinae* 中第一个溶原性噬菌体成员。典型种 EC6098 与在大肠埃希菌、柠檬酸杆菌、*Kosakonia*、肠杆菌和沙门菌属中发现的其他类似原噬菌体平均只有约 50% 的核苷酸序列同源性。这些原噬菌体的基因组长度为 4.5～4.6 kb，编码 6 个蛋白质，包括标记基因 *Rep* 和一种 *Gokushovirinae* 成员特有的主要外壳蛋白。同时，该噬菌体基因组编码一个 28 bp 的 DIFmotif（DIF 基序），用于整合到细菌基因组中。与微小病毒科其他病毒保守的 Rep（VP4）和外壳蛋白（VP1）比对的系统发育分化显示 *Enterogokushovirus* 与其具有显著的区别（图4-9）。

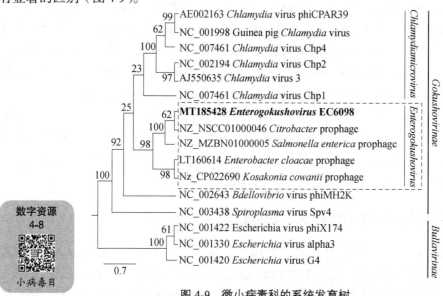

数字资源
4-8

小病毒目

图4-9　微小病毒科的系统发育树

Enterogokushovirus 成员标记为加框，其中典型种以粗体标出。比例尺表示每个位点的氨基酸
替换数（ICTV 2020.055B *Enterogokushovirus*）

（危宏平）

第二节　代表性噬菌体

一、λ 噬菌体

λ 噬菌体是一种经典的感染大肠埃希菌的温和噬菌体，它存在两种感染模式：裂解模式和溶原模式。在裂解感染模式中，λ 噬菌体劫持宿主菌的转录和翻译系统，进而完成噬菌体自身基因组的复制和相关蛋白质的翻译，最后破坏细菌的细胞膜和细胞壁，释放子代噬菌体颗粒。在溶原模式中，λ 噬菌体能够将其基因组整合到宿主细菌的染色体中，并随同宿主菌的增殖而完成自身基因组的复制，呈现出一种静止感染的状态，这种状态的噬菌体基因组被称为原噬菌体。处于溶原状态的 λ 噬菌体在某些特定条件的刺激下可以从溶原状态转变进入裂解周期。λ 噬菌体已成为基因调控机制、突变发生机制、进化动力学等研究的典型模式生物。

（一）形态与大小

λ 噬菌体属于长尾噬菌体科，呈蝌蚪状。整体结构呈复合式对称，其头部为二十面体，直径为 55 nm，其尾部为柔韧的管状长尾，不具有收缩功能，长约 150 nm（图 4-10）。

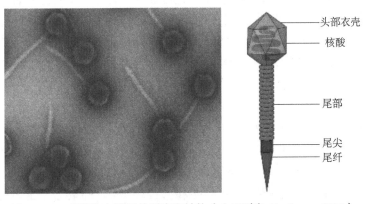

头部衣壳
核酸
尾部
尾尖
尾纤

图 4-10　λ 噬菌体电镜下的形态和结构（左图引自 Catalano，2018）

（二）结构与功能

λ 噬菌体由一个二十面体头部和一个螺旋尾部组成。其头部又称为壳体或衣壳（capsid），里面包裹着核酸，衣壳由大量的衣壳蛋白亚基装配并以次级键结合而成。λ 噬菌体尾部为螺旋对称结构，在尾尖有一个中央尾纤。尾部含有一个由 32 个圆盘组成的空心管，其中每个圆盘由主要尾部蛋白 gpV 的 6 个亚基组成，每个圆盘中央有一个 3 nm 的孔，λ 噬菌体利用这一通道注射其 DNA。

（三）基因组特征

λ 噬菌体的基因组为线性的 dsDNA 分子，总长度为 48 502 bp，含有 61 个 ORF。λ 噬菌体基因组的两端各有一条由 12 个核苷酸组成的彼此完全互补的 5'单链突出序列（称为 *cos* 序列），即黏性末端，序列为 5'-GGGCGGCGACCT-3'。当 λ 噬菌体 DNA 进入宿主细菌的细胞质以后，其两端互补单链通过碱基配对使基因组的两端连接到一起，然后在宿主细胞的 DNA 连接酶和促旋酶作用下，形成封闭的环状 DNA 分子，即环化，而环化的 λ 噬菌体 DNA 作为后续基因转录和 DNA 复制的模板。

由于 λ 噬菌体既可以进入裂解周期，又可以进入溶原化状态，因此 λ 噬菌体基因组的组成是与它的这些特性相适应的，除了编码 λ 噬菌体结构组成蛋白的基因以外，基因组中有一些基因可以调控噬菌体进入裂解增殖周期，而另外一些基因可以调控 λ 噬菌体发生溶原化，同时还有一些基因可对这两种状态之间的转变进行调控。

（四）与宿主相互作用

λ 噬菌体感染敏感宿主细菌的过程起始于病毒粒子的尾部蛋白 gpJ 与细菌细胞壁上的特异性受体孔蛋白 LamB 之间的结合，gpJ 蛋白的 C 端决定了 λ 噬菌体的宿主特异性。吸附结合之后 λ 噬菌体通过尾纤维将其基因组注入宿主细菌细胞质中，将噬菌体蛋白衣壳留在细胞外。进入宿主细菌的噬菌体 DNA 通过两端黏性末端的碱基配对形成环状，随后进行转录。λ 噬菌体生物学最典型的特征是具有调控开关，它决定 λ 噬菌体是进入裂解周期，还是将 DNA 整合到宿主基因组中成为原噬菌体。如果进入裂解周期，噬菌体自主复制其 DNA，表达形态发生基因，组装病毒粒子，并裂解宿主。如果选择溶原途径，噬菌体基因组则被整合到宿主细菌的染色体中。在随后的细菌分裂中，原噬菌体 DNA 作为细菌基因组的一部分进行复制。DNA 损伤会导致宿主菌发生 SOS 反应，从而使噬菌体从溶原状态进入裂解周期。λ 噬菌体的基因以时间顺序的方式表达，包括前早期、晚早期和晚期三个阶段。

λ 噬菌体在左右转录启动子 P_L 和 P_R 的作用下利用宿主 RNA 聚合酶启动转录。其中左向转录启动子 P_L 编码病毒蛋白 N，该蛋白质可以修饰 RNA 聚合酶，使其无法识别大部分的转录终止信号，穿过 *tL1* 和 *tR1* 转录终止子继续向前，进入晚早期的转录，具有抗终止作用。晚早期功能基因包括溶原调控因子 *CII* 和 *CIII*，以及 P_R 转录子上表达的 3 个必需基因，即 2 个复制基因 *O* 和 *P* 及晚期基因调控因子 *Q*。右向转录启动子 P_R 还编码 Cro 蛋白，其在裂解周期中发挥着重要的作用，不仅可以阻止 CI 蛋白产生，还可以关闭早期基因的表达。经过充分积累后，Q 蛋白修饰从 P_R 晚期启动子开始转录的 RNA 聚合酶。这种修饰使 RNA 聚合酶对 P_R 下游的转录终止子产生抗性，从而允许晚期基因的表达。

裂解周期中，晚期基因编码噬菌体结构蛋白，产生溶菌酶和组装噬菌体颗粒所必需的酶，λ 噬菌体完成基因组的剪切、衣壳的组装、基因组 DNA 分子载入衣壳、尾部与核衣壳的组装，然后由蛋白 A 将环状 DNA 在 *cos* 位点切断而包装到噬菌体颗粒中，最后在裂解酶的作用下导致宿主细菌崩解，子代噬菌体颗粒得以释放。在紫外线照射下，被激活的 RecA 蛋白加速 CI 蛋白的降解，从而诱导处于溶原状态的 λ 噬菌体进入裂解周期，将宿主细胞裂解而被释放出来，再次侵染其他正常的宿主细菌。

（五）λ 噬菌体的应用

　　λ 噬菌体有多种应用，包括基因克隆、噬菌体展示、疫苗开发、基因递送和药物递送。作为克隆载体，λ 噬菌体分为插入型和替换型，分别适用于小片段和大片段 DNA 的克隆。在噬菌体展示中，外源肽基因可与 λ 噬菌体 gpV 尾蛋白或 gpD 衣壳蛋白基因融合，高拷贝的 *gpD* 基因尤为适用。用于疫苗开发时，λ 噬菌体可克隆含 DNA 疫苗表达盒的片段，已在乙型肝炎和流产衣原体疫苗中显示效果。基因递送方面，λ 噬菌体能将 DNA 递送至哺乳动物细胞，尽管不感染真核细胞，但其表面修饰增强了体内基因递送效率。作为药物递送载体，λ 噬菌体衣壳可在体外组装成噬菌体样颗粒，并通过融合蛋白修饰，实现展示多种配体，适应特定递送和检测需求。

数字资源 4-9
λ 噬菌体

（顾敬敏 刘 潇）

二、P22 噬菌体

　　P22 噬菌体最初由美国威斯康星大学遗传学系的津德尔（Zinder）和莱德伯格（Lederberg）于 1952 年分离，其宿主菌是鼠伤寒沙门菌（*Salmonella typhimurium*）。P22 属于莱德伯格病毒科（*Lederbergvirus*），是一种具有短尾的温和噬菌体。P22 的病毒粒子蛋白与其他有尾噬菌体类群的亲缘关系并不是特别密切，但它的早期基因和整体生活周期与 λ 噬菌体非常相似，因此常被置于"λ 样"（lambdoid）噬菌体类群中。

（一）形态与大小

　　P22 噬菌体可在长满其宿主菌的菌苔上产生半透明的噬斑（图 4-11A），这是温和噬菌体的一般特征。从电镜形态可看出，P22 噬菌体颗粒由二十面体头部（直径约为 20 nm）及一个短尾构成（图 4-11B），尾部的尾刺（tail spike）结构清晰可见。

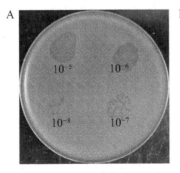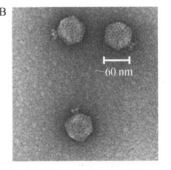

图 4-11　P22 的噬斑形态及镜下形态（改自 Nara et al., 2022）

A. P22 的噬斑。使用伊文思蓝-荧光素钠（EBU）琼脂平板，显示在 4 种稀释梯度下长出的噬斑。

B. P22 噬菌体颗粒的透射电镜形态（负染色）

（二）结构与功能

通过冷冻电镜技术（cryoEM）重建了 P22 噬菌体颗粒的表面结构（图 4-12A），可见其二十面体头部由衣壳蛋白单体规律排列而成，尾部形态与透射电镜观察结果一致。进一步的切面图显示 P22 噬菌体颗粒的详细结构及功能（图 4-12B）。衣壳构成其二十面体头部，其头部组装支架蛋白是第一个被发现和研究的。P22 前衣壳由 415 个外壳蛋白分子、12 个门环亚基和约 250 个支架蛋白分子组成。大约在 DNA 被包装的同时，所有 250 个支架蛋白从前衣壳中完整地释放出来，并在随后的前衣壳组装中与新合成的外壳蛋白一起重复使用。因此，P22 的支架蛋白在头部组装中起催化作用，单个分子可以参与至少 5 轮前衣壳组装。衣壳内容物为其基因组核酸物质（dsDNA），dsDNA 分子在其衣壳内部的排列呈现一定的规律性。P22 作为一种典型的"满头"（headful）DNA 包装噬菌体，会将 DNA 包装到头部充满，但终止点的核苷酸序列不固定。门蛋白组成复合体，"把守"衣壳的出入口，再朝下是头尾适配子，连接 P22 的头部与尾部。尾部由内部的衣壳封闭子、外围的尾刺（tail spike）及中心的尾针（tail needle）构成。P22 噬菌体的尾刺可帮助其吸附宿主细菌，尾针可穿过细菌外膜，接触并水解肽聚糖，帮助噬菌体核酸注入宿主菌。

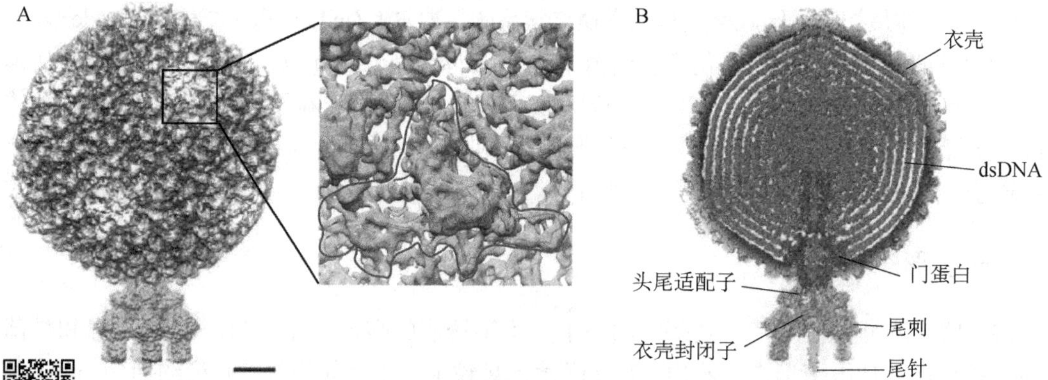

图 4-12 P22 噬菌体颗粒结构的冷冻电镜重建（改自 Tang et al., 2011）

A. P22 噬菌体颗粒的不对称（非二十面体平均）重建（分辨率：7.8 Å）。比例尺为 100 Å。放大区域显示衣壳蛋白单体形态（蓝色）。B. P22 噬菌体颗粒切面（厚度约为 60 Å）的冷冻电镜重建，标注 P22 噬菌体颗粒的主要结构

（三）基因组特征

作为模式噬菌体之一，P22 噬菌体的基因组及其功能研究得较为清楚。P22 的基因组为线性 dsDNA 分子，全长 41 724 bp，GenBank 登录号为 NC_002371.2（网址：https://www.ncbi.nlm.nih.gov/nuccore/NC_002371）。P22 噬菌体共编码 72 个蛋白质，其中 10 个为功能未知的推定蛋白质，62 个为功能已知的蛋白质。与其他噬菌体类似，P22 的基因组也具有模块化的构造，头部形成、尾部组装、核酸注入等功能模块划分明确，早期、晚期表达基因也分别簇集在一起。P22 的早期基因编码原噬菌体抑制子、溶原控制蛋白，以及 DNA 复制、重组和转录抗终止功能等。除了其原噬菌体抑制子（C2）和溶原控制蛋白（C1、C3、

Cro）外，P22 携带一个"免疫 I"区域，该区域编码一种抗抑制蛋白 Ant，该蛋白质与原噬菌体抑制子结合并阻止其结合操纵子的能力。另外两个抑制子，Mnt 和 Arc 参与调控 Ant 的合成。P22 病毒粒子由其晚期基因编码的结构相关蛋白质组装而成。

（四）P22噬菌体的应用

P22 噬菌体是进行沙门菌遗传操作的一个非常重要的工具，因为它在实验室中特别容易操作。P22 噬菌体颗粒在组装时可偶然包装大量的宿主 DNA，可以用来将宿主等位基因在沙门菌菌株之间进行转移，因此是一种非常好的转导噬菌体。此外，P22 噬菌体可用于控制食源性病原体，其衣壳被用于进行噬菌体展示研究，其 DNA 包装装置和 *pac* 位点已被非常有效地用于构建克隆载体。近年来，基于 P22 构建的 VLPs 可用于疫苗设计、肿瘤免疫治疗、控制酶与底物之间的相关作用、构建酶催化功能的纳米反应器、构建等离子体光催化纳米结构等。

数字资源
4-10

P22 噬菌体

（卢曙光）

三、phiX174 噬菌体

phiX174（ΦX174）噬菌体/辛希默病毒（*Sinsheimervirus* phiX174），它是非常独特的病毒——微小噬菌体科（*Microviridae*）的典型代表之一，它以大肠埃希菌为宿主，在大肠埃希菌培养基污染物中十分常见，是一种感染大肠埃希菌的 ssDNA 病毒。

科学家对 phiX174 的研究已有约 100 年的历史，这种微小噬菌体是第一个被发现编码单链 ssDNA 基因组的微小生物。phiX174 最初出现在科学家视野的时间可以追溯到 1930 年，并且由于其特殊的基因组形式，长期以来一直被认为是分子生物学的理想模型。1962 年，比利时分子生物学家瓦尔特·菲尔斯（Walter Fiers）和罗伯特·辛西默（Robert Sinsheimer）证明了 phiX174 DNA 为共价闭合环状 ssDNA。诺贝尔奖获得者美国生物化学家阿瑟·科恩伯格（Arthur Kornberg）以 phiX174 为模型，首次证明了用纯化酶在试管中合成的 DNA 可以产生天然病毒的所有特征，自此开创了合成生物学时代。1972～1974 年，生物化学家杰拉德·赫维茨（Jerard Hurwitz）、美国分子生物学家苏·威克纳（Sue Wickner）和美国国立卫生研究院的里德·维克纳（Reed Wickner）博士及其合作者确定了产生酶所需的基因，这些酶催化病毒从单链形式转化为双链复制形式。2003 年，克雷格·文特尔（Craig Venter）的研究团队报道称，phiX174 的基因组是第一个在体外合成寡核苷酸完全组装的基因组，phiX174 病毒颗粒也在体外成功组装。2012 年，研究人员完全解析了其高度重叠的基因，并成功鉴定各个基因组的功能。2023 年，美国加州理工生物化学研究团队阐明了 phiX174 裂解宿主细胞的机制，为开发对抗超级细菌感染的新型疗法奠定了基础。

（一）形态与大小

phiX174 噬菌体具有正二十面体对称结构，在五重对称的 12 个顶点处有突起或尖刺，直径为 27 nm，其相对分子质量为 6.7×10^6，沉降系数为 114 S，感染性 phiX174 在氯化铯中的平衡密度为 1.43 gm/cm^3，与其组成预测的密度基本一致。

（二）基因组特征

phiX174 具有环状（+）ssDNA 基因组，长度为 5386 nt，其中 95% 的核苷酸属于编码基因，基因组 G+C 含量为 44%。由于基因组的平衡碱基模式，它常被用作 Illumina 测序仪的对照 DNA。有多种物理和化学研究结果直接证明其 DNA 的单链性质，证据包括非互补的碱基组、紫外线吸光度随温度和离子强度的变化、旋转半径和沉降系数随离子强度和 pH 的变化、与甲醛的反应性，以及 DNA 在不同吸附柱上的行为（结合、洗脱）等。

phiX174 具有 11 个基因，该噬菌体基因组的前半部分显示出高度基因重叠的特点，在其 11 个基因中有 8 个基因至少存在一个核苷酸的重叠。全部基因按照它们被发现的顺序以连续的字母命名（表 4-3）。目前认为只有基因 A^* 和 K 是非必需的。

表 4-3　phiX174 编码的蛋白质及功能

蛋白质	拷贝数	功能	类别
A	—	启动环状复制；连接线性噬菌体 DNA 末端，形成环状 ssDNA	病毒复制
A^*	—	抑制宿主细胞 DNA 复制；阻断重叠感染噬菌体；衣壳包装；非必需	与宿主相互作用
B	60	内支架蛋白，参与蛋白质装备	支架蛋白
C	—	DNA 包装	病毒传播
D	240	参与蛋白质组装的外支架蛋白	支架蛋白
E	—	宿主细胞裂解	裂解蛋白
F	60	主要衣壳蛋白	衣壳蛋白
G	60	主要刺突蛋白	衣壳蛋白
H	12	DNA 先导蛋白，形成基因组转运的尾巴	衣壳蛋白
J	60	参与 DNA 包装；与新的噬菌体 ssDNA 结合；伴随噬菌体 DNA 进入原蛋白质	衣壳蛋白
K	—	调控爆发量；非必需	病毒复制

（三）结构与功能

电子显微镜和晶体学研究表明，phiX174 病毒粒子在每个五聚体顶点上都有尖峰，用 4mol/L 尿素处理后，尖峰可以从噬菌体粒子上去除，留下一个被蛋白质外壳包围的核酸核，并且去除尖峰会破坏颗粒的特定吸收能力。

phiX174 的衣壳由 60 个主要衣壳蛋白（F 蛋白）组成。12 个刺突中的每一个刺突都由 5 个主要刺突蛋白（G 蛋白）组成，它们在衣壳蛋白（F 蛋白）上方突出约 32 Å，此外衣壳还含有 60 个拷贝的 DNA 结合蛋白（J 蛋白）和 10～12 个拷贝的 DNA 先导蛋白（H 蛋白），尽管每个 DNA 先导蛋白的一小部分可能位于由主要刺突蛋白形成的亲水通道，但是 DNA 先导蛋白（H 蛋白）的结构和位置仍然未知，因为所有结构测定都假定二十面体对称。成熟的 phiX174 病毒粒子没有可见的外部尾巴（图 4-13）。

图 4-13　phiX174 的结构

（四）phiX174噬菌体的应用

由于 phiX174 的基因组特征及结构特殊性,在许多进化实验中被用作模式生物。在分子生物学领域中也经常被用作各种高通量测序平台的阳性对照,因为与其他生物相比,其核苷酸序列为 5386 个碱基,具有相对较小的基因组,核苷酸含量大致为 G 23%、C 22%、A 24% 和 T 31%,即 45% G+C 和 55% A+T。

phiX174 噬菌体是各种肽和抗原展示的有吸引力的平台,其顶点处的 G 蛋白尖峰是展示的最佳允许位点,由于主要刺突蛋白具有一个暴露的表面环,它可以耐受 10~75 个氨基酸的多种氨基酸插入,插入的表位可以被有效地展示于噬菌体颗粒表面,并与特异性抗体结合。

phiX174 噬菌体还有应用于临床治疗的潜能。近一个世纪前,加拿大微生物学家费利克斯·德·埃雷尔（Félix d' Hérelle）将反复过滤后的含有 phiX174 的噬菌体混合污水给一名患有严重痢疾的小男孩饮用,该濒临死亡的男孩很快恢复了健康。如今,随着细菌耐药性的增加,噬菌体疗法再次成为人们关注的焦点。由于噬菌体疗法的安全性、有效性、特异性,一些特定类型的噬菌体已经应用于临床治疗。

数字资源
4-11

phiX174
噬菌体

（肖纪滕　曹　磊　童贻刚）

四、M13 噬菌体

丝状噬菌体（属 *Inoviridae*）是一种非裂解性（宿生）噬菌体,具有 ssDNA 基因组。丝状噬菌体在宿主中建立慢性感染,受感染的细菌可以继续生长和分裂,但速度低于没有感染的细菌。M13 是丝状噬菌体的典型代表,M13 噬菌体及其宿主大肠埃希菌在生化、遗传和生物物理等多角度得到了最广泛的研究和应用。

（一）形态与大小

M13 噬菌体呈丝状长管结构,直径为 6.6 nm,长度约为 880 nm,表面积约为 18 700 nm^2,分子质量约为 1.9×10^7 Da。

（二）结构与功能

M13 的基因组是一个环状 ssDNA,由一个长圆柱形的蛋白质外壳包裹（图 4-14）,由约 2700 个拷贝的主要衣壳蛋白 pⅧ（G8P）组成,占总质量的 98%。G8P 的 N 端位于衣壳外侧,在此可添加约 10 个额外的氨基酸,利用 M13 的肽展示技术即利用了这一点。在 M13 噬菌体的两个末端,由 4 种次要衣壳蛋白组成,各有 3~5 个拷贝,一端是 pⅦ（G7P）和 pⅨ（G9P）,另一端是 pⅢ（G3P）和 pⅥ（G6P）。

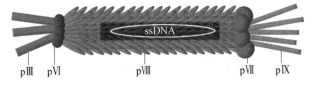

图 4-14　M13 噬菌体的结构

（三）基因组特征

M13 噬菌体的基因组为+ssDNA，全长 6407 nt，共含有 11 个编码基因（图 4-15）。在基因 *VIII* 和 *III* 及基因 *II* 和 *IV* 之间有调节基因表达和 DNA 复制的元件。基因 *II* 和 *IV* 之间的基因间隔区称为 IG 区，长度为 507 nt，外源 DNA 在此插入，通常不会影响 DNA 的复制。按照功能划分，M13 噬菌体基因组可编码 3 类蛋白质，包括复制相关蛋白（基因 *II*、*V* 和 *X*）、形态发生蛋白（基因 *I*、*IV* 和 *XI*）及结构蛋白（基因 *III*、*VI*、*VII*、*VIII* 和 *IX*）。所有结构蛋白在形态发生之前都插入在宿主细胞的细胞膜中。

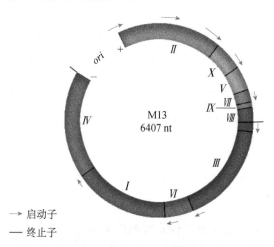

→ 启动子
— 终止子

图 4-15　野生型 M13 噬菌体基因组

（四）M13噬菌体的应用

M13 噬菌体广泛用于噬菌体展示、生物传感器、耐药细菌靶向、疫苗设计及药物和基因递送等领域。其 G3P 和 G8P 蛋白是常用的展示载体蛋白，分别用于展示大分子蛋白质和短肽。在生物传感器领域，M13 噬菌体可通过展示特异性多肽或蛋白质实现对靶标的识别和检测。在应对耐药细菌方面，M13 噬菌体可以通过表达毒素或抗菌肽及破坏抗生素耐药性基因来对抗细菌。作为疫苗载体，M13 噬菌体展示抗原肽具有较高的产量和低成本。其在药物和基因递送中，通过展示细胞特异性配体，实现对特定细胞的内化和靶向递送。M13 噬菌体还可用于组织再生，通过展示 RGD 序列促进细胞黏附和组织再生。

数字资源
4-12

M13 噬菌体

（顾敬敏　刘　潇）

五、T2 噬菌体

T2 噬菌体是感染大肠埃希菌的烈性噬菌体，属于有尾噬菌体纲（*Caudoviricetes*）斯特拉波噬菌体科（*Straboviridae*）T4 噬菌体属（*Tequatrovirus*），基因组为线性 dsDNA。有关 T2 噬菌体的最初来源和记录已经无从考究，据文献记载可推测其大概分离于 1927 年 2 月，曾被不同实验室命名为 PC/P.C、γ、P4、P9H 等名称，直到 1945 年才正式统一更名为 T2 噬菌体。T2 噬菌体从 20 世纪 30 年代起被大量研究，曾为分子生物学等学科的早期发展做出卓越贡献，产生了诸如一步生长曲线、基因重组、DNA 是遗传物质等多个里程碑级的科学发现。

（一）形态与大小

T2 噬菌体是最早使用电镜观察到的噬菌体之一，其在电镜下呈现典型的肌尾噬菌体的形态结构，外形似蝌蚪，具有一个呈二十面体的头部和棒状的尾部结构（图 4-16）。头部直径为 90～100 nm，尾部可伸缩，长 140～150 nm。

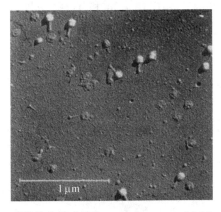

图 4-16　T2 噬菌体电镜（改自 Kellenberger and Séchaud，1957）

（二）结构与功能

T2 噬菌体的头部是一个由多个衣壳蛋白亚基组成的二十面体结构，内部包裹着遗传物质保护其免受降解，并在感染期间促进其进入宿主细菌。与头部连接的是一个可伸缩的尾部，包含一个被尾鞘包裹的中心尾管，末端是基底板结构，上面连接有尾丝或尾针结构。尾丝或尾针主要负责特异性识别和吸附位于细菌表面的受体，随后通过尾部收缩将位于衣壳内部的遗传物质注入宿主细胞内部，从而启动噬菌体复制。

（三）基因组特征

T2 噬菌体的基因组由线性 dsDNA 组成，全长 163 825 bp，共计编码 294 个 ORF，其中含有 276 个蛋白质编码基因、9 个 tRNA 编码基因和 9 个未知基因（GenBank 登录号：LC348380）。这些基因编码了病毒复制、组装和感染宿主细菌所必需的各种蛋白质。一些关键基因包括编码病毒衣壳、尾部结构蛋白、参与 DNA 复制和修饰的酶，以及负责宿主细胞接管和裂解的蛋白质的基因。

（四）T2 噬菌体的应用

T2 噬菌体作为一种模式噬菌体，许多重大的科学发现都是以其作为研究对象，如噬菌体的基因重组、证明 DNA 是遗传物质等。

1. 基因重组　　1947 年和 1948 年赫尔希（A. D. Hershey）和拉克尔·罗特曼（Raquel Rotman）通过单个细胞感染实验对噬菌体中的基因重组进行了详细分析。之前，他们已经发现，根据噬斑形态，可将 T2 噬菌体区分为 r，即产生大且边缘清晰的噬斑；r+，即产生小且边缘模糊的噬斑。根据宿主范围，可将 T2 分为 h，即能裂解大肠埃希菌 B 和 B/2；h+，即只能裂解大肠埃希菌 B（所以在同时涂布 B 和 B/2 细菌的平板上，h 形成透亮的噬斑，而 h+ 形成模糊的噬斑）。因此，根据噬斑大小和透亮程度，即可有 4 种噬斑组合：hr+（透亮小斑）、h+r（模糊大斑）、hr（透亮大斑）和 h+r+（模糊小斑）。赫尔希等用 T2 的 hr+ 和 h+r 混合感染大肠埃希菌 B，然后铺于混合长有 B 和 B/2 细菌的平板上，发现果然出现了 4 种噬斑（图 4-17），除了亲代的 hr+ 和 h+r，还出现了 hr 和 h+r+，表明 hr+ 和 h+r 之间有一部分染色体在 B 菌株的细胞中进行了重组。

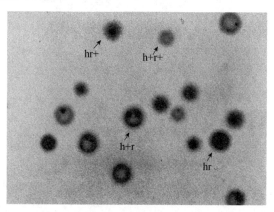

图 4-17　T2 噬菌体的基因重组（改自 Hershey and Rotman，1949）

T2 噬菌体 h（hr+）和 r（h+r）混合感染 B 细菌后子代噬菌体铺于 B 和 B/2 混养培养板上，
出现 4 种噬菌体形态，其中 hr 和 h+r+ 为重组表型

2. DNA 是遗传物质　　1952 年赫尔希和蔡斯利用"华林搅拌机实验"证明了 DNA 是遗传物质。磷元素（P）和硫元素（S）分别是 DNA 和蛋白质所特有的。利用放射性同位素 ^{32}P 和 ^{35}S 分别标记 T2 噬菌体的 DNA 和蛋白质，再分别让同位素标记的 T2 噬菌体去感染

数字资源
4-13

大肠杆菌明星
噬菌体 T2

大肠埃希菌。通过华林搅拌机的搅拌可将细菌细胞表面附着的噬菌体剥离，再通过离心即可分离细菌细胞沉淀和上清液，分别进行放射性检测。他们发现，^{35}S 都在上清液中，细菌沉淀中不含 ^{35}S；细胞沉淀和子代噬菌体中都能检测到 ^{32}P，证明遗传物质是 DNA 而非蛋白质。由此结束了学术界关于遗传物质是 DNA 还是蛋白质的争议。

（程梦珺　吴楠楠）

六、T4 噬菌体

T4 噬菌体是研究大肠埃希菌的 T-Even 噬菌体代表，对遗传学和生物化学有重要贡献。其基因组序列是功能基因组学和蛋白质组学的研究模型，揭示了重叠基因、内部翻译起始、剪接基因、转译旁路和 RNA 加工等基因表达的多样性。T4 噬菌体的转录依赖宿主 RNA 聚合酶，并

通过噬菌体编码蛋白顺序修改 RNA 聚合酶。其转录后控制机制提供了研究 RNA 过程的系统。T4 噬菌体 的 DNA 复制和重组系统展示了在变化环境中的基因组稳定复制和修复，为理解基因组进化和适应提供了洞见。尽管取得了显著成就，T4 噬菌体仍有约 130 个基因的功能未完全表征。噬菌体测序计划正在揭示 T4 噬菌体家族成员的相似性和差异，特别是感染非大肠埃希菌的噬菌体。T4 噬菌体的研究将继续拓宽我们对噬菌体复杂进化和生态学的认识。

（一）形态与大小

T4 噬菌体具有 85 nm 直径的正二十面体头部和 120 nm 长的可收缩尾部，总体长度约为 200 nm。

（二）结构与功能

T4 结构包括头部、尾部和尾纤。

头部：一个大的、细长的正二十面体，由 155 个六聚体和 11 个五聚体顶点的 Gp23 和 Gp24 的复合物组成。头部还有第 12 个顶点，称为门顶点，由十二聚体构成，使基因组能够进入和退出头壳。头部表面由 2 个端盖组成，每个端盖有 5 个三角形的面，中间部分有 10 个三角形的面。

尾部：一个长约 925 Å 的可收缩尾部，前端的门户由十二聚体的 Gp20 蛋白组成，尾部末端有一个六角形基板。基板具有由 gp5、gp5.4 和 gp27 组成的中央尖刺复合物，基板的其余部分可分为内部、中间和外围部分。基板的外围部分形成尾纤网络。

尾纤：6 根长而弯曲的尾纤，约长 160 Å，附着在基板的外围。这些纤维由 15 个蛋白质构成，其主要功能为宿主细胞的识别传感器。由于结构复杂，其高分辨率的三维结构尚未被完全解析。

（三）基因组特征

T4 噬菌体拥有一个线性 dsDNA 基因组，由大约 168 903 bp 组成。这个基因组编码了大约 300 种基因产物，这些基因产物在感染周期中扮演着各种角色，包括 DNA 复制、转录、翻译和病毒颗粒组装。以 T4 噬菌体为代表的 T-Even 噬菌体为确定 DNA 为遗传物质做出了重要贡献。

（四）T4噬菌体的应用

T4 噬菌体是研究功能基因组学和蛋白质组学的最重要模式系统之一。这种可以通过宿主感知环境变化的机制为研究噬菌体提供了新方向。通过注释其基因组各个基因的生物学特性，为我们提供了对 DNA 复制、转录调控和蛋白质合成等基本生物过程的重要认知。例如，T4 噬菌体在感染平台期宿主时，会选择性地只转录其早期和中期基因，并将停滞在中期等待宿主进入生长期后再裂解宿主。此外，对 T4 噬菌体基因组的深入分析为我们提供了其较为清晰的进化历史，包括基因组复制、重组及适应不同宿主环境等机制。与其他 T4 噬菌体家族成员的比较基因组学研究揭示了噬菌体的多样性和进化历程。

数字资源
4-14

T4噬菌体

（刘　冰）

七、T5 噬菌体

T5 噬 菌 体（T5 phage）属 于 *Duplodnaviria* 域 *Heunggongvirae* 界 *Uroviricota* 门、*Caudoviricetes* 纲 *Demerecviridae* 科 *Tequintavirus* 属。T5 噬菌体是 Delbruck 等在 1940 年分离的 T 系列模型噬菌体，其宿主为大肠埃希菌，基因组结构为 dsDNA，是最早发现的 7 种经典有尾噬菌体之一。

（一）形态与大小

T5 噬菌体属于有尾噬菌体。具有一条细长且不具有收缩功能的尾巴。头部是等轴的二十面体，直径为 80～90 nm。T5 噬菌体的尾部底端具备亚末端基板结构，该结构包含 3 个约 120 nm 扭曲的 L 型尾纤蛋白和一个约 50 nm 长的中心尾纤蛋白（图 4-18）。T5 噬菌体病毒粒子相对分子质量为 1.14×10^8，在 CsCl 中的浮力密度为 1.53 g/mL。

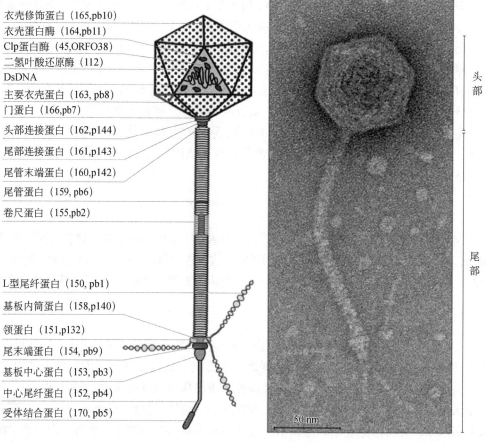

图 4-18　T5 噬菌体结构（改自 Skutel et al., 2023）

（二）结构与功能

T5 噬菌体是一种无囊膜的 dsDNA 病毒，由头部和尾部组成。头部由主要衣壳蛋白和衣壳修饰蛋白组成，内含噬菌体 DNA。尾部不可收缩，直径约为 12 nm，尾长 160~250 nm。不同 T5 样噬菌体的结构有所差异，但其中至少含有 15 种尾部结构蛋白。以 BF23 噬菌体为例（表 4-4），其中心尾纤蛋白和 3 个 L 型尾纤蛋白构成尾部尖端复合体的主体。中心尾纤蛋白末端为 T5 噬菌体的受体结合蛋白，也称为 Pb5 蛋白。T5 噬菌体的 Pb5 蛋白负责特异性地识别并结合宿主大肠埃希菌表面的受体。基板中心蛋白是尾纤和尾管的连接部分，可能介导噬菌体的吸附和 DNA 注入。尾管蛋白是重复排列的多层结构，推测其在噬菌体吸附后发生构象变化，从而促进 DNA 的注入。T5 噬菌体多样化的尾部结构共同协作，使其能够有效地吸附到细菌表面，并将自身 DNA 注入细菌细胞内。

表4-4　BF23噬菌体的蛋白质功能

蛋白质名称	编号	蛋白质大小/kDa	主要功能
主要衣壳蛋白	163	50.775	头部结构组分
尾管蛋白	159	50.302	尾部结构组分
衣壳修饰蛋白	165	17.09	参与噬菌体与宿主细胞的相互作用
门蛋白	166	45.417	头部结构，可能参与噬菌体 DNA 的包装和注入
L 型尾纤蛋白	150	137.17	可能参与宿主细胞的识别和附着
卷尺蛋白	155	132.6	尾部组成部分
衣壳蛋白酶	164	23.427	参与噬菌体衣壳的成熟
基板中心蛋白	153	107.02	尾纤和尾管连接到头部的接口部分
中心尾纤蛋白	152	76.357	吸附受体功能
头部连接蛋白	162	19.165	推测为头部与尾部连接蛋白
领蛋白	151	15.023	起到将尾纤蛋白锚定至尾管的作用
基板中心蛋白	112	19.711	与宿主细胞的识别和尾部的插入有关，参与形成尾管的关闭结构
受体结合蛋白	170	34.31	尾部的特定蛋白与宿主细菌表面的受体结合，这一过程触发噬菌体感染
尾末端蛋白	154	63.711	噬菌体尾部的最末端部分，通常包括与宿主细胞接触和穿透宿主细胞壁的结构

（三）基因组特征

T5 噬菌体的基因组大小约为 121 kb，G+C 含量为 39.2%~44%。病毒粒子至少含有 15 种编码结构蛋白的基因，每个基因长度在 15.5×10^3 ~125×10^3 kb。T5 噬菌体的 DNA 含有长末端重复（long terminal repeat，LTR）序列，约占整个噬菌体基因组长度的 8.4%。虽然 LTR 只有部分序列功能已被研究，但现有的证据都表明左、右端的序列是相同的。LTR 中含有可能的 DNA 注入终止信号结构域。根据噬菌体侵染过程和噬菌体基因表达的先后顺序，T5 噬菌体基因组大致可分为前早期基因、早期基因和晚期基因三个区域。Abelson 和 Thomasd 发现，T5 噬菌体基因组的一条 DNA 链存在多处缺口，为不连续的 DNA 链，而另一条为完整的 DNA 链。目前研究发现，T5 噬菌体基因组中的缺口与其在宿主细胞内成功复制和组装成新噬菌体颗粒的能力密切相关。然而，关于缺口的起源和作用机制还有待研究。

（四）与宿主相互作用

1. T5噬菌体对宿主代谢的影响　　在T5噬菌体感染宿主细菌的过程中，宿主DNA迅速降解，约90%的DNA碱基被排出细胞外，无法再用于噬菌体DNA合成，所有的脱氧核苷一磷酸（dNMP）必须从头合成。尽管T5噬菌体的A1蛋白突变影响宿主DNA的降解能力，但没有证据表明*A1*基因产物具有DNA酶活性或与具有DNA酶活性蛋白结合的能力。

T5噬菌体感染后，宿主DNA、RNA和蛋白质的合成迅速停止，DNA降解为酸溶性产物。T5噬菌体在感染宿主后2 min内表达DNA酶，诱导DNA降解并产生5'-dNMP，阻断脱氧胸苷一磷酸（dTMP）和DNA合成。此外，T5表达的宿主分裂抑制体（Hdi）干扰细菌细胞分裂蛋白功能，阻碍大肠埃希菌Z环形成，抑制细菌分裂增殖。

感染T5噬菌体后，大肠埃希菌多种酶的表达受到抑制，包括限制性内切酶*Eco*R I、尿嘧啶-DNA糖基化酶、DNA甲基化酶、宿主细胞活化酶a、recBC核酸外切酶和poly（A）聚合酶等。这些抑制作用的机制尚未完全阐明，但可能与T5噬菌体DNA复制及包装过程中的中间体对recBC外切酶的降解作用有关。

2. T5噬菌体抵抗限制修饰系统　　T5噬菌体通过多种策略抵抗宿主的限制修饰（RM）系统。RM系统是细菌和古菌的一类防御机制，用于保护细胞免受外来DNA的侵染。当外来DNA侵入时，由于缺乏宿主DNA的甲基化修饰，它们会被细菌的限制性内切酶识别并切割，从而阻止噬菌体的增殖。

T5噬菌体的基因组携带约9.7 kb的末端重复序列（TDR），编码了DNA注入第一转移（FST）区域的早期基因。*FST*基因使噬菌体DNA在被宿主RM系统识别并切割前注入宿主细胞内。T5噬菌体对 I 型、II 型和 III 型RM系统均有抵抗力，因为这些系统的识别位点不在T5的*FST*区域。前早期基因编码的A1蛋白能阻止宿主蛋白的转录和翻译，这可能与抵抗RM系统有关。

此外，T5噬菌体的*FST*基因提供了对宿主RecBCD核酸酶和其他核酸酶免疫系统的保护。T5噬菌体编码了一套几乎完整的tRNA，优化了噬菌体mRNA在宿主中的翻译，并补偿宿主tRNA切割引起的细胞毒性。尽管T5噬菌体在感染过程中抑制了细菌蛋白的甲基化，但并不耗竭*S*-腺苷甲硫氨酸，表明其存在一种非特异性的甲基化抑制机制。

数字资源
4-15

T5噬菌体

综上所述，T5噬菌体通过TDR、*FST*区域、早期基因调控、抗核酸酶系统保护、编码tRNA和非特异性甲基化抑制等策略，成功抵抗宿主的RM系统，实现自身DNA的复制和组装。

（王兆飞）

八、T7噬菌体

T7噬菌体均属于T-Odd噬菌体，属于短尾型噬菌体，具有短而不可收缩的尾部，无法跨越细菌细胞包膜。T7噬菌体被广泛研究，具有基因表达的简单性和高效感染特征，宿主范围不仅限于大肠埃希菌，还包括某些沙门菌、志贺菌和耶尔森菌。T7噬菌体在基因工程和分子生物学中应用广泛，T7 噬菌体 RNA 聚合酶被广泛用作体外转录系统的重要工具。T7 噬菌体还是研究病毒感染机制、基因调控和抗病毒治疗策略的重要模型系统，基于 T7 噬菌体的展示系统用于筛选不同分子量和亲和力的蛋白质。

（一）形态与大小

T7 噬菌体为正二十面体形状，直径为 60～61 nm，壁厚约 2 nm。其独特之处在于其短尾部和 6 根尾纤，这些特征对感染宿主细菌和完成感染周期起着关键作用。

（二）结构与功能

T7 噬菌体的正二十面体头壳直径为 60～61 nm，壁厚为 2 nm，头壳内部有一个 26 nm×21 nm 的内核，与十二聚体的头-尾连接器同轴排列，内核主要由 3 种蛋白质组成：Gp14、Gp15 和 Gp16。内核对病毒颗粒的形态和其 40 kb 基因组的释放都至关重要。在距头部近端的 23 nm 尾部附近有 6 根纤维，由 gp17 三聚体组成。每个纤维有一个 N 端结构域连接到尾部，接着是近端和远端的半纤维，后者与细胞表面相互作用。吸附后，核心蛋白质通过门-尾复合物被喷射到感染的细胞内，有假设认为它们会延长尾部，形成一个用于 DNA 输送的跨膜通道。

（三）基因组特征

T7 基因组是长度略低于 40 000 bp 的 dsDNA，含有约 56 个基因。与大多数噬菌体不同，其封装的基因组仅占据了大约一半的病毒颗粒头部。其余的空间被内部蛋白质的大型复合物占据，而其基因组则围绕在这些蛋白质周围。与其他噬菌体相比，噬菌体基因组的封装不太精确，可能封装了 85%～103% 的完整基因组。在基因组释放之前，内部蛋白质从噬菌体头部被喷出，推测可能形成了一个穿过细胞膜的通道用于基因组的释放。噬菌体基因组进入细胞的速度异常缓慢，并且似乎需要对最初进入的 DNA（850 bp）先进行转录后，剩余的基因组才能进入细胞。

（四）T7 噬菌体的应用

T7 噬菌体在科学研究、生物工程和医学等领域有广泛的应用。在基因克隆和重组蛋白质表达中，T7 噬菌体的启动子是一种高效的启动子，可以在大肠埃希菌等宿主细菌中大量高效地表达目的蛋白。在基因组编辑中，T7 噬菌体可以作为基因传递工具，用于将外源 DNA 导入细菌宿主中。在噬菌体疗法中，T7 噬菌体可以用来靶向治疗大肠埃希菌感染。T7 噬菌体也被改造成生物传感器，用于检测特定的环境污染物或生物标志物，这在环境监测和医学诊断中有重要应用。这些应用显示了 T7 噬菌体在不同领域中的重要性和潜力，同时也推动了对其生物学特性的深入研究和应用技术的发展。

数字资源
4-16

T7 噬菌体

（刘　冰）

九、Mu 噬菌体

Mu 噬菌体是一种具有转座功能的溶原性噬菌体，主要感染肠杆菌科细菌，也称为"肠杆菌噬菌体 Mu"。1950 年，Taylor 发现它与一般溶原性噬菌不同：①Mu 噬菌体 DNA 几乎可插入宿主染色体的任何位点，而一般温和噬菌体如 λ 噬菌体在宿主染色体上有特定插入位点；②Mu 噬菌体 DNA 两端无黏性末端，插入基因中引起突变，整合方式类似转座因子，最初被称为诱变噬菌体（mutator phage）。Mu 噬菌体是典型的转座噬菌体，能以转座方式整合至宿主染色体，其特点包括：①基因组两端含异质性宿主序列；②以非复制性转座整合 DNA，复制性转座进行 DNA 复制；③导致宿主 DNA 重排，如倒位、重复、缺失及融合；④通过 DNA 片段倒位改变宿主范围。Mu 噬菌体兼具溶原性噬菌体和转座因子双重性质，是已知最大和最有效的转座因子之一。

（一）形态与结构

Mu 噬菌体为复合对称结构，在电镜下呈蝌蚪状（图 4-19）。Mu 噬菌体头部为二十面体，直径为 54 nm，由大约 152 个壳粒亚单位组成衣壳。中间是颈部，连接头和尾两个组分。尾部可收缩，伸展时长 100 nm，收缩时长 60 nm，直径 18 nm。尾部还包括基板、尾刺和至少 3 根尾丝的附属结构。根据形态特征可见，Mu 噬菌体为肌尾噬菌体。

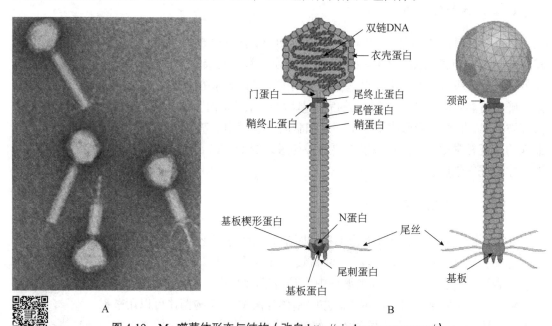

图 4-19　Mu 噬菌体形态与结构（改自 http://viralzone.expasy.org/）

A. 纯化 Mu 噬菌体颗粒的电子显微图（Grundy and Howf, 1984）；B. Mu 噬菌体结构示意图

（二）基因组特征

Mu 基因组是一个约 36 kb 的线性 dsDNA，两侧分别是可变宿主 DNA 序列，左侧 100～

150 bp，右侧 1～1.5 kb。Mu 噬菌体基因组有 55 个基因，根据功能可以分为 6 个模块，依次为早期基因调控区模块（repc-ner）、整合复制区模块（转座酶A- B 基因）、半必需区模块（"SEE 区域"）、裂解模块、噬菌体形态发生模块（含头部、尾部及尾丝纤维倒置模块）及宿主限制-修饰逃避模块（com-mom）。

在裂解生命周期中，Mu 噬菌体基因组的转录经过早、中、晚三个时期。早期基因包含早期基因调控区、整合复制区和半必需区，分别由抑制基因启动子 Pcm 和早期启动子 Pe 启动转录；中期转录由启动子 Pm 起始，在早期基因表达产物 Mor 激活下，表达产生 C 蛋白作为晚期转录激活因子，激活晚期基因转录；晚期基因包括裂解基因、噬菌体形态发生基因，以及宿主限制-修饰逃避基因，分别由 Plys、PI、PP 和 Pmom 启动转录。除了 Pcm 启动子向左以外，其他启动子均向右。可见每个时期的基因表达产物中都含有调控下一时期基因表达所需的调控因子。利用这些连续的控制来形成级联反应，从而使噬菌体基因的表达在特定的时期精确地开启或关闭。

（三）与宿主相互作用

1. Mu 噬菌体的溶原-裂解调控　　Mu 噬菌体的溶原-裂解调控依赖于调控蛋白 Repc 和 Ner 与启动子 Pe 和 Pcm 的相互作用。Mu 噬菌体的早期基因转录由宿主整合宿主因子（IHF）启动，不需要噬菌体蛋白。IHF 结合在 Mu 噬菌体基因组上的特定位点，招募宿主 RNA 聚合酶到 Pe 启动子，开始早期基因的转录。Mu 噬菌体的溶原或裂解状态取决于 Repc 和 Ner 蛋白的比例。当 Repc 蛋白占比高时，它抑制 Pe 启动子活性，维持溶原状态；当 Ner 蛋白占比高时，它抑制 Pcm 启动子活性，减少 Repc 的表达，使噬菌体进入裂解状态。Pe 和 Pcm 启动子在 Mu 噬菌体基因组上转录方向相反且序列上有重叠。Repc 和 Ner 蛋白可结合在、O1、O2 和 O3 位点上调控转录活性。Repc 结合 O1 和 O2 位点时，阻断 RNA 聚合酶结合 Pe，关闭早期基因的转录，维持溶原状态；结合 O3 位点时，防止自身过量表达。Ner 结合 O2 位点，阻断 RNA 聚合酶结合 Pcm，减少 Repc 合成，使噬菌体进入裂解状态。Ner 也可以负调控 Pe 启动子，控制自身表达。

2. Mu 噬菌体的转座作用　　相对于普通温和噬菌体，Mu 噬菌体最大的特别之处在于它是通过转座进行整合和复制自身基因组的。噬菌体 DNA 进入宿主后，早期基因依赖宿主 RNA 聚合酶进行转录表达，产生转座酶 A（MuA）和转座酶 B（MuB）。进行复制转座时，MuA 的核心亚基相互作用，与噬菌体基因组末端的 attL 和 attR 序列及增强子（IAS）一同形成稳定的联合复合体（stable synaptic complex，SSC），即转座复合体。转座复合体在 Mu 噬菌体基因组与宿主 DNA 连接处形成切口，释放出游离的 3'-OH，然后催化新释放的 3'-OH 攻击间隔为 5 bp 的两条目标 DNA 链。受到攻击后 MuD 噬菌体基因组与目标 DNA 共价结合，并释放出一对新的 3'-OH，用于引发 Mu 噬菌体 DNA 的复制。MuB 在转座过程中负责转座位点的选择，它可以识别并结合转座位点，MuA 优先攻击由 MuB 结合的目标 DNA。MuA 和 MuB 联合，在宿主染色体上噬菌体基因组的 3' 端各形成一个单链的缺口，释放 3'-OH，并通过 3'-OH 端攻击靶 DNA，实现链交换。随后借助宿主 PriA 引发体和 DNA 聚合酶实现噬菌体基因组复制。

3. Mu 噬菌体的宿主谱扩展 Mu 生物学中引人关注的一个方面是它能够通过基因组尾丝基因片段的程序性倒位来扩展宿主范围。最早在对 Mucts62 进行裂解诱导后，约 50% 的 DNA 末端会出现一个约 3000 bp 的倒置的 G 片段；Mu 噬菌体感染大肠埃希菌 K12 后，通过裂解循环产生的噬菌体有 2% 会出现倒置的 G 片段，这些噬菌体不能再感染大肠埃希菌 K12，但可以感染弗劳地柠檬酸杆菌、宋氏志贺菌、肠杆菌或欧文氏菌等肠杆菌科细菌。在 G（+）方向编码尾丝蛋白 S 与尾丝组装蛋白 U，在 G（−）方向编码尾丝蛋白 S′ 与尾丝组装蛋白 U′。邻近 G 片段的 *gin* 基因编码 DNA 转化酶 Gin，介导了倒位。Gin 蛋白可催化 G 片段末端两个 34 bp 的反向重复序列（IR）之间的分子内重组，其介导的倒位与 RecA 无关，但倒位作用需要宿主编码的 Fis 蛋白参与。

（四）Mu 噬菌体的应用

研究者多年来利用转座噬菌体开发了多种遗传操作工具，广泛用于插入诱变、基因克隆、基因融合、基因作图和 DNA 测序等。Mu 噬菌体衍生的遗传工具，如 mini-Mu 和 mini-

数字资源
4-17

Mu 噬菌体

D3112，采用"满头包装"模式，有效缺失病毒裂解和结构基因，仅保留 *attL*、*attR*、*IAS* 和 *pac* 位点，并携带选择标记，在互补质粒的协助下用于基因克隆和插入诱变等操作。此外，mini-Mu 末端可插入质粒复制起点、抗性基因及必要的质粒功能元件，构建转座子质粒用于构建宿主基因或基因组文库。

基于 Mu 噬菌体转座反应，开发了细菌基因组插入诱变技术，应用范围从细菌扩展到真核生物。在无二价阳离子时，合成的 mini-Mu 转座子 DNA 与 MuA 转座酶孵育，形成稳定但无活性的转座复合物，通过电穿孔递送至细菌体内，结合二价金属离子后激活复合物进行 DNA 转座反应。该技术已成功将外源 DNA 整合到多种细菌、酵母和哺乳动物基因组中，并用于通过 DNA 条形码和焦磷酸测序定位基因治疗中引入的整合位点。

（谭银玲）

十、phi6 噬菌体

phi6 噬菌体是第一个被发现的 dsRNA 噬菌体，也是第一个被分离的包膜 dsRNA 噬菌体，属于囊病毒科。迄今为止，全球仅发现并测序了 14 株 dsRNA 噬菌体（表 4-5），其中大多数感染假单胞菌菌株。自然界中 dsRNA 噬菌体比当前分离的更多。尽管它们的基因序列相似性不高，但基因组结构非常类似。除感染反硝化微枝杆菌和抗辐射不动杆菌的 dsRNA 噬菌体外，其他 dsRNA 噬菌体主要感染假单胞菌。此外，dsRNA 噬菌体 phiNY 为携带者状态，其余均为严格的烈性噬菌体。本节主要介绍了 dsRNA 噬菌体 phi6，辅以其他 dsRNA 噬菌体，概述其形态、基因、功能和应用特点。

表4-5 迄今为止描述的具有完整基因组序列信息的 dsRNA 噬菌体分离株

病毒种类，噬菌体分离物	GenBank 登录号（*L*、*M*、*S* 片段）	宿主	分离来源，国家
囊膜噬菌体属 *phi6*，假单胞菌噬菌体 phi6	M17461、M17462、M12921	栖菜豆假单胞杆菌 HB10Y	普通菜豆，美国

病毒种类，噬菌体分离物	GenBank 登录号（L、M、S 片段）	宿主	分离来源，国家
囊膜噬菌体属 *phi8*，假单胞菌噬菌体 phi8	AF226851、AF226852、AF226853	栖菜豆假单胞杆菌 LM2333	豌豆，美国
囊膜噬菌体属 *phi12*，假单胞菌噬菌体 phi12	AF408636、AY039807、AY034425	栖菜豆假单胞杆菌 LM2333	罗勒，美国
囊膜噬菌体属 *phi13*，假单胞菌噬菌体 phi13	AF261668、AF261667、AF261666	栖菜豆假单胞杆菌 LM2333	萝卜，美国
囊膜噬菌体属 *phi2954*，假单胞菌噬菌体 phi2954	FJ608823、FJ608824、FJ608825	栖菜豆假单胞杆菌 LM2489	萝卜，美国
囊膜噬菌体属 *phiNN*，假单胞菌噬菌体 phiNN	KJ957164、KJ957165、KJ957166	假单胞菌属 B314	湖水，芬兰
囊膜噬菌体属 *phiYY*，假单胞菌噬菌体 phiYY	KX074201、KX074202、KX074203	铜绿假单胞菌 PAO38	医院污水，中国
未知，好氧反硝化微枝杆菌噬菌体	MW471133、MW471134、MW471135	好氧反硝化微枝杆菌 LH 11-4	发酵酸汤，中国
未知，假单胞菌噬菌体 phiZ98	ON960064.1、ON960065.1、ON960066.1	铜绿假单胞菌 SK98	马粪，中国
未知，假单胞菌噬菌体 CAP3	MZ558504、MZ558505、MZ558506	抗辐射不动杆菌 LH6	鸭粪，美国
未知，假单胞菌噬菌体 CAP4	MZ558507、MZ558508、MZ558509	抗辐射不动杆菌 LH6	火鸡粪，美国
未知，假单胞菌噬菌体 CAP5	MZ558510、MZ558511、MZ558512	抗辐射不动杆菌 LH6	火鸡粪，美国
未知，假单胞菌噬菌体 CAP6	MZ558513、MZ558514、MZ558515	抗辐射不动杆菌 LH6	火鸡粪，美国
未知，假单胞菌噬菌体 CAP7	MZ558516、MZ558517、MZ558518	抗辐射不动杆菌 LH6	火鸡粪，美国

（一）形态与大小

dsRNA 噬菌体 phi6 的球形病毒粒子有三层结构（图 4-20 和表 4-6）。最外层是脂质双层包膜，由宿主来源的磷脂和 4 种病毒编码的完整膜蛋白（P6、P9、P10、P13）组成。宿主附着尖刺（由 P3 形成）通过融合蛋白 P6 锚定在包膜上。包膜包裹着核衣壳，由两个同心的蛋白质层组成：核衣壳表面外壳和聚合酶复合物（polymerase complex，PC）核心。核衣壳表面包含 200 个蛋白质 P8 三聚体，排列成 $T=13$ 的二十面体晶格。内部 PC 核心由 4 种蛋白质组成：主要衣壳蛋白 P1、RdRP P2、六聚体包装 NTPase P4 和组装因子 P7。PC 核心的结构框架由 120 个拷贝的 P1 蛋白组成，它们以不对称二聚体的形式排列在 $T=1$ 的二十面体晶格上。其余 dsRNA 噬菌体的病毒粒子结构与 dsRNA 噬菌体 phi6 类似。

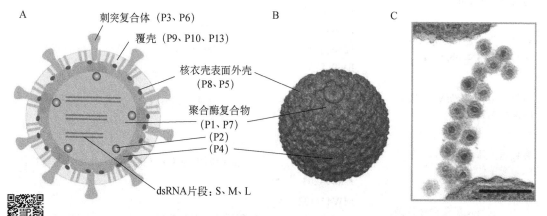

图 4-20　dsRNA 噬菌体 phi6 的病毒粒子结构示意图（A）、核衣壳三维重建图（B）和电镜图（C）（https://talk.ictvonline.org/）

表 4-6　囊膜噬菌体科的特征

代表株	假单胞菌噬菌体 *phi6*（S 片段：M12921；M 片段：M17462；L 片段：M17461），假单胞菌病毒 *phi6*，囊膜噬菌体属
病毒粒子	囊膜包裹的病毒粒子含有两个中心对称的二十四面体蛋白质层：核衣壳表面外壳（$T=3$）和聚合酶复合体核心（$T=1$）。刺突从病毒粒子的表面突出
基因组	三段线性 dsRNA，全长 13.4 kb，包含 13 个基因
复制	单链基因组前体分子被包装到病毒聚合酶复合体中。包装好的 RNA 分子在颗粒内复制和转录
翻译	病毒蛋白质由多顺反子 mRNA 分子翻译而来
宿主范围	革兰氏阴性菌，主要为假单胞菌
分类	属（囊膜病毒属），种（假单胞菌病毒 *phi6*）

（二）基因组结构与功能

dsRNA 噬菌体的基因组，根据大小被分为三个片段：大片段（L）、中片段（M）、小片段（S）。这些片段编码的蛋白质调控了 dsRNA 噬菌体的生命周期。dsRNA 噬菌体之间的核苷酸序列相似性是有限的，但它们的基因组结构具有高度的相似性，同样的基因组片段上的基因编码功能类似的蛋白质。

其中，dsRNA 噬菌体的 L 片段包含了形成聚合酶复合物的蛋白质：主要衣壳蛋白 P1、病毒粒子相关的 RdRP P2、NTPase P4 和组装因子 P7；M 片段编码宿主识别和宿主外膜穿透所需的蛋白质 P3 和 P6；S 片段编码了核衣壳蛋白 P8、膜蛋白 P9、推定的膜形态发生因子 P12 和裂解蛋白 P5。

（三）phi6 噬菌体的应用

phi6 噬菌体既不编码溶原性的整合酶基因，也不编码毒力因子，因此认为将其用于控制细菌感染是安全的。有学者评估了 pH、温度、太阳辐射和紫外线 B 照射对 phi6 噬菌体稳定性的影响，以及其对丁香假单胞菌的生防能力，发现太阳辐射和紫外线 B 照射能影响 phi6 噬菌体的稳定性，但是可以通过制备悬浮液或夜间使用来克服，表明 phi6 噬菌体具有防控丁香假单胞菌的潜力。除了 phi6 噬菌体外，感染铜绿假单胞菌的 phiYY 噬菌体已应用治疗铜绿假单胞菌引起的慢性肺部感染患者。

数字资源
4-18

phi6 噬菌体

（张婷婷）

十一、phi29 噬菌体

phi29 噬菌体（或 Φ29）是特异性侵染枯草芽孢杆菌的病毒，于 1965 年被 Bernie Reilly 从花园土壤中分离获得。根据 ICTV 最新（2023 Release, MSL #39）的分类方法，phi29 噬菌体属于 *Duplodnaviria* 域、*Heunggongvirae* 界、*Uroviricota* 门、*Caudoviricetes* 纲、*Salasmaviridae* 科、*Picovirinae* 亚科、*Salasvirus* 属。尽管 phi29 噬菌体基因组小（不到 20 kb），但其结构复杂且独特，自发现至今一直是人们研究的热点噬菌体，已对其形态结构、DNA 复制机制、功能蛋白质特性等有了更好的了解。

（一）形态与大小

1966 年，Dwight Anderson 等对 phi29 噬菌体进行了电镜分析，图像显示 phi29 噬菌体具有六面径向对称的头部（41.5 nm× 31.5 nm）和一个短的非收缩尾部（32.5 nm× 6.0 nm），是典型的短尾噬菌体。此外，phi29 噬菌体颗粒还包含头部纤维、头尾连接器、颈部附属物和尾部旋钮（图 4-21）。

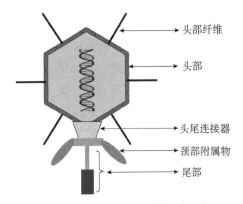

头部纤维

头部

头尾连接器

颈部附属物

尾部

图 4-21 噬菌体 phi29 颗粒形态示意图

（二）基因组特征

phi29 噬菌体的基因组为线性 dsDNA，长度为 19 285 bp，G+C 含量为 40.0%。值得注意的是，phi29 噬菌体基因组两端具有 6 bp 反向重复序列（5′-AAAGTA-3′），且 5′端共价连接着一个末端蛋白（TP），这是其独特的复制方式所必备的。phi29 噬菌体整个基因组含有 27 个 ORF，其中 17 个基因编码的蛋白质已被研究并确认功能（图 4-22）。一般来说，具有相似功能的基因会在噬菌体基因组中聚集在一起。在 phi29 噬菌体的基因组中，基因 1~6 和 17 主要编码用于 DNA 复制的蛋白质，在噬菌体感染宿主后早期利用宿主的 RNA 聚合酶进行转录；基因 7~12 主要编码与噬菌体结构相关的蛋白质；基因 13~15 主要编码参与噬菌体裂解宿主的相关蛋白质；基因 16 编码的蛋白质参与噬菌体基因组的包装。编码噬菌体颗粒结构蛋白、参与形态发生和细胞裂解的蛋白质的基因在感染后期表达。

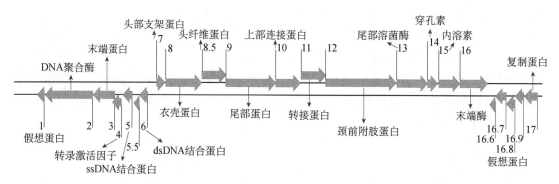

图 4-22　phi29 噬菌体基因组功能蛋白的注释

（三）DNA 复制机制

先前的研究认为，DNA 聚合酶只能在游离羟基引物存在时才能在 DNA 模板上启动 DNA 的从头合成。一般来说，RNA 引物酶提供了 DNA 聚合酶所需的 3′-OH 来延续 DNA 链的复制。然而，随着对 phi29 噬菌体的深入研究，人们发现了一种全新的 DNA 复制机制——蛋白质引发的 DNA 复制。当 phi29 噬菌体的 dsDNA 结合蛋白（DBP）与其基因组 dsDNA 结合后形成核蛋白复合物，使 DNA 螺旋末端解旋形成单链。phi29 噬菌体的 DNA 复制开始于 TP/DNA 聚合酶异二聚体的形成，该异二聚体可识别含有 TP 的 DNA 末端，即复制的起源。一旦复制起点被 TP/DNA 聚合酶异二聚体特异性识别，DNA 聚合酶催化 TP 特定残基（Ser232）的羟基与初始脱氧腺苷一磷酸（dAMP）之间形成磷酸酯键，然后与模板链 3′端的第二个碱基（T）结合。为了进行 DNA-TP 的全长合成，TP-dAMP 起始产物会向后移动一个位置回到 3′端第一个碱基（T）位置而不移动模板，接着新的核苷酸与 3′端第 2 个碱基（T）重新连接并延续复制，这种特殊的复制方式称为滑回（slidingback）机制（图 4-23），需要模板链中至少 2 个核苷酸的末端重复以保证起始反应的保真度。TP/DNA 聚合酶异二聚体在引发 DNA 初始合成后不会立即解离，只有当新合成的链达到 10 个核苷酸的大小后，DNA 聚合酶才与 TP 分离，然后 DNA 聚合酶继续独立复制 DNA，即发生由蛋白质引发的复制向由 DNA 引发的复制的转变。

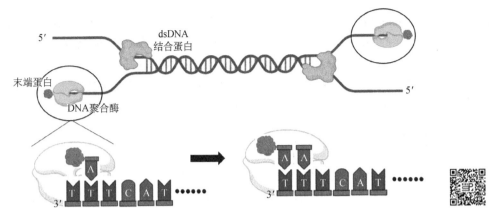

图 4-23 噬菌体 phi29 复制的滑回机制示意图

（四）phi29 噬菌体的应用

phi29 噬菌体的 DNA 聚合酶由基因 2 编码，含有 575 个氨基酸，分子质量约为 66 kDa，负责基因组 DNA 的复制。phi29 噬菌体 DNA 聚合酶归类为 B 家族，能忠实地催化脱氧核苷酸添加到合成的 DNA 链 3′端，并具有 3′, 5′-核酸外切酶活性，从 DNA 链的 3′端切除脱氧核苷酸，提高复制保真度。其独特的性质包括使用 TP 作为引物启动 DNA 复制、高复制持续性（>70 kb）和链置换能力。由于 phi29 噬菌体 DNA 聚合酶的高持续性、链置换能力和高保真度，其成为体外扩增 DNA 的理想工具。它首先被开发用于滚环扩增（RCA），该方法主要用于扩增环状 DNA。之后，人们又基于该酶开发了多重置换扩增（MDA），用于扩增线性基因组，被广泛应用于基因组测序、环状病毒基因组的检测、单核苷酸多态性基因分型、非可培养病毒的全基因组分析和宏基因组测序。phi29 噬菌体 DNA 聚合酶的广泛应用不仅限于上述技术，还在基因研究、疾病检测等领域展现了重要性。其独特的酶学特性和高效性，使其成为分子生物学研究中不可或缺的工具。

数字资源
4-19

phi29 噬菌体

（韩鹏军 李梦哲 童贻刚）

十二、HK97 噬菌体

HK97 噬菌体首次分离于香港，故命名为"HK97"。其宿主主要是埃希菌属的细菌，如大肠埃希菌。该病毒形态与 λ 噬菌体相似，但研究发现其结构蛋白与 λ 噬菌体没有可检测到的序列相似性，且在组装和成熟过程上也存在明显差异。HK97 噬菌体为研究病毒蛋白质成分如何组装成衣壳以及组装后的衣壳如何成熟到最终形态提供了一个新且高效的系统。另外，目前对 HK97 噬菌体功能、生命周期及应用多方面的研究，使人们对噬菌体的理解更加完善，也为抗菌治疗、基因传递及其他相关应用提供了更多可能性。

（一）形态与大小

HK97 噬菌体属于 *Duplodnaviria* 界、*Heunggongvirae* 门、*Uroviricota* 纲、*Caudoviricetes*

目、*Hendrixvirinae* 科、*Byrnievirus* 属。HK97 噬菌体的形态与 λ 噬菌体相似，具有头及尾部结构。头部为非常薄的二十面体，直径为 60～70 nm，厚度为 1.8 nm，尾部长为 130～150nm。这种结构使 HK97 噬菌体在电镜下能清晰显示其多面体或棱柱体的头部形态，以及较长的线状或管状尾部。HK97 噬菌体头部内含 DNA，负责储存和传递遗传信息；尾部则装有类似注射器的结构，用于吸附宿主细菌并注入 DNA。

（二）结构与功能

HK97 噬菌体的结构主要包括头部和尾部。通过以 3.6 Å 的分辨率测定成熟 HK97 噬菌体空衣壳的晶体结构，发现其头部具有二十面体对称性，$T=7$，由 420 个亚基构成。其中每个亚基通过侧链 Lys169 与 Asn356 连接到两个相邻的亚基上，从而形成 12 个共价连接亚基的五聚体和 60 个六聚体环，这些环状结构相互环绕，形成蛋白质锁子甲，拓扑连接的蛋白质邻接物以二十面体对称性排列，最终形成了一个封闭的多面体结构，该结构为非常薄的 HK97 噬菌体衣壳提供了一种稳定机制。一个 12 聚体的门户蛋白 gp3，构成了 DNA 包装的通道和尾部的附着位点，取代了第 12 个五聚体。从噬菌体组装过程来看，HK97 噬菌体组装与成熟涉及最初形成的前体壳 Prohead I。接着通过蛋白酶水解去除 2～103 个残基，形成 Prohead II，然后通过壳晶格的重组及扩展和亚基的共价交联形成 Head II。衣壳成熟步骤是一个自催化反应，在蛋白质之间产生 420 个异肽键。值得注意的是，除了 gp5 之外，噬菌体不需要其他噬菌体编码的蛋白质来高效准确地组装 Prohead I，新形成的 gp5 蛋白以 6∶1 自发组装成六聚体和五聚体衣壳体，同时 gp5 蛋白的过表达可以促进正确组装的 Prohead I 的大量产生来促进整个噬菌体的组装，但 gp5 的正确折叠依赖于宿主 GroEL/S 伴侣蛋白。gp5 蛋白是 HK97 噬菌体病毒粒子的主要衣壳蛋白，主要作用是增加衣壳稳定性。

（三）基因组特征

HK97 噬菌体是 λ 噬菌体的近亲，具有相似的基因组配置和基因顺序。HK97 噬菌体的基因组由一个线性 dsDNA 分子组成，长度约为 40 000 bp，G+C 含量约为 43%，包含约 240 个 ORF。其中，约 60% 的 ORF 编码蛋白质，其余的 ORF 可能参与调控基因表达和 RNA 加工等非编码功能。与 λ 噬菌体相比，HK97 噬菌体尾部区域内还有另外 3 个基因，*ORF 15*、*ORF 22* 和 *ORF 23*。它们的功能未知，但它们有自己的启动子和终止子，因此可能在溶原过程中表达，其余的裂解基因表达被噬菌体抑制子沉默。根据基因功能，HK97 噬菌体的基因组被分为以下几个模块：结构蛋白基因、酶类基因、调节蛋白基因、转录调控和复制等。这些模块共同协作，完成噬菌体的生命周期。

（四）与宿主相互作用

数字资源
4-20

HK97 噬菌体

在感染过程中，HK97 噬菌体会利用宿主细胞的代谢途径合成自己的蛋白质和核酸，从而完成其生命周期。HK97 噬菌体会利用宿主细胞的糖酵解途径来合成自己的核酸和蛋白质，HK97 噬菌体还可以调节宿主细胞的生长和代谢，通过抑制宿主细胞的 DNA 复制和蛋白质合成来减缓宿主细胞的生长速率，从而为自身复制提供更多的时间和空间。同时，HK97 噬菌体还可以利用宿主细胞的代谢途径来合成一些对自身复制有益的物质，如氨基酸、核苷酸等。

（肖　炜）

十三、MS2 噬菌体

大肠埃希菌病毒 MS2（*Escherichia* virus MS2）是一种二十面体（＋）ssRNA 病毒，感染肠杆菌科（Enterobacteriaceae），如大肠埃希菌（*Escherichia coli*）。根据 ICTV 最新（2023 Release, MSL #39）的分类方法，MS2 属于 *Riboviria* 域、*Orthornavirae* 界、*Lenarviricota* 门、*Leviviricetes* 纲、*Norzivirales* 目、*Fiersviridae* 科、*Emesvirus* 属。与该噬菌体同一科的成员还包括噬菌体 f2、Qβ、R17 和 GA。1961 年，Alvin John Clark 分离出 MS2 噬菌体，并认为 MS2 噬菌体是一种与 f2 噬菌体非常相似是含 RNA 的噬菌体。Walter Fiers 和他的团队在 1972 年完全测序 MS2 外壳蛋白基因；1976 年，MS2 基因组被完全测序。

（一）形态与大小

MS2 噬菌体颗粒直径约为 27 nm。它的二十面体壳由 3 种构象 A、B 和 C 构成。A、B 和 C 组成 90 个 A/B 或 C/C 二聚体，这些二聚体组成 2 个 α 螺旋和一个带有发夹的五链 β 折叠。当衣壳组装时，螺旋和发夹面向颗粒的外部，而 β 折叠面向颗粒的内部。病毒粒子的等电点（isoelectric point，pI）为 3.9。

（二）结构与功能

MS2 的基因组较小，由 3569 个核苷酸组成。它只编码 4 种蛋白质：成熟蛋白（maturation protein，MAT）、裂解蛋白（lysis protein，LYS）、外壳蛋白（coat protein，CP）和 RNA 复制酶 β 亚基（RNA replicase beta subunit，REP）。编码裂解蛋白的基因与上游基因 *cp* 的 3′ 端和下游基因 *rep* 的 5′ 端重叠，是已知重叠基因的例子之一。

正链 RNA 基因组充当 mRNA，并在宿主细胞内被翻译。虽然这 4 种蛋白质由相同的 mRNA/病毒 RNA 编码，但它们的表达水平并不相同；这些蛋白质的表达与 RNA 二级结构之间有复杂的调节作用。

（三）MS2 噬菌体感染细菌

ssRNA 噬菌体感染革兰氏阴性菌，通过其可收缩的菌毛进入细菌内。研究最多的 ssRNA 噬菌体之一是 MS2，这是第一个确定其基因组序列的生物体，是体外进化早期研究的范例。

MS2 噬菌体侵染大肠埃希菌示意图见图 4-24。MS2 感染携带生育因子（fertility factor，F 因子）的肠道细菌。F 因子上的基因可编码产生 F 菌毛（F pilus），MS2 通过 Mat 特异性吸附在 F 菌毛（受体）的侧面。嵌入衣壳中的 Mat 在噬菌体组装过程中与 gRNA 结合，然后细菌通过收缩菌毛产生能量将 Mat 和 gRNA 从病毒颗粒中拉出，留下一个空的病毒衣壳。而噬菌体 RNA 穿透细胞膜和细胞壁进入细菌的确切机制尚不清楚。当 MS2 噬菌体进入宿主细胞内，RNA 就会像普通 mRNA 一样被翻译。*cp* 基因第一个被翻译，因为 *cp* 基因中的核糖体结合位点（ribosome binding site，RBS）是折叠的 RNA 中唯一可接近的位点。一旦 *cp* 基因被核糖体翻译，RNA 的二级结构就会被破坏，促使 *rep* 基因开始翻译。*rep* 基因在核糖体蛋白/因子 S1、EF-Tu 和 EF-Ts 作用下形成 Rep。随着更多的 *rep* 基因被翻译、更多的 RNA 被合成，噬菌体迅速进入一个被称为"超循环"的正反馈循环。

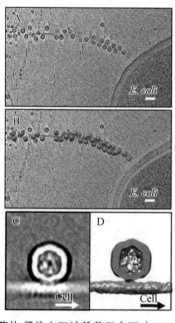

图 4-24　MS2 噬菌体 侵染大肠埃希菌示意图（Gorzelnik et al., 2021）

感染大肠埃希菌的 MS2 冷冻电镜图片。A. 断层扫描切片。MS2 吸附在大肠埃希菌 F 菌毛的一侧。B 与 A 是相同的视野，附着在菌毛（橙色）上的噬菌体（蓝色）的亚断层（subtomogram）叠加图。绿色线条表示细胞膜。C. 附着在菌毛上的单个噬菌体的亚断层平均切片扫描。D 图是 C 图的映像图。gRNA 是黄色的，衣壳是蓝色的，F 菌毛是橙色的。A 和 B 的比例尺为 500 Å。箭头指向的是细菌的方向，即细菌在右侧

（四）MS2噬菌体在细菌内包装及释放

噬菌体 RNA 进入细菌后作为 mRNA 发挥作用，用于噬菌体蛋白的生产。外壳蛋白可以立即翻译。*rep* 基因的翻译起点通常隐藏在 RNA 二级结构中，但当核糖体穿过 *cp* 基因时，可以瞬间打开。一旦大量的外壳蛋白被制造出来，*rep* 的翻译也会停止；组成 CP 的二聚体结合并稳定 RNA 的"操纵子发夹"（operator hairpin）会阻断 *rep* 基因翻译。*mat* 基因的起始点可在正在复制的 RNA 中找到，但隐藏在已复制完成的 RNA 二级结构中，这确保了每条 RNA 只翻译少量成熟蛋白。组成 CP 的二聚体对操纵子发夹具有高亲和力，当 CP 二聚体含量足够高时，RNA 和蛋白质相互作用，形成结构良好的衣壳；在衣壳形成良好结构之前，必须在 RNA 上形成一个关键的蛋白质核，可能从 RNA 的操纵子发夹或 RNA 序列中操纵子发夹类似序列的位置成核，导致多种潜在的组装途径，但以最适合的 RNA 折叠结束。最后，*lys* 基因只能由完成 *cp* 基因翻译的核糖体启动，当具有足够含量的裂解蛋白时，细菌裂解并释放新形成的病毒粒子。裂解蛋白在细胞膜上形成孔隙，导致膜电位丧失，细胞壁破裂。

正链 MS2 基因组的复制需要合成互补的负链 RNA，然后将其用作合成新的正链 RNA 的模板。与高度相关的 Qβ 噬菌体的复制相比，MS2 复制的研究要少得多，部分原因是 MS2 复制酶很难分离。

MS2 噬菌体颗粒的形成被认为是由 MS2 RNA 与蛋白质相互作用而引发的。事实上，在没有 RNA 的情况下，外壳蛋白的二十面体壳也可以生成；然而，外壳组装是由外壳蛋白二聚体与操纵子发夹结合而成核的，当 MS2 RNA 存在时，组装发生在低得多的外壳蛋白浓度下。

数字资源
4-21

MS2 噬菌体

（刘亚文　李梦哲　童贻刚）

小　结

本章主要介绍了基于 ICTV 分类方式的不同噬菌体类群，以及不同代表性噬菌体的主要特征和实践应用。但目前，由于技术限制，很多噬菌体还无法被分离纯化出来，而且，已有噬菌体的许多蛋白质功能仍是未知的。不过我们相信，未来随着技术的发展，人们将会发掘更多多样化的噬菌体，同时探明更多的噬菌体蛋白功能。这将扩展和细化已有的噬菌体分类方式，这也将促进和拓展噬菌体在医疗、农业、生态等领域的应用。噬菌体的研究将为我们深入理解微生物世界的奥秘和开发生物资源提供重要的参考和支持。

复习思考题

1. 根据形态结构，噬菌体可以分为哪几类？每类的代表性噬菌体有哪些？
2. ICTV 最新的噬菌体分类系统是怎样的？包含哪些分类层次？
3. 噬菌体的一般生命周期如何？丝状噬菌体相比其他噬菌体在生命周期上有何不同？
4. 请解释烈性噬菌体和溶原性噬菌体的区别。
5. 什么是原噬菌体（prophage）？它在噬菌体生命周期中扮演什么角色？对于生态又具有什么样的意义？
6. 根据宿主类型，噬菌体如何分类？为什么这种分类方法对临床治疗有帮助？
7. T7 噬菌体的感染机制和基因组结构有何独特之处？
8. 噬菌体与宿主细菌的相互作用机制对其应用有何影响？
9. 为什么噬菌体的形态分类依然有现实意义？
10. 目前噬菌体的应用还具有什么样的挑战？随着技术进步，噬菌体研究可能会出现哪些新的发展方向？

主要参考文献

吴慧明. 2021. 转座噬菌体 SHP3 溶原-裂解调控的初步研究. 武汉：武汉大学硕士学位

论文.

Atkins J F, Steitz J A, Anderson C W, et al. 1979. Binding of mammalian ribosomes to MS2 phage RNA reveals an overlapping gene encoding a lysis function. Cell, 18: 247-256.

Bayfield O W, Shkoporov A N, Yutin N, et al. 2023. Structural atlas of a human gut crassvirus. Nature, 617: 409-416.

Bendis I, Shapiro L. 1970. Properties of caulobacter ribonucleic acid bacteriophage φCb5. Journal of Virology, 6: 847-854.

Benson S D, Bamford J K H, Bamford D H, et al. 1999. Viral evolution revealed by bacteriophage PRD1 and human adenovirus coat protein structures. Cell, 98: 825-833.

Butcher S J, Manole V, Karhu N J. 2012. Lipid-containing viruses: bacteriophage PRD1 assembly. Viral Molecular Machines, 726: 365-377.

Callanan J, Stockdale S R, Adriaenssens E M, et al. 2021. *Leviviricetes*: expanding and restructuring the taxonomy of bacteria-infecting single-stranded RNA viruses. Microbial Genomics, 7: 000686.

Callanan J, Stockdale S R, Shkoporov A, et al. 2020. Expansion of known ssRNA phage genomes: from tens to over a thousand. Science Advances, 6(6): eaay5981.

Catalano C E. 2018. Bacteriophage lambda: the path from biology to theranostic agent. Wiley Interdisciplinary Reviews: Nanomedicine and Nanobiotechnology,10(5): e1517.

Deng X, Wang L, You X, et al. 2018. Advances in the T7 phage display system. Molecular medicine reports, 17(1): 714-720.

Dion M B, Oechslin F, Moineau S. 2020. Phage diversity, genomics and phylogeny. Nature Reviews Microbiology, 18: 125-138.

Duyvesteyn H M E, Santos-Pérez I, Peccati F, et al. Bacteriophage PRD1 as a nanoscaffold for drug loading. Nanoscale, 13: 19875-19883.

Edwards R A, Vega A A, Norman H M, et al. 2019. Global phylogeography and ancient evolution of the widespread human gut virus *crAssphage*. Nature Microbiology, 4: 1727-1736.

Freivalds J, Kotelovica S, Voronkova T, et al. 2014. Yeast-expressed bacteriophage-like particles for the packaging of nanomaterials. Molecular Biotechnology, 56: 102-110.

Gorbalenya A E, Krupovic M, Mushegian A, et al. 2020. The new scope of virus taxonomy: partitioning the virosphere into 15 hierarchical ranks. Nature Microbiology, 5: 668-674.

Gorzelnik K V, Zhang J. 2021. Cryo-EM reveals infection steps of single-stranded RNA bacteriophages. Progress in Biophysics and Molecular Biology, 160: 79-86.

Grundy F J, Howf M M. 1984. Involvement of the invertible G segment in bacteriophage Mu tail fiber biosynthesis. Virology, 134(2): 296-317.

Guerin E, Shkoporov A, Stockdale S R, et al. 2018. Biology and taxonomy of crAss-like bacteriophages, the most abundant virus in the human gut. Cell Host Microbe, 24: 653-664.

Hauser R, Blasche S, Dokland T, et al. 2012. Bacteriophage protein-protein interactions. Advances in Virus Research, 83: 219-298.

Hershey A D, Rotman R. 1949. Genetic recombination between host-range and plaque-type mutants of bacteriophage in single bacterial cells. Genetics, 34: 44.

Hryckowian A J, Merrill B D, Porter N T, et al. 2020. Bacteroides thetaiotaomicron-infecting bacteriophage isolates inform sequence-based host range predictions. Cell Host & Microbe, 28: 371-379.

Hu B, Margolin W, Molineux I J, et al. 2013. The bacteriophage T7 virion undergoes extensive structural remodeling during infection. Science, 339: 576-579.

Hulo C, Masson P, Mercier P L, et al. 2015. A structured annotation frame for the transposable phages: a new proposed family "*Saltoviridae*" within the *Caudovirales*. Virology, 477: 155-163.

Ignacio-Espinoza J C, Fuhrman J A. 2018. A non-tailed twist in the viral tale. Nature, 554: 37.

Kauffman K M, Hussain F A, Yang J, et al. 2018. A major lineage of non-tailed dsDNA viruses as unrecognized killers of marine bacteria. Nature, 554(7690): 118-122.

Kellenberger E, Séchaud J. 1957. Electron microscopical studies of phage multiplication: II. Production of phage-related structures during multiplication of phages T2 and T4. Virology, 3(2): 256-274.

Knezevic P, Adriaenssens E M, Ictv R C. 2021. ICTV virus taxonomy profile: Inoviridae. Journal of General Virology, 102: 001614.

Kostyuchenko V A, Chipman P R, Leiman P G, et al. 2005. The tail structure of bacteriophage T4 and its mechanism of contraction. Nature Structural & Molecular Biology, 12: 810-813.

Linares R, Arnaud C A, Effantin G, et al. 2023. Structural basis of bacteriophage T5 infection trigger and *E. coli* cell wall perforation. Science Advances, 9: 9674.

Malgorzata Ł, Waclaw T S. 2012. Bacteriophages. Amsterdam: Elsevier Press: 251.

Mattila S, Oksanen H M, Bamford J K H. 2015. Probing protein interactions in the membrane-containing virus PRD1. Journal of General Virology, 96: 453-462.

Nara F, Roberto B, Lionello B. 2022. Working with Phage P22. Cold Spring Harbor Protocols, (10):107850.

Ni C Z, White C A, Mitchell R S, et al. 1996. Crystal structure of the coat protein from the GA bacteriophage: model of the unassembled dimer. Protein Science, 5(12): 2485-2493.

Oksanen H M, Ictv R C. 2017. ICTV virus taxonomy profile: *Corticoviridae*. Journal of General Virology, 98: 888-889.

Olsen R H, Siak J S, Gray R H. 1974. Characteristics of Prd1, a plasmid-dependent broad host range dna bacteriophage. Journal of Virology, 14: 689-699.

Orta A K, Riera N, Li Y E, et al. 2023. The mechanism of the phage-encoded protein antibiotic from ΦX174. Science, 381(6654): eadg9091.

Papudeshi B, Vega A A, Souza C, et al. 2023. Host interactions of novel *Crassvirales* species belonging to multiple families infecting bacterial host, *Bacteroides cellulosilyticus* WH2. Microbial Genomics, 9(9): 001100.

Peralta B, Gil-Carton D, Castano-Diez D, et al. 2013. Mechanism of membranous tunnelling nanotube formation in viral genome delivery. PloS Biology, 11: e1001667.

Pfelfer D. 1961. Genetic recombination in bacteriophage phiX174. Nature, 189(4762): 422-423.

Plevka P, Kazaks A, Voronkova T, et al. 2009. The structure of bacteriophage ΦCb5 reveals a role of the RNA genome and metal ions in particle stability and assembly. Journal of Molecular Biology, 391: 635-647.

Poranen M M, Mäntynen S, Consortium I R. 2017. ICTV virus taxonomy profile: *Cystoviridae*. Journal of General Virology, 98(10): 2423-2424.

Poranen M M, Ravantti J J, Grahn A M, et al. 2006. Global changes in cellular gene expression during bacteriophage PRD1 infection. Journal of Virology, 80(16): 8081-8088.

Pumpens P.2020. Single-stranded RNA Phages from Molecular Biology to Nanotechnology.Boca Raton: CRC Press.

Rao V B, Fokine A, Fang Q, et al. 2023. Bacteriophage T4 head: structure, assembly, and genome packaging. Viruses, 15(2): 527.

Rolfsson Ó, Middleton S, Manfield I W, et al. 2016. Direct evidence for packaging signal-mediated assembly of bacteriophage MS2. Journal of Molecular Biology, 428(2): 431-448.

Rūmnieks J, Tārs K. 2018. Protein-RNA interactions in the single-stranded RNA bacteriophages. Virus Protein and Nucleoprotein Complexes, 88: 281-303.

Rydman P S, Bamford J K H, Bamford D H. 2001. A minor capsid protein P30 is essential for bacteriophage PRD1 capsid assembly. Journal of Molecular Biology, 313: 785-795.

Saren A M, Ravantti J J, Benson S D, et al. 2005. A snapshot of viral evolution from genome analysis of the family. Journal of Molecular Biology, 350: 427-440.

Skutel M, Andriianov A, Zavialova M, et al. 2023. T5-like phage BF23 evades host-mediated DNA restriction and methylation. MicroLife, 4(1): 1-15.

Tang J, Lander G C, Olia A S, et al. 2011. Peering down the barrel of a bacteriophage portal: the genome packaging and release valve in p22. Structure, 19(4): 496-502.

Taylor N M, Prokhorov N S, Guerrero-Ferreira R C, et al. 2016. Structure of the T4 baseplate and its function in triggering sheath contraction. Nature, 533: 346-352.

Valegård K, Liljas L, Fridborg K, et al. 1990. The three-dimensional structure of the bacterial virus MS2. Nature, 345(6270): 36-41.

Wang C, Tu J, Liu J, et al. 2019. Structural dynamics of bacteriophage P22 virions during the initiation of infection. Nature Microbiology, 4(6):1049-1056.

Wickner S, Hurwitz J. 1974. Conversion of phiX174 viral DNA to double-stranded form by purified *Escherichia coli* proteins. Proceedings of the National Academy of Sciences of the United States of America, 71(10): 4120-4124.

Yap M L, Rossmann M G. 2014. Structure and function of bacteriophage T4. Future Microbiology, 9(12): 1319-1327.

Yutin N, Makarova K S, Gussow A B, et al. 2018. Discovery of an expansive bacteriophage family that includes the most abundant viruses from the human gut. Nature Microbiolgy, 3: 38-46.

Zhang M J, Hao Y L, Yi Y, et al. 2023. Unexplored diversity and ecological functions of transposable phages. ISME, 17(7): 1015-1028.

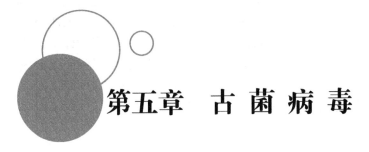

第五章 古 菌 病 毒

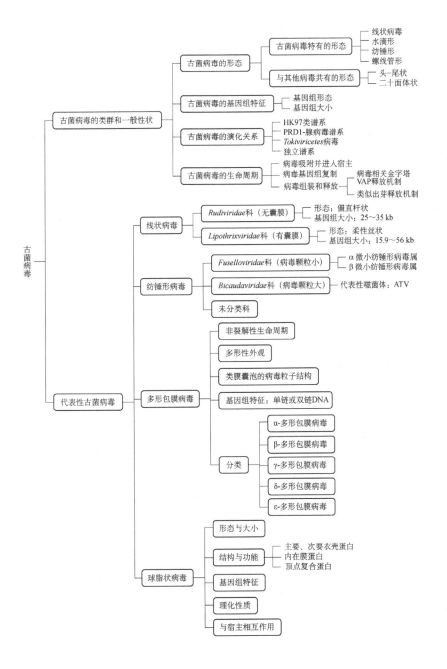

古菌是地球上最古老的生命形式之一，生活在极端环境中，如高温、强酸、盐度极高或无氧的环境。这些独特的微生物不仅对地球生态系统有着重要影响，而且在生物技术应用中展现出巨大的潜力。古菌病毒，是专门感染古菌的病毒，与细菌病毒（噬菌体）不同，它们在形态、结构、基因组特征及宿主相互作用上表现出极大的多样性和独特性。本章将探讨古菌病毒的分类、结构特征、生活周期及其在生态系统中的作用。通过对古菌病毒的研究，我们将进一步揭示它们在进化过程中的重要性，以及它们在生物技术应用中的潜在价值。

第一节　古菌病毒的类群和一般性状

古菌是生命三域（古菌、细菌和真核生物）之一，与细菌同属原核生物。距离古菌的发现已接近半个世纪，最初认为古菌只在地球极端环境，如高温、强酸、高盐等环境中生存，但近年来通过免培养方法探索微生物多样性大大扩展了对古菌多样性的认识，在土壤、海洋及人体肠道和皮肤都发现了古菌。目前已知古菌可分为 4 个大的类群或超门（superphylum），即广古菌、TACK 古菌、Asgard 古菌和 DPANN 古菌，共 30 多门（phylum）。

古菌病毒是人类了解最少的一类病毒，目前仅有 100 多株被分离研究。许多古菌病毒颗粒形态在细菌或真核生物病毒中从未观察到。已分离的古菌病毒主要来自 TACK 超门下泉古菌门（Crenarchaeota）中的极端嗜酸热古菌和广古菌门（Euryarchaeota）中的极端嗜盐古菌，分为 33 个病毒科。它们因形态多样性、独特性及耐受极端环境能力而受到关注。古菌病毒在基因组成和细胞相互作用方面也具有独特性，对地球生态系统可能发挥巨大作用。研究表明，古菌病毒在海底表层沉积物中对古菌的影响大于对细菌的影响，每年释放的碳总量达数亿吨，因此也是地球生物化学循环的重要推动者。

一、古菌病毒的形态

（一）古菌病毒特有的形态类型

绝大多数具有独特形态的古菌病毒为感染泉古菌门中极端嗜热古菌的病毒，还有少数是感染广古菌门中极端嗜盐古菌的病毒（图 5-1）。这些病毒包括水瓶形的 *Ampullaviridae* 病毒科，水滴形的 *Guttaviridae* 病毒科，纺锤形的 *Bicaudaviridae*、*Fuselloviridae*、*Thaspiviridae*、*Halspiviridae* 病毒科，椭球形的 *Ovaliviridae* 病毒科，球形的 *Globuloviridae* 病毒科，螺线管形的 *Spiraviridae* 病毒科，多形性的 *Pleolipoviridae* 病毒科的成员。在古菌病毒中，还发现了线状病毒（包括 *Rudiviridae*、*Lipothrixviridae*、*Ungulaviridae*、*Tristromaviridae* 和 *Clavaviridae* 病毒科的成员）。另外，*Portogloboviridae* 病毒科古菌病毒虽然形态上与其他二十面体病毒相似，但构成衣壳的主要结构蛋白不同，且病毒基因组的包装也不同于其他二十面体病毒，是以核蛋白复合物的形式缠绕成线圈状。

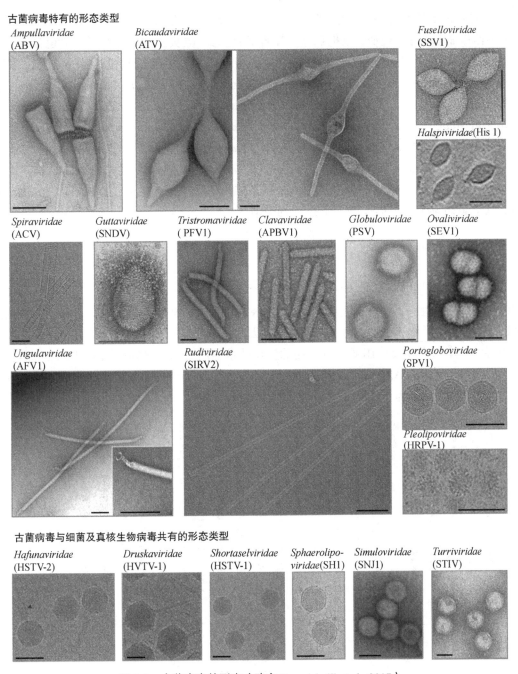

图 5-1 古菌病毒的形态（改自 Prangishvili et al., 2017）

感染 TACK 超门中极端嗜热古菌的病毒用橙色框标识，感染广古菌门中极端嗜盐古菌的
病毒用绿色框标识。比例尺为 100 nm

（二）古菌病毒与细菌及真核生物病毒共有的形态类型

古菌病毒与细菌及真核生物病毒共有的形态类型包括头-尾状、二十面体状（图 5-1）。
头-尾状病毒属于 *Caudoviricetes* 病毒纲，其成员在形态上无法与头-尾状的细菌噬菌体区分。目前分离到的所有头-尾状古菌病毒的宿主均为广古菌门中的嗜盐古菌和产甲烷菌。与头-尾状细菌噬菌体类似，根据病毒的尾部结构，头-尾状古菌病毒在形态上也分为可收缩的肌尾、不可收缩的长尾及短尾。近几年，根据病毒基因组相似性，将头-尾状古菌病毒分为 3 个病毒目（*Thumleimavirales*、*Kirjokansivirales* 和 *Methanobavirales*）及 14 个病毒科（*Hafunaviridae*、*Soleiviridae*、*Halomagnusviridae*、*Pyrstoviridae*、*Druskaviridae*、*Haloferuviridae*、*Graaviviridae*、*Vertoviridae*、*Suolaviridae*、*Saparoviridae*、*Madisaviridae*、*Leisingerviridae*、*Anaerodiviridae* 和 *Shortaselviridae*）。二十面体形的古菌病毒包括 3 科，即 *Sphaerolipoviridae*、*Simuloviridae* 和 *Turriviridae*，它们与细菌病毒（如 *Tectiviridae* 病毒科的 PRD1，*Corticoviridae* 病毒科的 PM2 噬菌体）及真核生物病毒（如 *Adenoviridae* 病毒科的人类腺病毒）二十面体病毒形态结构类似。

二、基因组特征

所有已发现的古菌病毒均为 DNA 病毒，有单链或双链、线状或环状。与病毒形态类型的独特性和多样性一致，古菌病毒编码的大多数基因（约 75%）功能未知，且在公共数据库中缺少同源序列（图 5-2）。因此，古菌病毒基因组是未知基因的丰富来源，其中许多可能负责独特的病毒宿主相互作用或具有潜在的生物技术应用价值。已知基因组最小的古菌病毒是 *Clavaviridae* 科的 APBV1，大小为 5.3 kb，基因组最大的古菌病毒是 *Halomagnusviridae* 科的 HGTV-1，大小为 143.8 kb。

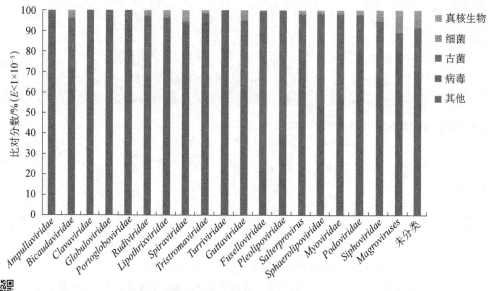

图 5-2　不同科古菌病毒编码的蛋白质在 NCBI 数据库中检索相似序列的结果
（改自 Krupovic et al., 2018）

三、古菌病毒的演化关系

古菌病毒在形态上的多样性及不同类型病毒间缺少同源基因现象的背后是关于古菌

病毒的演化关系及三域生命病毒起源的重要问题。近年来，使用冷冻电子显微镜（cryo-electron microscope）对不同类型古菌病毒的结构进行三维重构，逐渐揭示了病毒之间的演化关系。

头-尾状古菌病毒 HSTV-1（*Shortaselviridae*）的三维重构显示其主要衣壳蛋白为经典的 HK97 折叠（HK97 fold），与头-尾状细菌噬菌体和真核生物疱疹病毒的主要衣壳蛋白结构一致。同样，二十面体古菌病毒 STIV1（*Turriviridae*）、SH1 和 HCIV-1（*Sphaerolipoviridae*）的三维重构揭示其主要衣壳蛋白为果冻卷折叠，与细菌和真核生物二十面体病毒的主要衣壳蛋白结构一致。推测这两类古菌病毒与结构相似的细菌和真核生物病毒有着共同起源，在三域生命分化前的共同祖先中已经出现。目前，病毒学界将这两类演化上相关且跨越三域生命的病毒类型分别称为 HK97 类谱系（HK97-like lineage）和 PRD1-腺病毒谱系（PRD1-adenovirus lineage）。

在古菌病毒特有的形态类型中，无包膜线状病毒 *Rudiviridae* 与有包膜线状病毒 *Lipothrixviridae*、*Ungulaviridae* 和 *Tristromaviridae* 病毒科的成员虽然形态上有差异，但病毒颗粒三维重构表明，它们的衣壳蛋白在结构上同源，且均以二聚体形式缠绕病毒基因组 DNA。在衣壳蛋白缠绕下基因组 DNA 构象从 B 型（B-form）转变成结构更紧密稳定的 A 型（A-form），推测这也是古菌病毒为适应极端高温环境演化出的保护其遗传物质的机制。这 4 个演化上相关的病毒科组成 *Tokiviricetes* 病毒纲。令人惊讶的是，对纺锤形病毒 SMV1（*Bicaudaviridae*）和 SSV19（*Fuselloviridae*）及线状病毒 APBV1（*Clavaviridae*）的三维重构表明，它们的病毒衣壳均由螺旋发夹结构的疏水蛋白组成且组装机制类似，推测这些病毒由同一祖先进化而来，从线状变成纺锤形是为了包装更大的病毒基因组。

此外，多形包膜病毒 HRPV-2 和 HRPV-6（*Pleolipoviridae*）的主要结构蛋白之一的刺突蛋白也被结构解析，其与所有已知的蛋白质结构均不同。其他形态各异的古菌病毒的三维结构还有待揭示。这些病毒在演化上可能是独立的，不与其他病毒共享祖先。

四、古菌病毒的生命周期

关于古菌病毒生命周期的研究主要集中在感染泉古菌门嗜酸热硫化叶菌及感染广古菌门嗜盐古菌的少数模式病毒-宿主系统上。与其在形态和编码基因上的独特性相一致，古菌病毒在感染循环中的一些步骤也具有特殊性。

（一）病毒吸附和进入宿主细胞

古菌病毒通过识别细胞表面结构吸附宿主细胞，注入病毒基因组。一些病毒通过吸附宿主的菌毛到达细胞表面，如线状病毒 SIRV2（*Rudiviridae*）和二十面体病毒 STIV1（*Turriviridae*）。SIRV2 通过病毒末端纤毛状的结构结合到细胞表面的 IV 型分泌系统菌毛上，病毒在几秒内完成不可逆结合，并在 1 min 内到达细胞表面。病毒从菌毛移动到细胞表面的过程未知，推测菌毛收缩在这个过程中起作用。STIV1 则通过病毒表面五邻体处的顶角蛋白吸附到细胞的菌毛并移动至细胞表面。这两类病毒如何将基因组 DNA 注入宿主细胞尚有待研究。

一些病毒可直接识别和结合宿主细胞表面的受体，如细胞膜外包被的 S 层糖蛋白

（surface-layer glycoprotein）。许多纺锤形病毒，如 SSV1、SSV19（*Fuselloviridae*）等，通过病毒尾部结构与细胞表面或细胞分泌的膜泡结合，推测与病毒结合的细胞受体可能是 S 层糖蛋白。感染嗜盐古菌的多形包膜病毒 HRPV-6（*Pleolipoviridae*）则通过病毒表面的刺突蛋白识别宿主细胞 S 层糖蛋白，进而通过介导病毒包膜和细胞膜的融合入侵细胞，过程类似真核生物的囊膜病毒。头-尾状嗜盐古菌病毒 phiCh1（*Vertoviridae*）通过尾部的纤毛结合到宿主细胞表面的糖蛋白，该病毒编码一个解离/倒位家族（resolvase/invertase family）重组酶，其编码基因位于两个尾部纤毛蛋白编码基因的中间，重组酶介导尾部纤毛蛋白的羧基末端发生交换，从而可以表达识别不同细胞表面受体的纤毛蛋白。而头-尾状病毒 HFTV1（*Haloferuviridae*）先通过二十面体头部接触细胞表面，进而转换成用尾部纤毛进一步结合。类似 T 偶数噬菌体（T-even bacteriophage），嗜盐古菌头-尾病毒 *Hafunaviridae* 病毒科成员尾部黏附蛋白的编码基因通过在病毒群体中交换重组和快速突变来扩大病毒的宿主范围。

（二）病毒基因组复制

感染极端嗜酸热硫化叶菌的 SIRV2 是目前研究最深入的古菌病毒基因组复制模型。SIRV2 的基因组是线状 dsDNA，病毒早期表达的 DNA 结合蛋白 gp1 与宿主的增殖细胞核抗原（proliferating cell nuclear antigen，PCNA）相互作用，并可能将其招募至病毒 DNA 上进行复制体组装。病毒 DNA 复制由宿主 DNA 聚合酶 Dpo1 完成。免疫荧光实验表明，病毒基因组复制被限制在感染细胞的外围区域，PCNA 和 Dpo1 均被固定在这个区域内。此外，SIRV2 编码几种参与 DNA 复制和修复的蛋白质，也已大部分进行了体外试验表征，包括复制起始蛋白、Holliday junction 解离酶、ssDNA 结合蛋白、ssDNA 退火 ATP 酶、类似 Cas4 的 ssDNA 核酸酶、脱氧尿苷三磷酸酶（dUTPase）。根据 2D 琼脂糖凝胶电泳和荧光显微镜分析的结果提出了一个复杂的 SIRV2 基因组复制模型，该模型认为 SIRV2 采用链置换、滚环和链偶联相组合的基因组复制机制，产生"刷状"的多聚中间体，其大小可超过 1200 kb（约 34 个基因组单位）。尽管已经阐明参与 SIRV2 基因组复制的主要宿主和病毒编码蛋白，但确切的复制机制和涉及的蛋白质之间的协调仍不清楚。

古菌病毒的基因组复制机制主要通过其基因组中识别出的复制相关基因推断。大基因组病毒（>100 kb）如 HVTV-1，编码几乎所有的复制相关蛋白质，包括引发酶、DNA 聚合酶、复制解旋酶、PCNA 和滑钳装载蛋白。小到中等基因组病毒（5～50 kb）则主要编码关键复制蛋白，依赖宿主的 DNA 复制机器。许多古菌病毒编码微小染色体维持蛋白质（minichromosome maintenance protein，MCM），系统发育分析表明，不同病毒的 MCM 是多次从宿主独立获得的。一些头-尾病毒编码 PCNA 蛋白，这种蛋白质与 DNA 复制和修复相关的多种蛋白质相互作用。其他病毒如 ABV、His2、SEV1 和 His1 编码蛋白引发的 DNA 聚合酶，推测这些酶足以支持病毒基因组复制。某些病毒如 SNJ1 和 HRPV-1 编码滚环复制（rolling circle replication）起始蛋白，实验证实 SNJ1 的复制起始蛋白对其基因组复制至关重要，并成功利用其构建了穿梭载体。然而，许多古菌特有的病毒类型（如 *Clavaviridae* 和 *Turriviridae* 等）中未预测到 DNA 复制相关蛋白的基因，暗示这些病毒可能依赖宿主的 DNA 复制机器或采用未知的机制进行基因组复制。总体来看，古菌病毒的趋势是：较大基因组病毒逐渐实现基因组复制的自给自足。

（三）病毒的组装和释放

1. 病毒相关金字塔释放机制　　古菌病毒中研究最多的病毒释放机制是古菌病毒特有的病毒相关金字塔（virus-associated pyramid，VAP）释放机制。在不同类型的古菌病毒感染过程中都观察到这类释放机制，包括线状病毒 SIRV2（*Rudiviridae*）和 SIFV（*Lipothrixviridae*），二十面体病毒 STIV1（*Turriviridae*）及椭球形病毒 SEV1（*Ovaliviridae*），这些病毒均感染极端嗜酸热的硫化叶菌。分子机制研究最清楚的是 SIRV2 和 STIV1 两个病毒模型。这两种病毒颗粒的组装均在细胞质内完成，病毒编码的约 10 kDa 的单一蛋白质在宿主细胞膜上组装形成七重对称的 VAP 结构，并向外生长穿过 S 层糖蛋白。在感染周期结束时 VAP 呈花瓣状打开在细胞膜上形成孔，VAP 开口通常在结构直径达到约 150 nm 时开始，金字塔结构首先在尖端打开，然后向下发展到底部。成熟的病毒颗粒通过这些孔从细胞释放，随后细胞因穿孔而死亡（图 5-3）。2 株病毒编码的 VAP 蛋白（SIRV2 P98 和 STIV1 C92）为同源蛋白，蛋白质的 N 端包含一个跨膜结构域，可插入细胞膜，C 端包含 3 个短 α 螺旋。截短的 SIRV2 P98 突变体表明，除了最后 10 个 C 端残基，其他所有氨基酸都是 VAP 形成所必需的。此外，从 STIV1 基因组中完全敲除 C92 编码基因会导致病毒复制停止，证明该蛋白质在病毒感染周期中起重要作用。全细胞冷冻断层扫描和亚断层扫描对 SIRV2 形成的 VAP 结构分析表明，金字塔的 7 个面具有等腰三角形形状，尖端顶点角度为 35°，内部张角约为 80°。闭合的 VAP 显示出轻微的逆时针扭曲，开放构象的 VAP 显示出更明显的逆时针扭曲，表明封闭的 VAP 可能处于机械张力下，为打开过程提供所需的能量。在细菌、真核细胞和古菌细胞中异源过表达 SIRV2 P98 蛋白均可形成 VAP。其中在大肠埃希菌中的过表达诱导 VAP 在内膜上的形成，金字塔结构伸入细胞的周质空间。在酵母细胞中的过表达会导致所有细胞内膜形成金字塔，包括高尔基体、细胞核和线粒体的膜。这些结果表明，VAP 蛋白在不同脂膜来源和类型中都具有膜重塑能力。然而，触发金字塔结构打开的信号似乎是宿主特异性的，因为在异源系统中表达的 VAP 从未观察到打开的构象。

2. 类似出芽（budding-like）的病毒释放机制　　一些古菌病毒的复制不引起细胞裂解，这些病毒在不破坏细胞膜的情况下从细胞释放，可以形成持续感染。感染硫化叶菌的纺锤形病毒 SSV1 被观察到通过类似出芽的方式释放。SSV1 的组装和出芽呈现连续的过程，病毒核蛋白复合物被招募到细胞膜上的出芽位点，被细胞膜包裹形成杆状的中间体结构。随后，病毒芽体和细胞膜的分离推测由芽颈连接处的环状结构收缩完成断裂，从细胞膜释放的病毒颗粒呈现纺锤形。总体而言，SSV1 病毒的组装、释放和成熟与感染真核生物的包膜病毒，如艾滋病病毒高度相似。许多真核生物病毒的出芽依赖于宿主的转运所需内体分选复合物（endosomal sorting complex required for transport，ESCRT），该复合物被招募到芽颈处催化膜裂变过程。除了参与病毒出芽之外，ESCRT 还参与其他的膜重塑过程，如细胞分裂后期的膜脱落、膜泡的生物发生等。与真核生物类似，TACK 和 Asgard 超门中大多数古菌都编码 ESCRT。在硫化叶菌中，ESCRT 被证实是细胞分裂装置的关键组成，同时也参与膜泡的出芽发生，但其是否参与纺锤形病毒的释放过程有待验证。

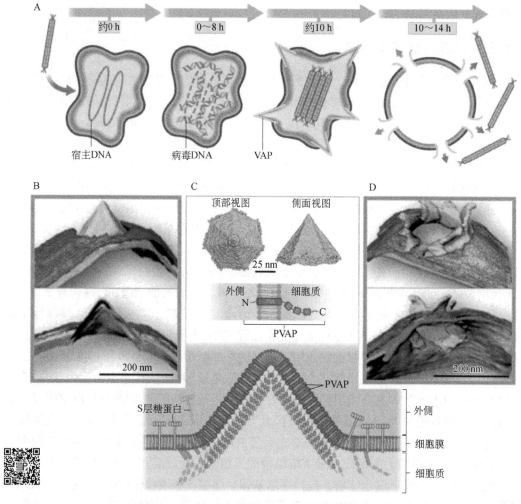

图 5-3　硫化叶菌 SIRV2 病毒通过 VAP 机制释放病毒子代的示意图（改自 Baquero et al.，2021）

PVAP. protein of virus-associated pyramid，病毒相关金字塔蛋白

五、总结与展望

　　古菌病毒在形态、基因组及与宿主细胞的相互作用方面表现出独特性。尽管古菌病毒学研究已取得进展，但对其多样性仍缺乏全面了解。近年来，新的古菌病毒类型不断被发现，表明对古菌病毒的了解仍不充分。环境中一些海洋古菌病毒，如感染 II 类广古菌门及奇古菌门氨氧化古菌的病毒，丰度很高，它们在环境和地球化学元素循环中的作用可能被低估。未来研究应侧重于从更广泛的生态系统中分离新的古菌病毒-宿主系统，并关注未培养古菌的病毒，这些病毒可能在生物圈中扮演重要角色。通过免培养的高通量方法，如宏基因组学、宏蛋白质组学和单细胞基因组学，有可能在古菌病毒研究方面取得新进展。这些研究有望提供对古菌病毒分布、丰度和多样性的全面认识，更准确地比较细菌噬菌体和古菌病毒对环境的影响。

数字资源
5-1

古菌病毒的类群和一般性状

（刘　莹）

第二节　代表性古菌病毒

一、线状病毒

古菌病毒是形态多样性最高的病毒类群，尽管目前只分离了 100 多种古菌病毒，但是其形态却覆盖了已知的所有病毒形态类型，除了经典的正二十面体型，还包括线状、纺锤状、水滴状、瓶状等。嗜盐古菌病毒还有多形包膜病毒和球脂状病毒。

线状病毒目的病毒感染 *Thermoproteota* 门古菌，该目目前有 2 科，即 *Rudiviridae* 科和 *Lipothrixviridae* 科。两者均具有螺旋核衣壳，其一端为参与宿主吸附的纤丝或更为复杂的结构。线状病毒的主要衣壳蛋白均采用罕见的四螺旋束结构，基因组为线性 dsDNA。这 2 科的病毒有多达 10 个同源基因，主要区别在于前者无囊膜，而后者的核衣壳被脂膜包被。

Rudiviridae 科病毒颗粒呈僵直杆状，长 600～900 nm，直径约 23 nm，长度与病毒基因组大小相关。核衣壳由 DNA 和主要结构蛋白构成的管状超螺旋组成。两端有约 50 nm×6 nm 的塞子，每个塞子上有 3 根尾丝，可能负责吸附宿主表面。基因组为 25～35 kb 的线性 DNA，两端共价闭合，各有 1～2 kb 长的末端反向重复序列，不同病毒的重复序列含有 21 bp 保守序列，可能与 DNA 复制有关。SIRV1 和 SIRV2 是最早发现和研究较多的 *Rudiviridae* 科病毒。

Lipothrixviridae 科病毒为柔性丝状，长度为 410～2200 nm，直径为 24～38 nm，囊膜含病毒蛋白和宿主脂质。螺旋核蛋白衣壳缠绕的病毒线性 dsDNA 大小为 15.9～56 kb。该科包括 4 属，分别为 α-、β-、γ- 和 δ-*Lipothrixvirus* 属。颗粒末端具有属特异性结构（图 5-4）。

图 5-4　*Lipothrixviridae* 科病毒多样的末端结构（比例尺：50 nm）（Wang et al., 2015）

SIFV（*Sulfolobus islandicus* filamentous virus）是该科最早发现的古菌病毒。与 SIRV2 相似，SIFV 也可以在宿主细胞表面形成金字塔形结构，并在金字塔形结构打开后释放子代病毒颗粒。

（王海纳　黄　力）

二、纺锤形病毒

纺锤形或柠檬形是古菌病毒特有的形态。纺锤形病毒在极端与非极端环境中均广泛分布，其宿主包括泉古菌、广古菌、奇古菌、阿斯加德古菌等多个古菌门。根据病毒颗粒及基因组特征，多数纺锤形病毒归属于两大类群。其中，一个类群的病毒颗粒较小，属于微小纺锤形病毒科（*Fuselloviridae*）、*Halspiviridae* 科和 *Thaspiviridae* 科，还有一些尚未分类的病毒。另外一个类群的病毒颗粒则较大，目前仅有 *Bicaudaviridae* 科。在纺锤形病毒中，对微小纺锤形病毒科和 *Bicaudaviridae* 科的研究较多。

微小纺锤形病毒科含 2 属，即 α 和 β 微小纺锤形病毒属，两者的主要区别在于尾部结构。微小纺锤形病毒分布于地球上几乎所有高温酸性（≥70℃、pH≤4）热泉，宿主为硫化叶菌科的极端嗜酸热古菌，目前已分离或通过序列分析发现了约 50 株病毒。这些病毒的名称由 spindle-shaped virus（SSV）加上表示发现先后的序号构成。微小纺锤形病毒 SSV1 是最早分离的极端嗜热古菌病毒。该病毒含成分为甘油二烷基甘油四醚（GDGT）的脂质，病毒颗粒直径约为 60 nm，长约为 100 nm。SSV1 的基因组为 17 kb 环状 dsDNA，病毒可以整合入宿主基因组或以游离于宿主染色体外的方式存在于宿主细胞内。成熟病毒颗粒可能采用出芽方式从宿主细胞释放，病毒的释放并不伴随宿主细胞的裂解（图 5-5）。

病毒颗粒含 4 种结构蛋白，即 VP1～VP4，有些结构蛋白存在糖基化修饰。β微小纺锤形病毒 SSV19 的纺锤形衣壳由 2000 余个主衣壳蛋白 VP1 分子组成的 7 条带状结构以左手螺旋方式盘旋构成，其尾部由 7 次对称的喷嘴蛋白 C131、连接蛋白 B210 及尾丝蛋白 VP4 组成。SSV19 的 VP1 与古菌杆状病毒 APBV1 的主衣壳蛋白结构类似，说明纺锤形衣壳与杆状衣壳的结构基础相同。另外，SSV19 病毒喷嘴蛋白与疱疹病毒和噬菌体的相应蛋白存在结构相似性，提示三域病毒可能具有共同祖先。SSV19 宿主细胞表面富含甘露寡糖，而 SSV19 的 VP4 含有与细菌甘露聚糖水解酶催化结构域相似的结构，这一发现为探讨病毒颗粒吸附和进入宿主细胞的机制提供了启示。

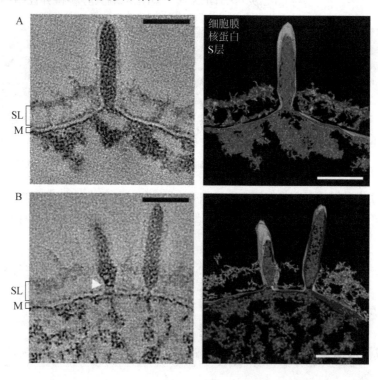

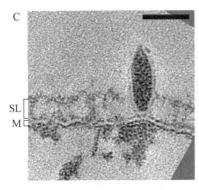
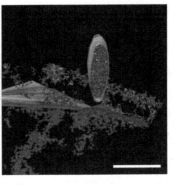

图 5-5　SSV1 的出芽释放过程（Quemin et al., 2016）

A～C 为 SSV1 病毒颗粒通过出芽释放出细胞外的不同阶段。白色箭头指示 SSV1 从细胞表面脱落。右侧
图中，红色指示推测的核蛋白，蓝色指示脂膜，绿色指示 S 层。比例尺：50 nm。SL. S 层；M. 细胞膜

　　Bicaudaviridae 目前仅承认了 1 属 1 种，即 *Acidianus two-tailed virus*（ATV），ATV 分离自意大利波佐利热泉，其宿主为 *Acidianus* 极端嗜热古菌。ATV 为囊膜病毒，刚从宿主细胞中释放时呈纺锤形，长约 120 nm、直径约 80 nm，随后两端尾巴伸长，长度不均一，可达 400 nm（图 5-6）。ATV 通过吸附宿主受体进入宿主细胞，基因组为 62 kb 环状 dsDNA，依赖 DNA 模板进行转录。病毒可裂解宿主细胞或整合于宿主基因组中。

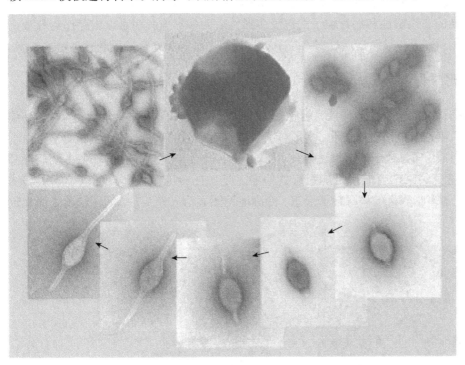

数字资源
5-2

奇特的古菌
病毒

图 5-6　ATV 的体外形态变化（Haring et al., 2005）

透射电镜显示，细胞中释放出的 ATV 病毒颗粒在细胞外"长出"长尾

（王海纳　黄　力）

三、多形包膜病毒

古菌病毒具有独特的形态和遗传特征，在全球生态过程中发挥着重要作用。2009年，发现首个多形包膜病毒——*Halorubrum*多形性病毒1（HRPV-1）。古菌病毒的多形包膜病毒科成立于2016年，由全球分布的产生多形性颗粒的古菌病毒组成。多形包膜病毒的伪球形包膜病毒粒子是携带核酸货物的膜囊，其所包含的遗传物质既可以是ssDNA分子，也可以是dsDNA分子。基因组的长度为7～17 kb。基因组的类型有环状ssDNA、环状dsDNA或线性dsDNA分子。目前，古菌的多形包膜病毒科包括α-多形包膜病毒属（*Alphapleolipovirus*）（5种）、β-多形包膜病毒属（*Betapleolipovirus*）（10种）和γ-多形包膜病毒属（*Gammapleolipovirus*）（2种）。在感染嗜盐古菌的病毒中，多形包膜病毒是仅次于尾型二十面体病毒的第二大病毒群。

（一）非裂解性生命周期

目前发现的所有多形包膜病毒感染的宿主均属于盐杆菌科。此外，它们的宿主范围非常窄；在大多数情况下，只对该科几属的原始分离菌株具有感染活性，并没有属级水平的感染特异性，而是菌株特异性。所提出的多形包膜病毒科的所有现有成员都是非裂解性的，它们在宿主饲养层细胞上形成不透明的噬斑。在液体培养中，病毒子代不断产生，导致宿主生长迟缓。生命周期的非裂解性和病毒粒子的包膜多形性表明多形包膜病毒以出芽作为释放病毒的机制。因此，多形包膜病毒通过病毒粒子包膜与宿主细胞膜融合的机制感染宿主细胞。

（二）多形性外观

多形包膜病毒对低盐浓度条件较为敏感，说明高盐环境是其发挥感染活性所必需。高纯度病毒粒子的负染透射电镜观察表明，多形包膜病毒具有灵活的病毒粒子结构，而不是由刚性蛋白质衣壳组成。病毒粒子的多形性外观，从球形到细长，与之前描述的任何古菌病毒都不相似。为了避免负染透射电镜可能引起的假象，还使用冷冻电镜和冷冻电子断层扫描（cryo-ET）研究了多脂病毒的病毒粒子形态。冷冻电镜图显示（图5-7），病毒粒子表面大致

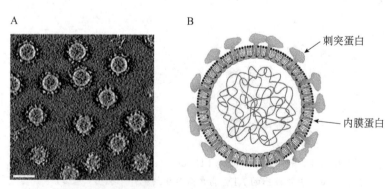

图5-7　多形包膜病毒的形态特征（Liu et al., 2022）

A. 三维冷冻电子显微镜断层摄影的多形包膜病毒HRPV-6照片；比例尺：4 nm。

B. 多形包膜病毒的模式结构图

呈球形，带有装饰尖刺。据观察，单个病毒的大小各不相同。病毒中最小的是 HRPV-1 [（41.1±2.2）nm]，最大的是 His2 [（70.6±3.6）nm]。因此，病毒的多形性在每个病毒所表现出的大小范围内是显而易见的。此外，HRPV-1 的 cryo-ET 显示，表面尖峰明显缺乏纵向顺序，强调了多形性的特征。

（三）类膜囊泡的病毒粒子结构

除了形态外，多形包膜病毒还具有高度相似的简单结构蛋白谱。虽然没有 HHPV-2 的蛋白质谱，但其所有预测基因与 HHPV-1 的高度相似性表明，这两种病毒的蛋白质谱本质上是相同的。多脂病毒的病毒粒子由两种主要结构蛋白组成。病毒粒子没有衣壳或核衣壳。较小尺寸的蛋白质包含预测的跨膜结构域，而较大尺寸的蛋白质具有 C 端膜锚定区，其前面是预测的卷曲结构域。定量生化解离分析表明，多形包膜病毒较大尺寸的蛋白质锚定在膜上，较小的蛋白质在膜上面向基因组所在的颗粒内部。没有与基因组相关的核蛋白。因此，根据 HRPV-1 的命名法，这两种主要的蛋白质被指定为刺突蛋白（VP4 样蛋白）；VP（病毒粒子蛋白）和内部膜蛋白（根据 HRPV-1 命名法 VP3 样蛋白）。HHPV-1、HRPV-1、HRPV-2、HRPV-3 和 HRPV-6 各有一个，His2 有两个刺突蛋白，HGPV-1 有两个内部膜蛋白（VP2 和 VP3）。His2 的内部膜蛋白 VP27 仅与 HGPV-1 蛋白 VP3 具有氨基酸水平的序列相似性，并且在功能上是 VP3 样蛋白。在氨基酸序列水平上，除 His2 外，VP3 样蛋白在所有多脂病毒中都相当保守。

低温电子断层扫描显示，VP4 蛋白形成的 HRPV-1 尖刺在病毒粒子表面随机分布。一些多形包膜病毒的刺突蛋白有修饰，如 HRPV-1 VP4 被糖基化。此外，HRPV-1 内部膜蛋白 VP3 大部分嵌入包膜中，不形成有序的蛋白质衣壳或在膜的内表面形成厚的基质样层。在 HRPV-1 中发现了一个次要结构蛋白 VP8。HRPV-1 VP8 与其他多脂病毒中假定的对应物一样，被预测为三磷酸核苷水解酶（NTPase）。

多形包膜病毒科的成员从宿主细胞膜获得脂质包膜，因为病毒粒子含有与其宿主细胞相同的主要极性脂质比例（HHPV-2 没有检测到脂质包膜）。此外，研究表明，不同脂质在病毒与宿主膜中的脂质比例是相同的，这表明多脂病毒非选择性地从宿主脂质库中获取脂质。除 HGPV-1 外，多形包膜病毒主要有三种磷脂：磷脂酰甘油（PG）、磷脂酰甘油磷酸甲酯（PGP-Me）和磷脂酰甘油硫酸酯（PGS）。HGPV-1 及其宿主的两种主要磷脂是 PG 和 PGP-Me。

（四）基因组特征

迄今已知的所有古菌病毒都有 DNA 基因组，而已知的细菌和真核微生物病毒只有 RNA 或 DNA 基因组。直到 2009 年，所研究的古菌病毒的基因组图谱仅限于 dsDNA 基因组。HRPV-1 是第一个被描述含有 ssDNA 基因组的古菌病毒（图 5-8）。自 HRPV-1 分离以来，又有 4 种感染古菌的 ssDNA 病毒被报道。其中 3 个是被提议的多形包膜病毒科的成员。

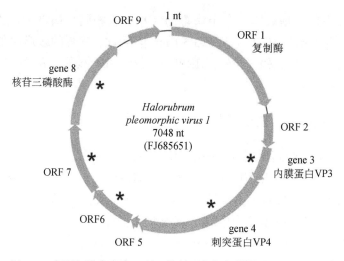

图 5-8 多形包膜病毒 HRPV-1 的基因组组织结构（Liu et al., 2022）
绿色表示复制蛋白；蓝色表示结构蛋白；灰色表示其他蛋白；星号表示核心基因

本节讨论的 17 种多形包膜病毒的基因组已经测序（表 5-1）。基因组分析结果表明它们之间存在基因共线性，但 HRPV-1（图 5-8）、HRPV-2、HRPV-6 和 HHPV-2 的基因组为 ssDNA 分子，而 HHPV-1 和 His2 的基因组为 dsDNA 分子。HRPV-3 和 HGPV-1 含有 dsDNA 基因组，也含有 ssDNA 片段。His2 具有线性基因组，而其他病毒分离株具有环状基因组。环状基因组的长度为 7048（HRPV-1）～10 656 nt（HRPV-2），线性 His2 基因组的大小为 16 067 bp（表 5-1）。基因组的 G＋C 含量在 40%（His2）和 64%（HRPV-2）之间变化。在核苷酸序列水平上，基因组仅在非常短的片段上显示相似性（60%或更高）。例外情况是 HRPV-2 和 HRPV-6 基因组及 HHPV-1 和 HHPV-2 基因组，它们显示出相当大的核苷酸序列相似性。多形包膜病毒的典型核心基因包括编码内膜和刺突蛋白的基因，以及三个保守的预测下游基因，其中一个预测下游基因编码三磷酸核苷水解酶。

在所提出的多形包膜病毒中，在氨基酸水平上，膜内 VP3 样蛋白之间的一致性最高。HGPV-1 的一个内部膜蛋白（VP3）与 His2 的对应蛋白（VP27）相似，另一个（VP2）与其他多脂病毒的内部膜蛋白相似。除了核心基因外，HRPV-1、HHPV-1、HHPV-2、HRPV-2 和 HRPV-6 共有一个预测基因，编码一种推测的滚环圈复制起始蛋白。HRPV-3、HGPV-1 和 His2 的基因组中不含这个假定的基因，但编码一个含有 C 端翼螺旋-转螺旋（wHTH）结构域的蛋白质同源物（HRPV-3 和 HGPV-1）或一个假定的蛋白质引物 B 族 DNA 聚合酶（His2）。因此，我们提出 HRPV-1、HRPV-2、HRPV-6、HHPV-1 和 HHPV-2 采用滚环复制机制。His2 的线性 dsDNA 基因组末端包含反向序列重复和末端蛋白，很可能通过蛋白质引物进行复制，而 HRPV-3 和 HGPV-1 的复制机制尚不清楚。

在 *Haloarcula*、*Haloferax*、*Halomicrobium*、*Halopiger*、*Halorhabdus*、*Natrialba*、*Naterinema*、*Haloterrigena* 和 *Natronomonas* 的嗜盐古菌菌株基因组中共鉴定出 17 种推测的多脂病毒样原病毒。*Haloferax* 质粒 pHK2 和 *Halorubrum* 质粒 pHRDV1 与多形包膜病毒基因组具有基因同源性和显著的氨基酸序列相似性。因此，这些质粒很可能是与多形包膜病毒相关的原病毒。此外，来自高盐湖的宏基因组包含与多形包膜病毒相似的序列。

表 5-1 多形包膜病毒科的组成成员（改自 Demina and Oksanen, 2020）

属名	物种和毒株	分离株	能感染的其他菌株	病毒分离来源	病毒粒直径/nm	基因组大小、类型和登录号
Alphapleolipovirus	*Alphapleolipovirus* HRPV1	*Halorubrum pleomorphic virus1* (HRPV-1)	*Halorubrum* sp. DV6	—	盐沼，特拉帕尼，意大利	41	circular ssDNA 7 048 nt FJ685651
	Alphapleolipovirus HRPV2	*Halorubrum pleomorphic virus2* (HRPV-2)	*Halorubrum* sp. SS5-4	—	盐沼，沙没沙空府，泰国	54	circular ssDNA 10 656 nt JN882264
	Alphapleolipovirus HRPV6	*Halorubrum pleomorphic virus6* (HRPV-6)	*Halorubrum* sp. SS7-4	—	盐沼，沙没沙空府，泰国	49	circular ssDNA 8 549 nt JN882266
	Alphapleolipovirus HHPV1	*Haloarcula hispanica pleomorphic virus1* (HHPV-1)	*Haloarcula hispanica*	—	盐沼，萨沃伊的玛格丽特，意大利	52	circular dsDNA 8 082 bp GU321093
	Alphapleolipovirus HHPV2	*Haloarcula hispanica pleomorphic virus2* (HHPV-2)	*Haloarcula hispanica*	N/d	盐沼，葫芦岛，辽宁，中国	50	circular ssDNA 8 176 nt KF056323
Betapleolipovirus	*Betapleolipovirus* HRPV3	*Halorubrum pleomorphic virus 3*(HRPV-3)	*Halorubrum* sp. SP3-3	—	盐水，塞多姆，以色列	67	circular dsDNA 8 770 bp JN882265
	Betapleolipovirus HGPV1	*Halogeometricum pleomorphic virus1*(HGPV-1)	*Halogeometricum* sp.CG-9		盐沼，加塔角-尼哈尔自然公园，西班牙	56	circular dsDNA 9 694 bp JN882267
	Betapleolipovirus HRPV10	*Halorubrum pleomorphic virus10* (HRPV-10)	*Halorubrum* sp. LR2-17	*Halorubrum* sp. LR2-12	雷特巴湖，塞内加尔	55	circular dsDNA 9 296 bp MG550111
	Betapleolipovirus HRPV11	*Halorubrum pleomorphic virus11* (HRPV-11)	*Halorubrum* sp. LR2-12	*Halorubrum* sp. LR1-15, *Halorubrum* sp. LR1-21, *Halorubrum* sp. LR2-13, *Halorubrum* sp. E200-4	雷特巴湖，塞内加尔	55	circular dsDNA 9 368 bp MG550113

续表

属名	物种名	分离株	分离宿主	能感染的其他菌株	病毒分离来源	病毒粒直径/nm	基因组大小、类型和登录号
Betapleolipovirus	*Betapleolipovirus* HRPV12	*Halorubrum pleomorphic virus*12 (HRPV-12)	*Halorubrum* sp. LR1-23	*Halorubrum* sp. LR2-12	雷特巴湖，塞内加尔	55	circular dsDNA 9 944 bp MG550110
	Betapleolipovirus HHPV3	*Haloarcula hispanica pleomorphic virus* 3(HHPV-3)	*Haloarcula hispanica*	—	盐沼，沙没沙空府，泰国	50	circular dsDNA 11 648 bp KX344510
	Betapleolipovirus HHPV4	*Haloarcula hispanica pleomorphic virus* 4(HHPV-4)	*Haloarcula hispanica*	未检测	*Haloferax* sp. s5a-1 培养物上清侵染 *Har. Hispanica* 饲养层细胞	60	circular dsDNA 15 010 bp KY264020
	Betapleolipovirus HRPV9	*Halorubrum pleomorphic virus* 9 (HRPV-9)	*Halorubrum* sp. SS5-4	*Halorubrum* sp. SS7-4	*Halorubrum* sp.B2-2 培养物上清侵染 *Halorubrum* sp.SS5-4 饲养层细胞	57	circular dsDNA 16 159 bp KY965934
	Betapleolipovirus SNJ2	Saline *Natrinema* sp. J7-1 virus 2(SNJ2)	*Natrinema* sp. J7-1	诱导自 *Natrinema* sp. J7-2 and *Natrinema* sp. CJ7	*Natrinema* sp.J7-1 培养物	70~80	circular dsDNA 16 992 bp AJVG01000023 (WGS contig04: 19 792-36 797)
	Betapleolipovirus HFPV1	*Haloferax volcanii pleomorphic virus* (HFPV-1)	*Haloferax volcanii* DS2	—	泰瑞尔湖，澳大利亚	50~80	circular dsDNA 7 869 bp OM621814
Gammapleolipovirus	*Gammapleolipovirus* His2	His2	*Haloarcula hispanica*	—	粉红湖，维多利亚州，澳大利亚	71	linear dsDNA 16 067 bp AF191797
	Gammapleolipovirus Hardyhisp 2	Hardyhisp2	*Haloarcula hispanica* DSM 4426T	—	哈迪湖，澳大利亚	71	linear dsDNA 16 133 bp MW557853

（陈绍兴）

（五）多形包膜病毒分类

多形包膜病毒科当前分类参考：ictv.global/taxonomy。多形包膜病毒科目前包括 α-多形包膜病毒属（*Alphapleolipovirus*）、β-多形包膜病毒属（*Betapleolipovirus*）和 γ-多形包膜病毒属（*Gammapleolipovirus*）3 属（表 5-1），17 个物种。最近，有学者根据大规模宏基因组数据分析，在原来的基础上提出 2 个新属，即 δ-型多形包膜病毒（*Deltapleolipovirus*）和 ε-型多形包膜病毒（*Epsilonpleolipovirus*）。该属通过基因含量和基于全基因组序列系统基因组分析的良好支持的单系群进行鉴定。α-多形包膜病毒的成员共享一个编码滚环复制起始蛋白（RCR Rep）的 ORF。β-多形包膜病毒属共享 2 个编码未知功能蛋白的 ORF（如 HRPV-3 的 ORF 6 和 ORF 9）。γ-多形包膜病毒属基因组有一个基因编码推测的 B 型 DNA 聚合酶。基因组核苷酸序列差异超过 5% 的病毒被分配给不同的物种。

数字资源 5-3

多形包膜病毒

（陈绍兴）

四、球脂状病毒

球脂状病毒呈现二十面体有内包膜的病毒颗粒形态，其名称来自病毒科 *Sphaerolipoviridae*（"*Sphaera*" 拉丁语中意为球形，"*lipos*" 希腊语中意为脂肪）。该病毒科最初包含 3 个病毒属，分别是 *Alphasphaerolipovirus*、*Betasphaerolipovirus* 和 *Gammasphaerolipovirus*，其中前两个病毒属成员感染嗜盐古菌宿主，后一个病毒属成员为感染栖热菌的噬菌体。近年，通过对病毒基因组相似性的重新评估，ICTV 将 *Sphaerolipoviridae* 病毒科升级为 *Halopanivirales* 病毒目，随即，将 3 个病毒属升级为病毒科并重新命名为 *Sphaerolipoviridae*（原 *Alphasphaerolipovirus*）、*Simuloviridae*（原 *Betasphaerolipovirus*）和 *Matsushitaviridae*（原 *Gammasphaerolipovirus*）（表 5-2）。

表 5-2　球脂状病毒（改自 Pawlowski et al., 2014）

病毒科	病毒株	宿主	基因组大小/bp	分离地
Sphaerolipoviridae	SH1	*Haloarcula hispanica*	30 898	澳大利亚
Sphaerolipoviridae	HCIV-1	*Haloarcula californiae*	31 314	泰国
Sphaerolipoviridae	PH1	*Haloarcula hispanica*	28 064	澳大利亚
Sphaerolipoviridae	HHIV-2	*Haloarcula hispanica*	30 578	意大利
Simuloviridae	SNJ1	*Natrinema* sp. J7-2	16 341	中国
Simuloviridae	HJIV1	*Haloterrigena jeotgali*	17 189	韩国
Simuloviridae	NVIV1	*Natrinema versiforme*	18 925	玻利维亚
Matsushitaviridae	P23-77	*Thermus thermophilus*	17 036	新西兰
Matsushitaviridae	IN93	*Thermus thermophilus*	19 604	日本

球脂状病毒的特征是编码两个单果冻卷折叠的主要衣壳蛋白，被认为与编码单个双果冻卷折叠主要衣壳蛋白的二十面体病毒在演化上有相关性。球脂状病毒的两个单果冻卷折叠衣壳蛋白组成的异源六聚体壳粒（capsomer）与 PRD1 等病毒的单个双果冻卷折叠衣壳蛋

白组成的同源三聚体壳粒相似。在 ICTV 分类中球脂状病毒属于 *Helvetiavirae* 病毒界，编码单个双果冻卷折叠衣壳蛋白的二十面体病毒属于 *Bamfordvirae* 病毒界，这两个病毒界被划归入病毒分类最高阶梯的 *Varidnaviria* 病毒域内。

（一）形态与大小

球脂状病毒呈无尾的二十面体有内包膜的形态。完整的病毒颗粒直径通常为 70～80 nm。外壳脱落后，质膜包裹的内核呈球状或不定形状，直径为 50～60 nm（图 5-9）。

（二）结构与功能

在 *Sphaerolipoviridae* 病毒科成员 SH1 和 HCIV-1 中鉴定出 12 个结构蛋白，在 *Simuloviridae* 病毒科成员 SNJ1 中鉴定出 10 个结构蛋白。球脂状病毒颗粒包含主要和次要衣壳蛋白、内在膜蛋白和顶点复合蛋白。病毒衣壳主体由两个单果冻卷折叠的主要衣壳蛋白组成，在 SH1 和 HCIV-1 中是 VP4 和 VP7，在 SNJ1 中是 PB2 和 PB6。冷冻电镜三维重构揭示 *Sphaerolipoviridae* 病毒科成员的衣壳具有伪 $T = 28$ 三角形剖数（triangulation number），两个主要结构蛋白组成异源六聚体的壳粒。在病毒 HCIV-1 的异源六聚体壳粒中发现存在两种聚合体形式：VP4-VP4 的同源二聚体和 VP4-VP7 的异源二聚体。HCIV-1 病毒壳粒下方有两种不同的支架蛋白复合物，引导壳粒在质膜包裹的内核上的定位。SH1 和 HCIV-1 五邻体顶点由单果冻卷折叠的蛋白质 VP9 形成的同源五聚体占据。顶点位置有喇叭形（病毒 SH1 和 HCIV-1）或螺旋桨形（病毒 HHIV-2）的刺突结构，是病毒识别宿主的配体，在所有结构蛋白中刺突蛋白是保守性最低的蛋白质。刺突结构是多个蛋白质组成的复合物，在 SH1 和 HCIV-1 中由 VP2、VP3 和 VP6 组成，在 HHIV-2 中由 VP2 和 VP17 组成。*Simuloviridae* 病毒科成员 SNJ1 的其他结构蛋白具体功能有待鉴定。

球脂状病毒编码在其他二十面体内包膜病毒中保守的 ATP 酶基因，该 ATP 酶已被证实可将病毒的线性 dsDNA 基因组包装到病毒衣壳中。因此，推测该蛋白质在球脂状病毒中的功能也是病毒基因组的包装。病毒内膜脂质从宿主细胞膜成分中选择性获取，SH1 和 HCIV-1 病毒颗粒的主要的磷脂种类是磷脂酰甘油和磷脂酰甘油磷酸甲酯，SNJ1 的主要的磷脂种类是磷脂酰甘油。

（三）基因组特征

Sphaerolipoviridae 病毒科成员基因组为线状 dsDNA，长度为 28～31 kb，DNA 末端有约 300 bp 反向重复序列，末端有结合蛋白。基因组包含约 50 个预测的 ORF，病毒科成员基因组有强烈的共线性，总体核苷酸一致性为 56%～76%（图 5-10）。其基因组的复制预测可能是蛋白质引发的，但并未预测到经典的蛋白质引发的 DNA 聚合酶（protein-primed DNA polymerase）编码基因。病毒 SH1 的基因组包含 7 个主要的转录本，其中一些转录本是重叠的。编码结构基因的 6 个转录本在病毒感染后 1 h（早期）开始合成，编码未知蛋白质的一个转录本在感染后 5～6 h（后期）合成。根据基因共线性特征，预测所有 *Sphaerolipoviridae* 病毒科成员有相同的转录程序。

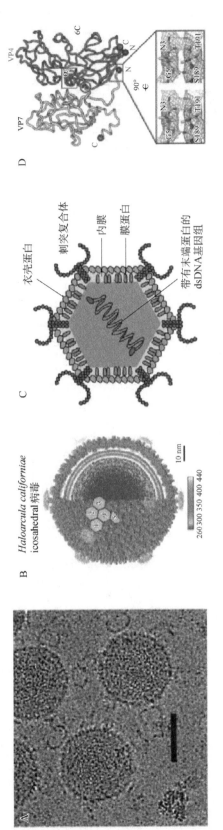

图 5-9 球脂状病毒形态（改自 Santos-Pérez et al., 2019; Demina et al., 2017）

A. HCIV-1 病毒颗粒冷冻电子显微照片；比例尺：50 nm。B. HCIV-1 病毒颗粒冷冻电子显微镜三维重构示意图。C. 球脂状病毒 HCIV-1 病毒颗粒结构模型。D. 两个单果冻卷折叠的主要衣壳蛋白 VP4-VP7 构成的异源二聚体单元

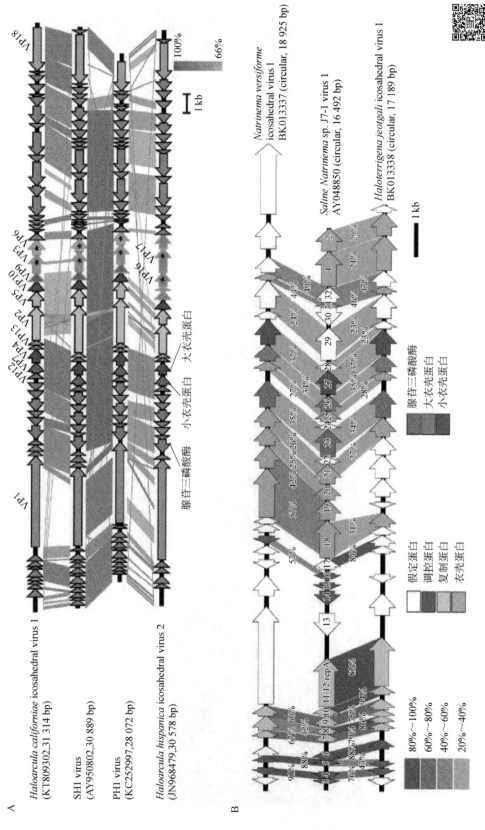

图 5-10　*Sphaerolipoviridae* 和 *Simuloviridae* 病毒科成员的基因组比对图
（改自 Demina et al., 2023; Chen et al., 2020 ）

A. *Sphaerolipoviridae* 病毒科成员基因组共线性比对；B. *Simuloviridae* 病毒科成员基因组共线性比对

Simuloviridae 病毒科成员基因组为环状 dsDNA，长度为 16～19 kb。基因组包含约 30 个 ORF，病毒科成员间共享 17～21 个同源 ORF，包括复制、调控和病毒结构相关的基因，这些基因的排布呈共线性（图 5-10）。病毒 SNJ1 的基因组复制方式是滚环复制，依赖于病毒编码的复制起始蛋白 RepA，该蛋白质属于 HUH 核酸内切酶超家族。病毒科成员 HJIV1 也编码 RepA 同源蛋白，预测与 SNJ1 病毒复制机制相同，另一成员 NVIV1 中则未预测到 RepA 同源蛋白。

（四）病毒的理化性质

球脂状病毒对有机溶剂（如氯仿）敏感，病毒颗粒在温度低于 50～60℃，中性及弱碱性条件下（pH 7～9）保持稳定。SNJ1 病毒在高离子强度（高于 4 mol/L NaCl）条件下保持稳定，当 NaCl 浓度降低至 2.5 mol/L，病毒在 5 h 内丧失感染性。HCIV-1 和 HHIV-2 病毒则可以耐受低离子强度，表现出对环境变化较高的适应性。Mg^{2+} 对维持 SNJ1 和 SH1 病毒的感染性也起到重要作用。球脂状病毒颗粒在 CsCl 溶液中的浮密度为 1.28～1.33 g/mL。

（五）与宿主相互作用

Sphaerolipoviridae 病毒科成员感染 *Haloarcula* 或 *Halorubrum* 属的嗜盐古菌。使用提取的病毒基因组进行转染，宿主范围可扩展到 *Natrialba* 和 *Haloferax* 属的菌株。病毒对宿主细胞的识别和结合可能通过病毒颗粒顶角处的刺突复合物结构。与许多嗜盐古菌病毒类似，该病毒科成员吸附宿主细胞的效率较低（SH1 和 HCIV-1 的吸附速度分别为 1.1×10^{-11} mL/min 和 5.7×10^{-11} mL/min）。对 HCIV-1 的感染过程研究发现，病毒吸附到宿主表面后通过管状结构与细胞连接，感染后 5～6 h 病毒颗粒在细胞内开始组装，感染后 12 h 细胞开始裂解释放子代病毒，每个细胞产生 50～200 个病毒子代。脂质在病毒颗粒组装过程中选择性地从宿主细胞获得，并在病毒蛋白衣壳下方形成内膜结构。

Simuloviridae 病毒科成员宿主为 *Natrinema* 和 *Haloterrigena* 属嗜盐古菌，有溶原和裂解两种生命周期。SNJ1 病毒最初以质粒形式被发现，后被证实是溶原形式的前病毒。SNJ1 的 ORF4 编码 MazE 抗毒素超家族的转录因子，其通过抑制病毒基因组复制来调控病毒溶原-裂解转换及超感染免疫。使用 DNA 损伤剂丝裂霉素 C 处理宿主细胞，溶原的 SNJ1 被触发进入裂解循环，病毒的效价从 10^4 PFU/mL 经诱导处理后增加到 10^{11} PFU/mL。另外两株病毒科成员 HJIV1 和 NVIV1 也编码 SNJ1 ORF4 同源蛋白，表明这些病毒调节溶原-裂解的机制相同。

（陈向东）

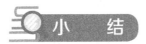 小　结

本章深入探讨了古菌病毒的多样性及其在生态系统和生物技术中的潜在应用。古菌病毒展示了其独特的结构和复杂的感染机制，揭示了生命进化过程中不可或缺的一部分。通过

研究古菌病毒，我们不仅加深了对病毒生物学的理解，也为生物技术应用提供了新的思路和工具。尽管当前的研究已经取得一些进展，但古菌病毒领域仍有许多未知领域等待揭示。在未来，随着研究的深入，古菌病毒有望在更多领域中展现其独特的价值，从而推动科学技术的发展。

复习思考题

1. 描述古菌病毒的结构特点。与其他病毒相比，它们有哪些独特之处？
2. 请简述古菌病毒的基因组特征。
3. 古菌病毒的生命周期如何？其病毒释放机制与噬菌体有哪些异同点？
4. 根据 ICTV 的分类，古菌病毒可以分到哪些科？代表病毒有哪些？
5. 基因组最小和最大的古菌病毒是哪一种，分别属于哪一种古菌病毒？编码的开放阅读框有什么差异？
6. 古菌病毒在高温环境中能保护其遗传物质的机制是什么？这对病毒生存和传播有何重要性？
7. 如何定义大基因组病毒和小基因组病毒？它们在复制时所依赖的复制相关蛋白有何区别？
8. 古菌病毒的组装和释放中，病毒相关金字塔（VAP）结构是如何形成的？

主要参考文献

Alarcón-Schumacher T, Lücking D, Erdmann S. 2023. Revisiting evolutionary trajectories and the organization of the *Pleolipoviridae* family. PLoS Genetics, 19(10): e1010998.

Baquero D P, Gazi A D, Sachse M, et al. 2021. A filamentous archaeal virus is enveloped inside the cell and released through pyramidal portals. Proceedings of the National Academy of Sciences, 118(32): e2105540118.

Baquero D P, Liu J, Prangishvili D. 2021. Egress of archaeal viruses. Cellular Microbiology, 23(12): e13394.

Baquero D P, Liu Y, Wang F, et al. 2020. Structure and assembly of archaeal viruses. Advances in Virus Research, 108: 127-164.

Chen B, Chen Z, Wang Y, et al. 2020. ORF4 of the temperate archaeal virus SNJ1 governs the lysis-lysogeny switch and superinfection immunity. Journal of Virology, 94(16): e00841-20.

Daum B, Quax T E, Sachse M, et al. 2014. Self-assembly of the general membrane-remodeling protein PVAP into sevenfold virus-associated pyramids. Proceedings of the National Academy of Sciences of the United States of America, 111(10): 3829-3834.

Demina T A, Dyall-Smith M, Jalasvuori M, et al. 2023. ICTV virus taxonomy profile:

Sphaerolipoviridae. Journal of General Virology, 104(3): 001830.

Demina T A, Oksanen H M. 2020. Pleomorphic archaeal viruses: the family *Pleolipoviridae* is expanding by seven new species. Archives of Virology, 165(11): 2723-2731.

Demina T A, Pietilä M K, Svirskaitė J, et al. 2017. HCIV-1 and other tailless icosahedral internal membrane-containing viruses of the family *Sphaerolipoviridae*. Viruses, 9(2): 32.

DiMaio F, Yu X, Rensen E, et al. 2015. A virus that infects a hyperthermophile encapsidates A-form DNA. Science, 348(6237): 914-917.

Han Z, Yuan W, Xiao H, et al. 2022. Structural insights into a spindle-shaped archaeal virus with a sevenfold symmetrical tail. Proceedings of the National Academy of Sciences of the United States of America, 119(31): e2119439119.

Haring M, Vestergaard G, Rachel R, et al. 2005. Independent virus development outside a host. Nature, 436(7054): 1101-1102.

Krupovic M, Cvirkaite-Krupovic V, Iranzo J, et al. 2018. Viruses of archaea: structural, functional, environmental and evolutionary genomics. Virus Research, 244: 181-193.

Liu Y, Dyall-Smith M, Oksanen H M. 2022. ICTV virus taxonomy profile: *Pleolipoviridae* 2022. Journal General Virology, 103(11): 001793.

Pawlowski A, Rissanen I, Bamford J K, et al. 2014. Gammasphaerolipovirus, a newly proposed bacteriophage genus, unifies viruses of halophilic archaea and thermophilic bacteria within the novel family *Sphaerolipoviridae*. Archives of Virology, 159:1541-1554.

Prangishvili D, Bamford D H, Forterre P, et al. 2017. The enigmatic archaeal virosphere. Nature Reviews Microbiology, 15(12): 724-739.

Quemin E R, Chlanda P, Sachse M, et al. 2016. Eukaryotic-like virus budding in archaea. MBio, 7(5): 10-1128.

Santos-Pérez I, Charro D, Gil-Carton D, et al. 2019. Structural basis for assembly of vertical single β-barrel viruses. Nature Communication, 10(1): 1184.

Wang F, Cvirkaite-Krupovic V, Vos M, et al. 2022. Spindle-shaped archaeal viruses evolved from rod-shaped ancestors to package a larger genome. Cell, 185(8): 1297-1307.

Wang H, Peng N, Shah S A, et al. 2015. Archaeal extrachromosomal genetic elements. Microbiology and Molecular Biology Reviews, 79(1): 117-152.

Woese C R, Fox GE. 1977. Phylogenetic structure of the prokaryotic domain: the primary kingdoms. Proceedings of the National Academy of Sciences of the United States of America, 74(11): 5088-5090.

第六章　真核微生物病毒

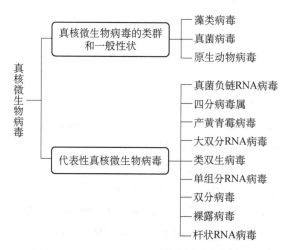

真核微生物病毒是一类感染真核微生物（如藻类、真菌和原生动物）的病毒。与动植物病毒不同，一些真核微生物病毒可以用于治理其宿主引起的各种危害，具有重大的生态效应和经济效应。例如，部分藻类会引起近海赤潮、江湖水华和河渠富营养化等问题，对公共卫生安全造成威胁。利用这些有害藻类的病毒控制调节藻类种群，有助于绿色安全地调节水域生态系统的平衡，帮助管理藻类过度生长带来的水质问题。超过80%的农作物病害由真菌引起，严重威胁着我国粮食安全和农作物绿色生产，一些能引起病原真菌致病力衰退、抑制真菌生长和繁殖的真菌病毒是重要的作物病害生物防治资源。在日益集约化、工业化和城市化的今天，挖掘利用真核微生物病毒保障国家粮食安全、生态安全和生物安全，对满足人民群众日益增长的对美好生活的需求具有重要意义。

因此，我们应该加强对真核微生物病毒的研究，通过对真核微生物病毒的生态学、分类学及与宿主群体的互作和共进化的研究，不断挖掘丰富病毒资源建立新的应用技术，从而推进真核微生物病毒的生产应用。希望本章抛砖引玉，激发同仁们探索欲和勇气，涌现新的研究策略、方法和成果。

第一节　真核微生物病毒的类群和一般性状

真核微生物病毒是一类非细胞型微生物，具有独特的类群和一般性状。其类群广泛，包括多种形态，如球形、杆状、子弹状等，每种形态的病毒都具有特定的生物学特性。一般性状上，真核微生物病毒体积微小，必须通过电子显微镜观察，且仅含有一种核酸（DNA 或 RNA）作为遗传物质。病毒严格寄生在真核细胞内，依赖宿主细胞的酶系统和原料进行复制增殖。此外，病毒颗粒常具有包膜结构，包膜上嵌有病毒编码的糖蛋白，这些糖蛋白在病毒感染过程中起关键作用。真核微生物病毒的研究对理解病毒致病机制及防治策略具有重要意义。

一、藻类病毒

藻类病毒（algae virus）最早是在蓝藻中报道的。1963 年，Safferman 和 Morris 率先揭示了 LPP 病毒的存在，这种病毒能同时侵染鞘丝藻属（*Lynbya*）、席藻属（*Phormidium*）及织线藻属（*Plectonema*）。由于藻类病毒及其基因具有悠久的历史，它们在漫长的进化过程中已经发展出了显著的差异性。

（一）藻类概述

藻类是一类低等光合放氧植物，它们能吸收二氧化碳，并作为水体中的主要初级生产者和氮素固定者。这些生物主要是微型的浮游种类，生活在淡水或海水的上层，以便充分接收太阳光进行光合作用。事实上，地球上高达 90% 的光合作用都是由藻类完成的。在海洋食物链中，浮游藻类扮演着举足轻重的角色，所有高等水生生物的存续最终都依赖于它们的存在。

藻类是一个生物学上的广泛群体，其结构可能非常简单，只由一个或少数细胞组成，也可能相对复杂，由许多细胞聚合成类似组织的结构。这些生物展示了高度的生物多样性，且它们的分布范围极其广泛。藻类对环境条件的要求并不严格，生存能力强，即使在营养浓度极低、光照极弱和温度相当低的环境下，也能存活。

在水体生态系统中，藻类病毒的存在量极为丰富，每毫升的数量可达 $10^6 \sim 10^7$ 个。这些病毒被看作水体微生物群落中不可或缺的活性组成部分，同时，它们还能对生物地球化学循环和微生物碳泵的效率产生显著影响。

在繁殖方面，藻类能进行营养繁殖（通过细胞分裂或断裂）、无性繁殖（通过释放游动孢子或其他类型的孢子）及有性繁殖。有性繁殖通常发生在生活史中的困难时期，如生长季节结束或处于不利环境条件下。

水生藻类多以硅藻、绿藻和蓝藻为主，在水产养殖的一般认知中，硅藻和绿藻是有益藻，蓝藻是有害藻。蓝藻又称为蓝细菌，是一种广泛分布于全世界水体中的光能自养型原核生物，其短时间的暴发性增殖可产生水华。在所有藻类生物中，蓝藻是最简单、最原始的一种。

（二）藻类病毒类型

藻类病毒可以被划分为真核藻类病毒（也被称为藻病毒，phycovirus）和原核藻类病毒（又称为噬藻体，phycophage）。真核藻类病毒主要感染真核藻类，而原核藻类病毒则主要侵袭蓝藻。

1. 分类 大部分真核藻类病毒被归类于藻类 DNA 病毒科（*Phycodnaviridae*）和海洋 RNA 病毒科（*Marnaviridae*），除此之外，还存在一些尚未分类的真核藻类病毒。藻类 DNA 病毒科是 dsDNA 病毒，其基因组为 60～560 kb。

真核藻类 DNA 病毒与原核藻类病毒存在显著差异，它们是一类比原核藻类病毒大得多的 dsDNA 病毒，分类学上被归为藻类 DNA 病毒科（*Phycodnaviridae*）。这个科由 4 属组成：绿藻病毒属（*Chlorovirus*）、寄生藻病毒属（*Prasinvirus*）、金藻病毒属（*Prymnesiovirus*）及褐藻病毒属（*Phaeovirus*）。

蓝藻病毒以原核藻类为宿主，与噬菌体具有相似性，因此通常被称为"噬藻体"，其 dsDNA 基因组的大小为 30～60 kb。在分类学上，原核藻类病毒被归入噬菌体一类，并分为 3 科：肌尾病毒科（*Myoviridae*）、短尾病毒科（*Podoviridae*）和长尾病毒科（*Siphoviridae*），它们分别与以 T4、T7 和 lambda 为代表的噬菌体科相对应。

2. 形态 常见的藻类病毒形态包括：具有头部和尾部结构的似细菌病毒（bacteriophage-like virus）；具有不规则形状的星形或椭圆形病毒颗粒；具有多角形状的病毒颗粒。藻类 DNA 病毒科病毒粒子均为多角体粒子，粒子是由一个电子密度致密的核及包裹的多层蛋白质外壳组成。病毒粒子的外层不存在膜结构，壳体的直径在 130～190 nm，利用电镜观察发现，病毒粒子在其肿胀结构的末端有头发一样的附属物，这些附属物存在于病毒粒子顶端，每个病毒粒子含有 20～25 nm 的突起结构。

3. 生态特点 藻类病毒被认为是水体微型生物群落系统中重要的动态因子，其昼夜间数量的快速增减，说明它们在不断地进入和退出该系统。由于病毒的专性寄生，对宿主的种群密度起到调控作用，它们对蓝藻的致死率达到 72%。尽管在生态学上还难以解释病毒的调控机制，但不少现象如"水华"与"赤潮"的消长过程，病毒浓度和效价相应地发生明显的变化，病毒直接影响宿主的种群密度乃至存亡。

同原核藻类病毒一样，真核藻类病毒的生态学意义在于：病毒裂解宿主藻细胞转换成溶解有机碳（DOC），将进一步为细菌所利用，并促进噬菌体的数量平行上升，从而深刻地改变碳循环和食物链的结构。

4. 典型病毒 目前研究最多的原核藻类病毒是聚球藻病毒和原绿球藻病毒。原核藻类病毒通常分为丝状蓝藻病毒和单细胞蓝藻病毒。常见的丝状蓝藻病毒有"LPP"型、"N"型等，常见的单细胞蓝藻病毒有"SM"型、"AS"型及"S"型等。

小球藻病毒 PBCV-1 是研究较深入、较清晰的真核藻类 DNA 病毒，在研究真核藻类病毒多样性、结构及与宿主作用关系时，它常常作为代表病毒株。

另外，还有如 *Emiliania huxleyi* 病毒（EhV），其是一种影响钙藻的病毒，是目前研究最为广泛的藻类病毒之一，对海洋生态系统具有重要影响；*Micromonas pusilla* 病毒（MpV）是一种感染微小藻类的病毒，同时也被广泛研究，对淡水和海水中的藻类群落结构和功能有影响。

（三）功能

作为水生生态系统中的重要成员，藻类病毒在影响微生物循环、生物地球化学循环、调控藻类群落结构及多样性等方面起着重要作用。例如，可以利用藻类病毒治理赤潮藻华。

原核藻类病毒作为特异侵染蓝藻的病毒，能够调控蓝藻的生长和种群分布，干预蓝藻水华的暴发，是一种潜在蓝藻水华治理的工具，且其具有"高效低廉、无毒易得"的杀藻优势。这种寄生作用有助于控制藻类种群数量，维持藻类群落的平衡。藻类病毒与藻类之间存在着复杂的相互作用，二者共同演化，这种演化关系对于维持水生生态系统的稳定和多样性至关重要。

（四）基因组特征

藻类病毒的基因组结构多样，为 dsDNA 或 ssDNA，DNA 分子呈线性或环状。其大小差异显著，为几千碱基对到几十万碱基对，这取决于具体的藻类病毒种类。这些基因组通常编码包括结构蛋白、酶、蛋白质合成机制等在内的多种基因，并可能含有调控基因和其他功能基因。噬藻体的基因组架构主要分为结构基因、复制相关基因及原核藻类病毒特异基因等部分。值得注意的是，一些原核藻类病毒基因组中还包含了通过水平转移、从宿主"挟持"或其他物种来源的基因。

以绿藻病毒属中的 PBCV-1 为例，其基因组大小为 333.747 kb。此病毒共有 701 个 ORF，据预测，其中 376 个 ORF 负责编码蛋白质。大约 40%的 ORF 能在数据库中找到相对应的蛋白质。

特别值得一提的是，PBCV-1 的两个基因中存在内含子插入：一个类似基因的转录因子具有自我剪接 I 型的内含子，而另一个则是 DNA 聚合酶基因剪接体型的内含子。此外，PBCV-1 还有编码 10 个 tRNA 的基因，其中一个含有小的内含子。

（五）与宿主相互作用

原核藻类病毒与宿主细胞相互作用，包括吸附、入侵和复制，从而完成原核藻类病毒的生命周期。噬菌体跨种裂解现象并不普遍，但原核藻类病毒具有广泛的宿主范围，其感染多个宿主的能力更大程度上取决于宿主的防御作用，而不在于原核藻类病毒感染性的差异。由于多样性的蓝细菌种群表现出对原核藻类病毒不同的抗性，蓝细菌能与感染并杀死它们的裂解性原核藻类病毒共存。

藻类 DNA 病毒科根据其感染淡水藻类或海藻的不同，可分别在遍布世界各地的淡水或海水中收集到。病毒具有宿主专一性，只感染藻类的单一分离株。例如，绿藻病毒属仅吸附单细胞、真核类小球藻属绿藻的细胞壁，细胞壁在吸附点溶解，病毒 DNA 和相关病毒蛋白进入细胞，空病毒衣壳留在细胞表面。感染 2~4 h 后，病毒粒子在细胞质中装配。病毒释放前 30~40 min，细胞中可检测到感染性病毒粒子，病毒通过细胞裂解释放。

细小微胞寄生藻病毒属成员感染时，病毒吸附在无细胞壁的宿主细胞表面，病毒和细胞表面融合，释放核心物质后病毒衣壳留在宿主细胞表面，从吸附阶段起，侵入过程大约需 3 h，病毒一个生长循环需要 14 h。在复制循环中，病毒颗粒在细胞质中出现，与健康细胞中缺乏的细胞质丝（直径 5~8 nm）及膜结合空泡串相关联。病毒粒子释放进入位于细胞膜断裂的介质，断裂通常在同一细胞的几个位置出现。

（六）藻类病毒的应用

藻类病毒在科学研究和应用方面有一些潜在的用途，尽管目前仍处于探索阶段。

生物控制和生态学研究：藻类病毒可以用作控制藻类种群的工具，有助于调节水域生态系统的平衡。这种方法被称为生物控制，可以帮助管理藻类过度生长和水质问题。

基因编辑和基因转移工具：研究人员正在探索藻类病毒作为基因编辑和基因转移工具的潜力。通过利用藻类病毒的基因组和宿主藻类的基因组之间的相互作用，科学家尝试开发新的基因编辑技术，以改良藻类，使其具有更好的产量、耐受性或其他特性。

生物燃料生产：藻类被认为是生物燃料生产的有前景的来源之一。藻类病毒的研究可能有助于改良藻类品种，使其更适合作为生物燃料的生产者。此外，藻类病毒也可能被利用来控制藻类种群，以确保生物燃料生产的效率和稳定性。

生物学研究工具：研究藻类病毒可以帮助科学家更好地理解病毒的生物学特性和它们与宿主藻类之间的相互作用。这有助于开发更好的病毒防治方法及更深入地了解藻类的生态学和进化。

尽管这些应用潜力很有吸引力，但在实际应用中还存在许多挑战。例如，需要更深入地了解藻类病毒的多样性、生命周期和宿主范围，以及开发安全有效的应用方法。

（王　莹　刘玉庆）

二、真菌病毒

真菌病毒（mycovirus）种类丰富，目前 ICTV 确认的真菌病毒隶属于 30 科，涵盖了 ssDNA 病毒、dsRNA 病毒、（+）ssRNA 病毒、（-）ssRNA 病毒及逆转录病毒等。从本质上讲，真菌病毒与感染其他生物和人类的病毒一样，在进化上存在关联。例如，双分病毒科的 α-双分病毒属中既包含植物病毒也包含真菌病毒；而 α-线形病毒科中的真菌病毒与植物病毒有着密切的亲缘关系；此外，呼肠孤病毒在真菌和动植物中均有报道。真菌病毒在各类真菌中普遍存在，并且常出现复合感染现象。大部分真菌病毒呈现潜伏侵染，对宿主影响不显著。多数真菌病毒缺乏传播载体，也没有细胞外阶段，需依赖宿主的繁殖进行垂直传播，和/或依赖宿主的菌丝融合进行水平传播。研究发现，在很多植物病原真菌中，如栗树疫病菌、白纹羽病菌、菌核病菌、赤霉病菌、稻瘟病菌和灰霉病菌等，都存在一些引起病原真菌衰退的真菌病毒。这些病毒是自然界中抑制真菌群体的重要因子。此外，有些病毒可以将宿主由致病菌转变为植物的内生真菌，也有真菌病毒可以帮助宿主的宿主（植物）提高耐热能力。

（一）真菌病毒的发现

1948 年，在美国宾夕法尼亚州的蘑菇房内首次发现了双孢蘑菇的顶枯病（die back），后该病被命名为 La France Brothers 病。1962 年 Hollings 首次在罹患此病的栽培双孢蘑菇中观察到了三种形态的病毒粒子。这一发现被认为是真菌病毒学研究的起点。随后，1963 年从酵母的"杀手"菌株中鉴定到类似双链 RNA 的病毒粒子。20 世纪 60 年代，还从青霉菌中分离获得了能够刺激哺乳动物产生干扰素的"Statolon"和"Helenine"，并证实其本质正是真菌病毒的 dsRNA。在植物病原真菌方面，1951 年 Biraghi 在意大利发现一些感染栗树疫病的溃疡病斑可以自愈。1959 年 Lindberg 在植物病原真菌维多利亚长蠕孢中发现可传染的衰退因子。直到 20 世纪 70 年代，才最终从植物病原真菌中鉴定出真菌病毒。1973 年 Rawlinson 等从小麦全蚀病菌中分离到病毒粒子。1977 年 Day 及其合作者从感染栗树疫病的自愈的溃疡病斑上分离鉴定出致病力弱且具有传染性的菌株，并从菌株中分离出 dsRNA 因子。1992 年 Nuss 课题组对该 dsRNA 进行了全长序列分析，确定了它是真菌病毒的基因组，更重要的是该病毒与马铃薯 Y 病毒具有一定亲缘关系，但其基因组却不编码外壳蛋白。该病毒与其真菌宿主致病力减弱相关，因此将该病毒称为减毒病毒（hypovirus）。1974 年周家炽先生组建了真菌病毒研究课题组，李季伦先生、蔡淑莲先生和梁平彦先生先后在该课题组从事真菌病毒学研究。

（二）真菌病毒的形态与结构

真菌病毒的形态多样，包括球状、杆状、弹状和线状等。有些真菌病毒不编码外壳蛋白，因此缺乏病毒粒子结构，会被直接包裹在宿主的膜系统中，也有病毒会借助其他病毒的外壳蛋白进行包装。此外，在真菌中还发现了迄今为止粒子形态最长的病毒。该病毒属于具有病毒粒子结构和缺乏病毒粒子结构的病毒的中间类型。

绝大多数真菌病毒的基因组是 RNA 形式，包括（＋）ssRNA、（－）ssRNA 和 dsRNA，还有少数真菌病毒的基因组是单链环状 DNA（sscDNA），但目前尚未发现 ssDNA 或 dsDNA 的真菌病毒。有些病毒的基因组 RNA 可能是 dsDNA 和 ssRNA 病毒的中间类型，同时也有可能是具有病毒粒子结构和缺乏病毒粒子结构的病毒的中间类型。真菌病毒的基因组通常较小，除了真菌呼肠孤病毒外，大多数的基因组长度不超过 20 kb，并且通常只编码 1～2 个基因。

（三）真菌病毒的一般类群

2023 年 ICTV 发布的病毒分类报告显示，目前已确认的真菌病毒分布于 30 科，其中 12 科（*Endornaviridae*、*Alphaflexiviridae*、*Deltaflexiviridae*、*Gammaflexiviridae*、*Narnaviridae*、*Mitoviridae*、*Botourmiaviridae*、*Fusariviridae*、*Barnaviridae*、*Yadokariviridae*、*Hadakaviridae*、*Hypoviridae*）的病毒属于（＋）ssRNA 病毒；5 科（*Mymonaviridae*、*Rhabdoviridae*、*Discoviridae*、*Phenuiviridae*、*Tulasviridae*）的病毒为（－）ssRNA 病毒；10 科（*Alternaviridae*、*Chrysoviridae*、*Megabirnaviridae*、*Quadriviridae*、*Totiviridae*、*Spinareoviridae*、*Amalgaviridae*、*Curvulaviridae*、*Partitiviridae*、*Polymycoviridae*）的病毒是 dsRNA 病毒；2 科（*Metaviridae*、*Pseudoviridae*）的病毒属于逆转录 RNA 病毒；1 个 DNA 病毒科（*Genomoviridae*）的病毒为 ssDNA 病毒。

1. 双分病毒　双分病毒（partitivirus）通常含有两条大小在 1300～2500 bp 的 dsRNA 片段，有少数双分病毒含 3 条 dsRNA 片段。每条 dsRNA 片段编码一个蛋白质，其中 dsRNA1 编码依赖于 RNA 的 RNA 聚合酶（RdRP）、dsRNA2 编码外壳蛋白（CP）。双分病毒的病毒粒子为双联体结构，每个粒子大小为 18 nm × 30 nm，每个病毒粒子携带 1～2 个分子的 RdRP，每条 dsRNA 片段单独包装于病毒粒子之中。目前在真菌、植物和原生动物中均发现有双分病毒，感染真菌的双分病毒与感染植物的双分病毒在亲缘关系上并没有显著的差异。例如，α-潜隐病毒属的病毒既可感染植物，也可感染真菌。

2. 产黄青霉病毒　产黄青霉病毒（chrysovirus）含 4 条 dsRNA 片段，每条 dsRNA 片段大小为 2.4～3.6 kb，各编码 1 个 ORF，片段间的 5′端和 3′端具有高度保守的核苷酸序列。通常 dsRNA1 编码 RdRP，dsRNA2 编码外壳蛋白。病毒粒子呈球形，外壳由 60 个蛋白质亚基单体按 $T=1$ 晶格排列；粒子直径为 35～40 nm，无包膜。每条 dsRNA 片段单独包装于病毒粒子中。

3. 减毒病毒　减毒病毒（hypovirus）是单节段的 dsRNA 病毒，其基因组大小为 9～13 kb，3′端具有 poly（A）尾，基因组含有 1～2 个 ORF，靠 5′端的 ORF 称为 ORF A，另一个称为 ORF B，两者靠 "UAAUG" 重叠，UAA 为 ORF A 的终止密码子，AUG 为 ORF B 的起始密码子。栗树疫病菌的减毒病毒 1 具有潜在的防病效果。

4. 大双分 RNA 病毒　大双分 RNA 病毒（megabirnavirus）的代表种为褐座坚壳菌大双分 RNA 病毒 1（*Rosellinia necatrix megabirnavirus 1*，RnMBV1）。RnMBV1 由日本 SUZUKI 研究组在 2009 年分离自白纹羽病的病原菌褐座坚壳菌（*Rosellinia necatrix*）低毒菌株 W779，含 2 条 dsRNA 片段，dsRNA1 为 8931 bp，dsRNA2 为 7180 bp，两条 dsRNA 片段的 5′端和 3′端分别有 24 个和 8 个核苷酸几乎相同，而且 5′端非翻译区约 1.6 kb 有高度的同源性。两条 dsRNA 片段分别含两个开放阅读框，其中 dsRNA1 上的 2 个开放阅读框分别编码外壳蛋白和 RdRP。病毒粒子呈球形，外壳呈 $T=1$ 晶格排列，由 60 个不对称的二聚体组成，直径约 50 nm，粒子表面有 120 个宽为 45 Å，高为 50 Å 的小突起。

5. 四分病毒属　四分病毒属（*Quadrivirus*）的代表种为褐座坚壳菌四分病毒 1（*Rosellinia necatrix quadrivirus 1*，RnQV1）。RnQV1 分离自白纹羽病的病原菌褐座坚壳菌（*Rosellinia necatrix*）菌株 W1075。RnQV1 含 4 条 dsRNA 片段，5′端和 3′端分别有 7 个核苷酸和 14 个核苷酸完全相同，5′端和 3′端非翻译区高度保守区域。dsRNA1 为 4942 bp，编码一种功能未知的蛋白质；dsRNA2 为 4325 bp，编码结构蛋白；dsRNA3 为 4099 bp，编码 RdRP；dsRNA4 为 3685 bp，编码结构蛋白。RnQV1 的病毒粒子呈球形，直径约 45 nm。RnQV1 对宿主的生长、发育和致病等生命活动没有显著影响。

6. 裸露 RNA 病毒　裸露 RNA 病毒（narnavirus）被认为是基因组最简单的能够独立复制的（+）ssRNA 病毒，基因组全长 2.3～2.9 kb，含一个 ORF，编码 RdRP。根据病毒在宿主中存在的位置，裸露 RNA 病毒科分 2 属，即存在于宿主细胞质中的裸露 RNA 病毒属（*Narnavirus*）和存在于线粒体中的线粒体病毒属（*Mitovirus*），目前该 2 属分别提升为 2 科，即裸露 RNA 病毒科和线粒体病毒科。

7. 类双生病毒（genomovirus）　类双生病毒科是 ICTV 于 2015 年公布的一个新科，代表种为核盘菌类双生环状 DNA 病毒 1（*Sclerotinia gemycircularvirus 1*），即核盘菌衰退相关 DNA 病毒 1（SsHADV-1）。SsHADV-1 基因组为环状 ssDNA，全长 2166 nt，含 2 个 ORF，分别编码复制相关蛋白（Rep）和外壳蛋白（CP），两个基因间的大间隔区（LIR）含有一个茎环（stem-loop）结构，其顶端存在一个保守的与滚环复制相关的 9 核苷酸基序（TAATATTAT）。SsHADV-1 的 Rep 与双生病毒的 Rep 具有显著同源性，含有双生病毒所具有的 Rep 催化功能域（Gemini_AL1；PF00799）和 Rep 中心域（Gemini_AL1_M；PF08283）；SsHADV-1 的病毒粒子球形，直径为 22 nm。

真菌单节段负链 RNA 病毒科是 ICTV 于 2015 年公布的一个新科，隶属于单节段负链 RNA 病毒目（*Mononegavirales*）。代表种为核盘菌单节段负链 RNA 病毒（*Sclerotinia sclerotimonavirus*）/SsNsRV-1。SsNsRV-1 基因组全长为 10 002 nt，含有 6 个 ORF，其中 ORF Ⅱ 编码核酸蛋白（核衣壳）蛋白，ORF Ⅴ 编码 RdRP，其他 ORF 编码的蛋白质功能未知。ORF 之间具有单节段负链 RNA 病毒保守的基因间隔区（A/U）（U/A/C）UAUU（U/A）AA（U/G）AAAACUUAGG（A/U）（G/U）。病毒粒子呈线性，可能有膜包裹，核衣壳（nucleocapsid）长线性，螺旋状，直径 22 nm，长 200～2000 nm。从 RdRP 看，真菌单节段负链 RNA 病毒科与弹状病毒科（*Bornaviridae*）和尼亚玛尼病毒科（*Nyamiviridae*）具有最近的亲缘关系，但是后者只含有 5 个 ORF，而且基因排列顺序为 *N-P-M-G-L*；SsNsRV-1 可能缺乏磷蛋白（P）和糖蛋白（G）。

8. 单组分 RNA 病毒（totivirus）　　单组分 RNA 病毒科的病毒具有一条大小在 4.6～7.0 kb 的 dsRNA 基因组，含有 2 个 ORF，ORF 之间有部分重叠或没有重叠。靠 5′端的 ORFs 编码外壳蛋白，靠 3′端的编码 RdRP。病毒粒子呈球形，粒子具有 RdRP 活性。

9. 杆状 RNA 病毒（barnavirus）　　杆状 RNA 病毒代表种为蘑菇杆状病毒（*Mushroom bacilliform virus*，MBV）。MBV 的基因组为（+）ssRNA，全长 4009 nt，5′端和 3′端非翻译区分别为 60 nt 和 250 nt，含 4 个大 ORF 和 3 个小 ORF；病毒 RNA 的 5′端有一个 VPg（genome-linked protein）蛋白，3′端缺乏 poly（A）。ORF3 编码 RdRP，ORF4 编码外壳蛋白，ORF2 编码丝氨酸蛋白酶保守域，其他 ORF 所编码蛋白质的功能未知。病毒粒子呈杆状，无薄膜，表面物突起，大小约为 19 nm × 50 nm。

（四）真菌病毒的应用

在大多数情况下，真菌病毒的感染并不会引起宿主真菌明显的形态及生物学特性的变化。然而，与不含病毒的菌株相比，某些真菌病毒的感染会引起宿主的异常症状，包括菌丝生长速率减慢和产孢量减少、次生代谢产物的变化（色素、毒素）及致病力的衰退（弱毒现象）等。引起植物病原真菌衰退的病毒具有防治真菌病害的潜力。例如，利用寄生隐丛壳菌减毒病毒 1（CHV1）成功地防控了欧洲栗树疫病，而利用核盘菌类双生真菌病毒 1（SsHADV-1）可以防治由核盘菌引起的作物病害菌核病。研究还发现病毒 SsHADV-1 可将核盘菌由死体营养型病原真菌转变为促进油菜生长、抗病的内生真菌，在此基础上，已提出真菌病毒介导的无致病力菌株作为"植物疫苗"防控作物病害的新理念与新技术。此外，除了用于真菌病害的防控，CHV1-*Cryphonectria parasitica* 系统也可作为一种研究模型和分子工具用于解析病毒与宿主的互作和病原菌的致病机制。

数字资源
6-2

真菌病毒及其应用

（林　杨　姜道宏）

三、原生动物病毒

（一）概述

原生动物病毒（viruses of protozoa）又称为原虫病毒或寄生性原虫病毒（*Parasitic*

protozoan virus，PPV），是一种专性寄生于原虫体内的非细胞型生命分子。现已在多种寄生性原虫体内发现病毒样颗粒（virus-like particle, VLP），如利什曼原虫（*Leishmania* spp）、蓝氏贾第鞭毛虫（*Giardia lamblia*）、阿米巴原虫（*Entamoeba*）等。ICTV 确认并命名的原虫病毒包括贾第虫病毒（GLV）（1990）、利什曼原虫病毒（LRV）（1993）、微小隐孢子虫病毒（CSpV1）（2009）和阴道毛滴虫病毒（TVV）（2011）等。这些病毒可对原虫的生物学特性及其宿主等产生多重影响。

（二）形态与大小

透射电镜观察发现大部分原虫病毒颗粒无囊膜、呈球形或二十面体，病毒粒径多在 30～40 nm，为 dsRNA 病毒，均具有 RNA 依赖的 RNA 聚合酶活性。

（三）基因组特征和功能

大多数原虫病毒的基因组是非节段或分节段的，编码衣壳蛋白和 RdRP，由于病毒基因组较短（4～7 kb），所以病毒 ORF 的起始阅读是以双顺反子 mRNA 的核糖体移码机制完成的，即核糖体沿着 ORF1 翻译至末端时，移码到另外的 ORF 并继续翻译。因此，核糖体并不识别 ORF1 的终止密码子，反而沿着 mRNA 继续翻译 ORF2，产生 ORF1 编码蛋白的加长版本。但是，不同原虫病毒之间也存在差异。

利什曼原虫病毒（LRV）：LRV 基因组是线性 dsRNA，大小约为 5.3 kb。LRV 包含 3 个 ORF 片段：ORF2 编码病毒衣壳蛋白，该序列在体外表达时会自发组装成 VLP；ORF3 编码病毒 RdRP，该序列包含 6 个保守的共识 RdRP 基序。RdRP 与衣壳蛋白结构域有 71 nt。LRV 的衣壳蛋白聚合酶多聚蛋白与 *Totiviridae* 家族的其他成员相似。位于 5′-非翻译区（5′-UTR）的 ORF1 和 ORFX 编码的蛋白质与任何已确定的蛋白质序列都没有同源性。所有已知的 LRV 都与 ORF1 和 ORFX 有 90% 以上的核苷酸相似性，而 ORF1 和 ORFX 是 LRV 的特异性片段。

贾第虫病毒（GLV）：GLV 基因组是线性 dsRNA，大小约为 6.3 kb。基因组通过核糖体移码机制编码 Gag（衣壳蛋白）蛋白和 Gag-Pol（RdRP）蛋白。GLV 有一个不寻常的内部核糖体进入位点（IRES），可驱动病毒蛋白的翻译。IRES 包含一个假结 U3 和一组位于 5′-UTR 的茎环，覆盖起始密码子的上下游区域。起始密码子的上游编码域包括 3 个 U4 单元和 U5，下游区域包括茎环 I、下游框（DB）和另一个假结。两个假结点参与转录本稳定性的维持，U4 蛋白参与翻译过程。小核糖体亚基的定位受 U5、茎环 I、AUG 起始密码子以及它们之间距离的影响。茎环 I、DB 序列和假结点会延迟核糖体在翻译过程中的移动，并允许对起始密码子进行错误校正，这有助于衣壳蛋白和 RdRP 表达。GdRV-2 基因组约 6.5 kb，含有 2 个 ORF，大的 ORF 表达约 200 kDa 蛋白质，小的 ORF 表达约 17 kDa 蛋白质，蛋白质功能未知。

阴道毛滴虫病毒（TVV）：每个 TVV 的正链编码两个 ORF，即衣壳蛋白和 RdRP。这 2 个 ORF 之间的重叠为 16～123 nt。CP/RdRP 通过 +1（TVV1）或 −1（TVV2、TVV3）核糖体框架移位表达为融合蛋白。对 TVV1 阳性链 5′ 端和 3′ 端二级结构的预测表明，其 3′ 端有一个大的茎环，而 5′端没有类似的茎环。相反，TVV2 的正链两端都有一个茎环。这种二级结构可能是 RNA 复制和/或包装的信号。TVV 中的非对称正链转录本最初是通过 RNA 转录产生的，随后以端对端模式模仿正链产生全长转录本。单链负链在病毒颗粒内合成，两条单链结合形成新组装的病毒基因组。TVV2 是由两种衣壳蛋白（CP-A 和 CP-B）的共 60 个蛋白质分子组成的二十面体不对称单元。TVV2 只显示出横向的衣壳蛋白互锁，这与 TVV 在阴道毛滴虫中保持细胞内复制周期的组装策略是一致的。

其他原虫病毒：隐孢子虫病毒基因组相对保守和稳定，是线性的 dsRNA。dsRNA1 大小约为 1.8 kb，编码 RdRP。dsRNA2 大小约为 1.4 kb，编码衣壳蛋白。dsRNA1 的 5′-非翻译区（NTR）长度相同且保持完整，但 dsRNA1 的 3′-NTR 和 dsRNA2 的 NTR 出现氨基酸截短。在 CSpV1-Iowa 株的 dsRNA1 和 dsRNA2 中观察到多个共同的正链序列，这些区域在其他分离株中呈现完全或部分保守。这种保守性可能会影响新生病毒颗粒的包装、RdRP 结合或翻译等特定功能。

（四）研究技术方法

不同于其他动物病毒可以通过空斑试验进行分离，由于原虫病毒其专性感染原虫，可以通过差速离心或者密度梯度离心等方法将病毒从原虫中分离出来并大量富集。病毒的鉴定主要包括以下方法。

蛋白质电泳/核酸电泳实验：常见的 SDS 聚丙烯酰胺凝胶电泳（SDS-PAGE）可以估算原虫病毒的蛋白质大小，核酸电泳可以将病毒的基因组 dsRNA 鉴定出来，这是最常见的鉴定原虫是否携带病毒的方法。

镜下观察：可通过激光共聚焦显微镜观察被荧光蛋白标记的病毒蛋白；也可通过超薄切片透射电镜观察虫体内病毒分布及乙酸铀或磷酸钨负染电镜观察虫体分离物病毒颗粒。近几年发展起来的冷冻电镜技术可以对病毒颗粒构建三维结构图像。此外，酶联免疫吸附试验、放射自显影、DNA 印迹法（Southern blotting）等技术也可用于病毒的鉴定。

RNA 依赖的 RNA 聚合酶活性检测：它是鉴定原虫病毒所必需的，其检测方法可采用同位素标记等方法。

（五）病毒对原虫及其宿主的影响

目前研究发现原虫病毒对原虫的致病性、抗药性和免疫原性等均有较大的影响，其对原虫及其宿主的影响主要有以下方面。

虫体表型变化：阴道毛滴虫的初始表型与 dsRNA 相关。新分离的虫株含有病毒颗粒，长期体外培养显示出完全阴性的 TVV 表型，表明病毒 dsRNA 的缺失与阴道毛滴虫表面免疫原的缺失和表型变化的缺失是一致的。

调控原虫的宿主炎症反应：用纯化的 TVV 或 TVV 基因组 dsRNA 刺激人宫颈内膜细胞，会诱导 β 干扰素（TRIF）介导的 IL-1β、IL-6、IL-8、IFN-β 和 T 细胞激活性低分泌因子（RANTES）增加，同时降低 IL-1RA 水平；甲硝唑处理 TVV 感染的阴道毛滴虫刺激的细胞也会加剧相关炎症反应，导致患阴道疾病的概率增加和传播风险增高。

　　LRV 虽不影响虫体的复制，但其介导的信号通路可降低炎症小体的激活。LRV 以 TLR3 和 ATG5 依赖性方式抑制 caspase-11 的激活和 IL-1β 的释放，并干扰炎性小体的激活。种间差异也会影响 LRV 介导的免疫效应。在小鼠模型中，TLR9 和 MyD88 的缺失促进了利什曼原虫病患者的病变进展和 Th2 相关细胞因子（IL-4 和 IL-13）水平的升高，这表明 TLR9 和 MyD88 在 Th1 介导的抗 *L. guyanensis* 的炎症反应中发挥着关键作用。

　　GLV 同样可以调控宿主细胞的炎症反应。GLV 感染的蓝氏贾第虫激活宿主的 TLR3 及其下游的 NF-κB 信号通路，导致依赖 TLR3 的促炎细胞因子（肿瘤坏死因子-α、IL-6 和 IL-12）分泌增加，从而增强宿主对 GLV 感染的蓝氏贾第虫的抵抗力，这与 LRV 调控宿主细胞炎性反应的作用相似。

　　促进原虫的免疫逃避：相比于未感染 TVV 的阴道毛滴虫虫株，TVV 感染的分离株会诱导 β 干扰素（IFN-β），并引发更强的促炎症反应。TVV 感染虫株依赖于内体酸化诱导的炎症反应，这一过程是通过 Toll 样受体-3（TLR3）上调完成的。无 TVV 株释放的小胞外囊泡（sEV）刺激的人阴道上皮细胞会发生显著的 NF-κB 激活，IL-8 和 RANTES 水平升高。即阴道毛滴虫-TVV 共生可能有助于阴道毛滴虫利用 sEV 作为细胞间通信和蛋白质修饰的载体来抑制宿主免疫激活，从而实现免疫逃避。

　　调控原虫蛋白表达：根据蛋白质组和多基因组分析，LRV 感染的利什曼原虫中特定 mRNA 的翻译起始和效率降低。一些蛋白质，如 HSP70、GP63 和环纤蛋白 A 的翻译也受到了影响。

　　影响原虫的细胞外囊泡组成：利什曼原虫外泌体中存在两种 LRV1 的 dsRNA（裸露 LRV1 和包被的 LRV1）颗粒集群。这是保护 LRV 免受细胞外酶或免疫系统侵袭的基本机制。LRV1 会影响外泌体蛋白质的含量。例如，外泌体中病毒复制的关键因素环纤蛋白 A 的水平升高。

　　调控原虫的宿主细胞免疫反应：在被 *L. guyanensis* 感染的巨噬细胞中，LRV1 与 TLR3/TRIF 介导的细胞因子和趋化因子高水平的产生有关。LRV2 感染的巨噬细胞也依赖 TLR3 释放大量细胞因子。人和小鼠巨噬细胞感染被 LRV 感染的利什曼原虫后，会触发 TLR3/TRIF 通路并促进 I 型 IFN 产生，从而诱导 ATG5 介导的细胞自噬。这一过程会下调 NLR 家族含 pyrin 结构域 3（NLRP3）和含 caspase 招募结构域（ASC）的凋亡相关斑点样蛋白的表达，从而限制巨噬细胞内炎性小体的激活。

　　耐药性：LRV 会加重利什曼原虫的致病作用，一些药物如潘他脒啶和葡甲胺锑酸盐对 LRV 感染的利什曼原虫无效，导致患者会出现复杂病变和持续感染。

　　此外，原虫病毒还有些其他特殊的作用。例如，*Acanthamoeba polyphaga mimivirus*（APMV）是一种 dsDNA 病毒，该病毒以原虫为宿主进行繁殖。APMV 通过干扰丝氨酸蛋白酶的表达引发棘阿米巴溶解，但不会影响包囊的形成。

（六）应用

　　原虫病毒的发现和研究不仅揭示了原虫病毒、原虫和宿主三者之间复杂的调控机制，也为探究原虫基因功能提供了可能。由于有些原虫为"模式生物"，如模式生物贾第虫的病毒转染载体已成功用于贾第虫基因功能研究。已有研究将萤光素酶基因与 GLV 基因组侧翼的 UTR 连接，然后用构建的嵌合病毒转染贾第虫滋养体，使萤光素酶蛋白得以表达，表明 GLV 可作为异源蛋白在贾第虫中表达的载体工具。同样，CSpV1 和 Eimeriavirus 的病毒载体也已成功构建并在子孢子中表达了异源蛋白（绿色荧光蛋白）。原虫病毒载体为寄生原虫的基因表达调控提供了新视角。

（七）总结与展望

寄生性原虫病毒（PPV）已成为原虫研究的热点领域之一，逐渐成为一个新的交叉学科——原虫病毒学。近年来，尽管对原虫病毒的研究有了较大进展，但许多科学问题尚未阐明。例如，PPV 起源是什么？据推测，PPV 是原虫进化过程中细胞器降解产生的残余核酸片段，或者是外源基因进入原虫体内并共同进化保存下来，但其确切的起源尚不清楚。此外，病毒与原虫间是共生还是寄生的关系？为什么同一种原虫有的分离株携病毒，而有的却不携带病毒？原虫病毒感染宿主有无受体？受体蛋白是什么？虽然大多数 PPV 都是线性 dsRNA 基因组，但感染过程的差异导致病毒与原虫的关系呈现多样性，这使得原虫病毒的研究充满复杂性和不确定性。深入研究 PPV 感染过程，如蛋白质的合成和加工、病毒复制和组装，以及原虫抵御病毒感染的机制，有助于了解 PPV 的调控机制。此外，原虫病毒作为探究原虫基因表达调控及功能的载体工具的相关技术尚需深入研究。由于有些原虫是模式生物，如贾第虫等，因此阐明原虫病毒调控机制也可为高等动物病毒调控机制的揭示提供借鉴。相信随着对原虫病毒研究的深入，病毒与原虫及其宿主三者间关系的阐明，原虫病毒学研究必将呈现一个新的局面。

数字资源
6-3

原生动物病毒

（张　楠）

第二节　代表性真核微生物病毒

一、真菌负链 RNA 病毒

真菌负链 RNA 病毒（*Mymonavirus*）是一种具囊膜的丝状病毒粒子，遗传物质为线性负链 RNA，碱基长度约 10 kb。菌核菌菌核负链 RNA 病毒 1（SsNARV-1）是第一个（−）ssRNA 病毒，其特征为感染一种真菌，属于新提出的单核病毒科。

该病毒科包括几属，有些有多种。*Mymonavirus* 通常感染丝状真菌，但少数与昆虫、卵菌或植物有关。该科中的成员核盘菌致病力衰退相关的单股负链 RNA 病毒（*Sclerotinia sclerotiorum negative-stranded RNA virus 1*，SsNSRV-1）在其真菌宿主核盘菌（*Sclerotinia sclerotiorum*）中，可降低真菌宿主毒力。

（一）病毒粒子形态和基因组结构

1. 病毒粒子形态　　SsNSRV-1 是 *Mymonavirus* 中目前研究最多的一种病毒，病毒粒子呈丝状，直径为 25～50 nm，长约 1000 nm，核衣壳为左旋的螺旋结构，病毒粒子具囊膜（图 6-1）。

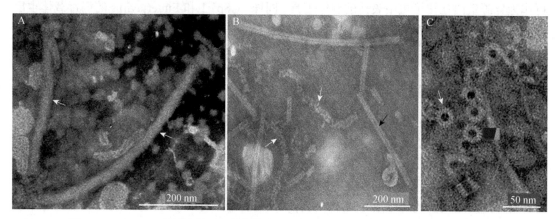

图 6-1　SsNSRV-1 核蛋白-RNA 复合物（nucleoprotein-RNA complex，RNP）的形态
（改自 Liu et al., 2014, PNAS）

A. 丝状、有包膜的病毒体（白色箭头）；B. 纯化的 RNP 复合物的紧密（黑色箭头）或松散
（白色箭头）卷曲；C. 构成卷曲的环和核蛋白单体

2. 病毒基因组结构和功能　　以 SsNSRV-1 为例，其 RNA 长度为 10 002 nt，预测 SsNSRV-1 基因组包含 6 个基因，这 6 个基因的编码区并不重叠，分别为 *P I*、*NP*、*P III*、*P IV*、*L*、*P VI*。*NP* 为核蛋白（nucleoprotein）的编码基因。RdRP 都由 *L* 基因编码，介导病毒的复制和转录。其余 4 种蛋白质的功能尚不清楚。其他真菌负链 RNA 病毒的基因组为 6.2～11.6 kb，具有 4～7 个 ORF（图 6-2）。

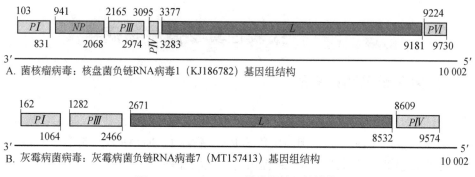

图 6-2　*Mymonavirus* 科成员基因组结构
ORF 的位置显示在负义链上方。编码未知功能蛋白的 ORF 以灰色表示

FoMyV1 是从植物病原真菌尖孢镰刀菌鉴定到的真菌负链 RNA 病毒（*Mymonavirus*）病毒。FoMyV1 的基因组为 10 114 nt，包括 5 个不重叠且线性排列的开放阅读框（ORF1～5）。最大的 ORF5 编码一个大蛋白质 L，包含一个保守区域对应于 RdRP 和 mRNA 加帽酶区域 V；其余 4 个 ORF 的功能尚不清楚。ORF5 编码的 L 蛋白与节肢动物相关的肌病毒湖

北横纹状体病毒 4（Hubei rhabdo-like virus 4）的氨基酸序列一致性为 65%。此外，FoMyV1 的 L 蛋白也与感染植物致病原真菌核盘菌（*Sclerotinia sclerotiorum*）和灰葡萄孢菌（*Botrytis cineaea*）的 L 蛋白表现出氨基酸相似性（27%～36%）。基于 L 蛋白的系统发育分析表明，FoMyV1 属于 *Mymonavirids* 中的 *Hubramonavirus*。

3. 真菌负链 RNA 病毒的复制　　目前认为真菌负链 RNA 病毒在宿主细胞的细胞质中完成复制，但它们的复制策略还没有得到很好的阐释。核糖核蛋白（ribonucleoprotein, RNP）复合物可直接用作复制和转录的模板。复制通常发生在 RNP 复合物上，并且需要 L 蛋白合成全长的正义链，该正义链作为合成负义链子代基因组的模板。

（二）真菌负链 RNA 病毒的分类及致病性

真菌负链 RNA 病毒是负链 RNA 病毒目（*Mononegavirales*）中的一科，其与 *Bornaviridae*、*Lispiviridae*、*Nyamiviridae* 和 *Rhabdoviridae* 家族成员的亲缘关系最近。目前已经从真菌、昆虫、卵菌、植物、土壤中鉴定出真菌负链 RNA 病毒。SsNSRV-1 是侵染核盘菌（*Sclerotinia sclerotiorum*）的一种典型的菌核病病毒，可使宿主生长缓慢，丧失致病性。SsNSRV-1 可通过菌丝融合水平传播，并可利用病毒粒子和宿主原生质体进行转染。FoMyV1 可以通过菌丝融合成功转移到无病毒毒株。FoMyV1 降低了其真菌宿主的营养生长和分生孢子产量，但不改变其毒力。

（刘晓晓）

二、四分病毒属

四分病毒属（*Quadrivirus*）属于核糖病毒域（*Riboviria*）正核糖病毒界（*Orthornavirae*）dsRNA 病毒门（*Duplornaviricota*）克里莫提病毒纲（*Chrymotiviricetes*）加布里埃尔病毒目（*Ghabrivirales*）四分病毒科（*Quadriviridae*）。四分病毒科于 2012 年被 ICTV 批准为新的真核病毒科，属于 dsRNA 真菌病毒分类中的一个重要分支，包含单一四分病毒属（*Quadrivirus*），该属中目前有一个已确定的种，即褐座坚壳菌四分病毒 1（*Rosellinia necatrix quadrivirus 1*, RnQV1）。RnQV1 包括两个已经完全测序的病毒，即 RnQV1-W1075 和 RnQV1-W1118，以及部分表征的病毒株 RnQV1-W726。RnQV1 分离自能够感染 400 多种植物的褐座坚壳菌（*Rosellinia necatrix*）。与已知的 *Ghabrivirales* 的成员相比，*Quadrivirus* 在系统发育上与单组分 RNA 病毒属（*Totivirus*，基因组为 dsRNA）的成员关系更为密切。四分病毒通常在真菌宿主中进行无症状的持续感染，且在宿主菌落中呈现不均匀感染。四分病毒是一类具有独特生物学和分子特征的真菌病毒，它们在真菌病毒的多样性和进化研究中占有重要地位。

（一）形态与大小

四分病毒属的病毒粒子为无包膜、等距的球形结构，直径约 45 nm（图 6-3）。

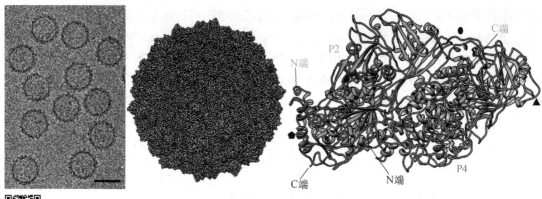

图 6-3　四分病毒的衣壳结构（Chiba et al., 2018）

（二）结构与功能

四分病毒属的病毒粒子由无包膜的蛋白质衣壳和 4 个片段组成的 dsRNA 基因组构成。衣壳由 2 个主要的结构蛋白 P2 和 P4 组成，这些蛋白质以异二聚体形式存在，其中 60 个 P2-P4 异二聚体亚基形成 12 个五聚体衣壳结构，共同构成一个 T=1 的二十面体结构。值得注意的是，P2 蛋白的 C 端 383 个残基区域在成熟病毒粒子中缺失。P2 和 P4 在结构上有 2 个共同的结构域：中间结构域（structural intermediate domain，SID）和类中间结构域（structural intermediate-like domain，SIID）。SID 在其他真菌的 dsRNA 病毒中也存在，而 SIID 是 P2 和 P4 特有的，SID 结构域包含 11 个 α 螺旋和 1 个 β 折叠，而 SIID 结构域则包含 3 个 α 螺旋和短 β 折叠，且尺寸较小。

（三）基因组特征

四分病毒属基因组由 4 个单顺反子线性 dsRNA 片段组成。四分病毒属的 RnQV1-W1075 分离株的全基因组序列为 17 078 bp。每个 dsRNA 片段为 3700～4900 bp，且具有单个大 ORF，该 ORF 占片段长度的 86%～97%。其中，较大的片段 dsRNA1 编码一个功能未知的蛋白质，而 dsRNA3 编码 RdRP，dsRNA2 和 dsRNA4 分别编码构成病毒衣壳的 P2 和 P4 两个主要结构蛋白。

（四）与宿主相互作用

RnQV1 持续感染其天然的真菌宿主 *R. necatrix*，并通过细胞分裂和/或菌丝融合在宿主细胞内传播。在连续的宿主真菌代代培养中，RnQV1 能长时间稳定存在。然而，病毒感染对宿主菌落形态无显著影响，表明 RnQV1 侵染宿主方式为无症状感染。与感染 *R. necatrix* 的其他病毒相比，RnQV1 在真菌菌落中的扩散速率相对较慢，因为其 dsRNA 在菌落内分布不均匀，导致部分菌落病毒积累水平较低。与一些其他病毒在 *R. necatrix* 中的作用不同，RnQV1 不介导宿主的 RNA 沉默途径，也不会激活宿主中抗病毒 RNA 沉默相关基因。基因组测序分析表明，在 RnQV1 基因组片段的 3′端存在特异性的正义链病毒小 RNA 峰，然而，RnQV1 中小 RNA 丰度明显低于其他感染 *R. necatrix* 的 dsRNA 病毒，提示 RnQV1 在对抗宿主防御系统时，不依赖于自身小 RNA 介导的宿主 RNA 沉默。RnQV1 可能具备一套未知元件对抗宿主的病毒防御系统。

（五）总结与展望

四分病毒的研究已经揭示其作为 dsRNA 病毒的独特性质，特别是在衣壳和基因组结构方面。四分病毒的 *T*=1 衣壳由 P2 和 P4 异二聚体构成，为理解 dsRNA 病毒的组装和复制机制提供了新视角。RnQV1 作为四分病毒的代表，其衣壳结构的发现有助于深入理解病毒生命周期的分子机制，并为病毒进化关系的探索提供了重要线索。RnQV1 在真菌宿主中的无症状感染特性，为研究病毒与宿主之间的互作机制提供了可靠模型。未来的研究将集中于解析四分病毒未知蛋白质的分子结构，进一步探索该类病毒的复制机制。此外，随着高通量测序技术的发展，预计将发现更多四分病毒，这将有助于深入理解该病毒与宿主之间的相互作用，并为开发有效的抗感染策略提供新的工具。

数字资源
6-4

四分病毒属

（王兆飞）

三、产黄青霉病毒

（一）产黄青霉和产黄青霉病毒简介

产黄青霉（*Penicillium chrysogenum*）是一类无性型真菌，属于半知菌亚门丝孢纲丝孢目（丛梗孢目）丛梗孢科青霉属的真菌。在土壤、空气及腐败的有机材料等环境中广泛存在。产黄青霉具有多种重要的工业应用价值，如能够产生青霉素、多种酶类及有机酸，但同时也存在产生真菌毒素的风险。产黄青霉属真菌也有其对应的病毒，其中有一类称为产黄青霉病毒（*Chrysovirus*）。名称来源 "*Chryso*" 在希腊语中意思是 "黄金"，是指此类青霉菌中的代表种可以产生金黄色的色素。

（二）产黄青霉病毒分类

根据 ICTV 第十次报告，已知的真菌病毒被划分为 7 个线性 dsRNA 病毒科（*Chrysoviridae*、*Endornaviridae*、*Megabirnaviridae*、*Quadriviridae*、*Partitiviridae*、*Reoviridae*、*Totiviridae*）1 个线性 dsRNA 病毒属 *Botybirnavirus*，6 个正股线性 RNA 病毒科（*Alphaflexiviridae*、*Barnaviridae*、*Deltaflexiviridae*、*Gammaflexiviridae*、*Hypoviridae* 和 *Narnaviridae*），1 个负股单股 RNA 病毒科（*Mymonaviridae*），2 个逆转录单股病毒科（*Metaviridae* 和 *Pseudoviridae*），1 个单股 DNA 病毒（*Genomoviridae*）。在真菌中现在还没有双股 DNA 病毒的报道。

产黄青霉病毒科（*Chrysoviridae*）属于小型无包膜等轴病毒，直径约 40 nm，基因组为多片段 dsRNA。该科的病毒可感染子囊菌或担子菌真菌、植物，也可能感染昆虫。2018 年，产黄青霉病毒属（*Chrysovirus*）更名为 *Alphachrysovirus*，并创建了第二个属，即 *Betachrysovirus* 属，*Alphachrysovirus* 和 *Betachrysovirus* 2 属分别包括 20 种和 11 种。

（三）基因组特征

通常情况下，产黄青霉病毒有 4 个基因组片段，但有些有 3 个（统称为 trichrysoviruses）、5 个（cinquechrysoviruses）或 7 个（settechrysoviruses）片段。这些 dsRNA 片段分别封装在独立的颗粒中，共包含 8.9～16.0 kb 的基因组 dsRNA。

以蛹青霉病毒（PcV）和 *Botryosphaeria dothidea chrysovirus 1*（BdCV1）的基因组结构为例（图 6-4）。这两个病毒的基因组均由 4 个 dsRNA 片段组成。dsRNA 1 中的浅色方框代表 RdRP_4 基序（PF02123）；dsRNA 1 中的深色方框代表一个独立的 P 环 NTPase 结构域。每条 dsRNA 片段大小为 2.4～3.6 kb，各有 1 个 ORF，片段间的 5′端和 3′端具有高度保守的核苷酸序列。通常 dsRNA1 编码 RdRP，dsRNA2 编码衣壳蛋白。病毒粒子呈球形，外壳由 60 个蛋白质亚基单体按 $T=1$ 晶格排列；病毒颗粒直径为 35～40 nm，无包膜。每条 dsRNA 单独包装于病毒颗粒中。

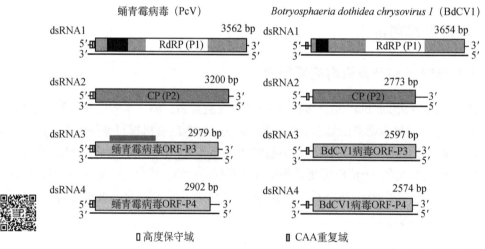

图 6-4　蛹青霉病毒（PcV）和 *Botryosphaeria dothidea chrysovirus 1*（BdCV1）的基因组结构
（引自 https://ictv.global/report/chapter/chrysoviridae/chrysoviridae）

（四）病毒粒子的结构与功能

本病毒科代表性结构粒子是等轴、无包膜。例如，产黄青霉菌病毒（*Penicillium chrysogenum virus*，PcV）的衣壳由 60 个 109 kDa 的多肽（982 aa）组成，排列成 $T=1$ 的二十面体晶格（图 6-5）。最突出的特征是 12 个向外突出的五聚体。

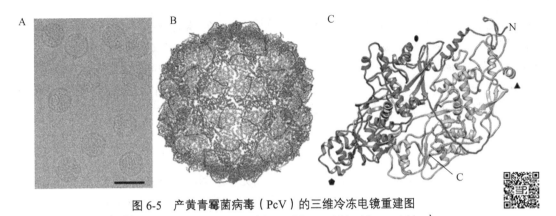

图 6-5　产黄青霉菌病毒（PcV）的三维冷冻电镜重建图

（引自 https://ictv.global/report/chapter/chrysoviridae/chrysoviridae）

A. PcV 的冷冻电镜；B. 沿两倍轴观察的 PcV 外壳原子模型；C. PcV 荚膜蛋白质的原子模型（俯视图）

（五）代表性产黄青霉病毒科举例

产黄青霉病毒科中的成员众多，可以感染多种真菌，如青霉菌、烟曲霉、稻谷镰刀菌、酿酒酵母和稻瘟病菌等。以稻瘟病菌的病毒为例进行说明。

1. 感染稻瘟病菌的产黄青霉病毒

稻瘟病菌（*Magnaporthe oryzae*）可引起稻瘟病（rice blast），其是栽培水稻中最具毁灭性的病害。稻瘟病菌是一种半活体营养型真菌，是一类重要的真核微生物植物病原菌。MoCV1-A 属于产黄青霉病毒科（*Chrysoviridae*），病毒粒子直径约为 35 nm，属于 dsRNA 病毒。该病毒侵染稻瘟菌时，会导致菌丝生长形态异常、细胞形态异常、黑色素减少等。因此，MoCV1-A 作为一种潜在的生防菌资源，可用于防治稻瘟病。还有一些其他的病毒可以感染稻瘟病菌，包括产黄青霉病毒科、单分体病毒科、双分体病毒科和葡萄孢欧尔密病毒科等，也可以作为生态防控候选毒株。

2. 梨环腐病病原菌葡萄座腔菌感染的产黄青霉病毒

梨环腐病由葡萄座腔菌（*Botryosphaeria dothidea*）引起，可以引起梨等作物果实腐烂和茎溃疡病，此病在中国有广泛的分布，造成巨大的经济损失。Wang 等在发病作物中中鉴定出 7 条 dsRNA（dsRNA 大小分别为 3654 bp、2773 bp、2597 bp、2574 bp、1823 bp、1623 bp 和 511 bp）。进一步的研究发现，这些 dsRNA 属于两种真菌病毒。其中 4 条大的 dsRNA 属于产黄青霉病毒（*Botryosphaeria dothidea chrysovirus 1*，BdCV1）。另外两条 dsRNA（dsRNA 5 和 6）属于新命名的双核病毒 1（*Botryosphaeria dothidea partitivirus 1*，BdPV1）。这是首次报道感染葡萄座腔菌的产黄青霉病毒和双核病毒。

数字资源
6-5

产黄青霉病毒

（张　炜）

四、大双分 RNA 病毒

大双分 RNA 病毒科（*Megabirnaviridae*）是一种非包膜球形病毒科，其 dsRNA 基因组含 2 个线性片段，每个片段为 7.2～8.9 kb，总长度为 16.1 kb。目前，这个病毒科中只有 1 属，称为大双分 RNA 病毒属（*Megabirnavirus*），其代表种为白纹羽病菌大双分 RNA 病毒 1（*Rosellinia necatrix megabirnavirus 1*，RnMBV1）-W779，感染白纹羽病菌（*Rosellinia necatrix*）并赋予了低的毒力。大双分 RNA 病毒的特点是其含双片段基因组，在 5′近端编码链的上游有较长的未翻译区域（超过 1.6 kb），病毒粒子表面有大的突起。

（一）病毒粒子形态

RnMBV 1-W779 的基因组被直径为 52 nm 的无包膜球状病毒粒子包裹。衣壳由 60 个不对称同型二聚体（*T*=1 晶体）衣壳蛋白组成，推测在病毒粒子的表面有 120 个突起，每个突起的宽度约为 4.5 nm，高度约为 5.0 nm（图 6-6 B）。纯化的病毒粒子包括 CP-RdRP 融合蛋白，该蛋白质是从 dsRNA1 的双链转录本中翻译来的。

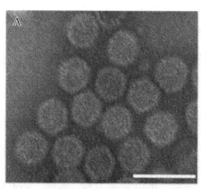
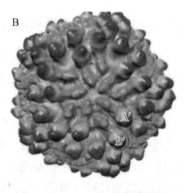

图 6-6　大双分 RNA 病毒的病毒粒子（RnMBV 1-W779）

A. 透射电镜照片。比例尺：100 nm。B. 三维冷冻电镜重建病毒粒子的表面，分辨率为 15.7 Å。比例尺：20 nm

（二）基因组结构与复制

RnMBV 1-W779 的基因组由两个线性 dsRNA 片段组成，每个片段包含 2 个 ORF。dsRNA1 上的 ORF1 和 ORF2 分别编码一个主要结构蛋白（CP, P1）和一个 RdRP（P2）。dsRNA2 上不重叠的 ORF3 和 ORF4 编码功能未知的假设蛋白（分别为 P3 和 P4）。ORF1 在其 3′端有一个假定的移码序列（5′-AAAAAAC-3′），随后是一个潜在的茎环结构。根据这些 −1 核糖体移码特征的存在，CP-RdRP 融合蛋白从 dsRNA1 的双链转录本翻译并封装在病毒颗粒中。P3 在宿主细胞中积累，并被蛋白酶水解成几个更小的蛋白质，ORF4 的表达尚未得到证实。

dsRNA1 和 dsRNA2 的 5′端 ORF 都有较大（>1.6 kb）的非翻译区，其中包含多个迷你的 ORF，可能指导内部核糖体进入位点介导的翻译，就像其他真菌病毒一样。两个片段的编码链的 3′-UTR 相对较短（<0.4 kb）。5′端和 3′端的序列在 dsRNA1 和 dsRNA2 之间是保守的。

将 RnMBV 1-W779 的病毒粒子转染到真菌细胞中会触发病毒基因组的重排，即

dsRNA2 的丢失和产生一个被命名为 dsRNAS1 的新片段。缺失的 dsRNA2 具有复制和包装能力，但积累的病毒数量低于野生型。这些观察结果表明，在实验室条件下，dsRNA1 对 RnMBV 1-W779 的复制是足够的。

（三）生物学特性

大双分 RNA 病毒持续感染丝状真菌。RnMBV 1-W779 的生物学特性已经得到较好的研究。RnMBV 1-W779 通过菌丝融合在菌丝相容的真菌宿主之间水平传播，关于在自然界中其从细胞外如何进入及垂直传播的了解很少。纯化的病毒粒子可以转染进入白纹羽病菌和板栗疫病菌的原生质体中。在板栗疫病菌中通过无性孢子萌发进行垂直传播的发生率小于 1%。

RnMBV 1-W779 能抑制白纹羽病菌和板栗疫病菌的生长并降低毒力。因此，RnMBV 1-W779 被认为是一种潜在的生物防治制剂。目前，RnMBV 1-W779 导致宿主菌毒力降低的分子机制尚不清楚。与野生型的 RnMBV 1-W779 相比，RnMBV 1-W779 突变体（dsRNA2 的丢失和产生一个被命名为 dsRNAS1 的新片段）在被感染的白纹羽病菌的菌丝中积累较少，对白纹羽病菌的低毒力也较弱。因此，推测 RnMBV 1-W779 的 dsRNA2 参与了其低毒力和高效复制。RnMBV 1-W779 感染板栗疫病菌后也能发生基因组重排。

数字资源
6-6

代表性真核微生物病毒

（四）与其他真菌病毒类群的进化关系

基于大双分 RNA 病毒科、相关的病毒、未分类病毒、产黄青霉病毒、单组分 RNA 病毒和 *Botybirnaviruses* 的 RdRP 氨基酸序列进行系统发育分析。系统进化树显示，大双分 RNA 病毒科成员单独成为一簇，与产黄青霉病毒科成员亲缘关系较近。

（张婷婷）

五、类双生病毒

类双生病毒科（*Genomoviridae*）是 ICTV 于 2015 年公布的一个新科。当时该科只有 1 属，即真菌类双生环状 DNA 病毒属（*Gemycircularvirus*, gemini-like myco-infecting circular virus），代表种为核盘菌类双生环状 DNA 病毒 1（*Sclerotinia gemycircularvirus 1*），即核盘菌衰退相关 DNA 病毒 1（*Sclerotinia sclerotiorum hypovirulence-associated DNA virus 1*，SsHADV-1）。在基于复制酶（replicase，Rep）的分类系统中，类双生病毒科与植物病毒的双生病毒科具有亲缘关系。至今，类双生病毒科下已经有 10 属 237 种。除 *Gemycircularvirus* 外，新增 9 属，分别为 *Gemyduguivirus*、*Gemygorvirus*、*Gemykibivirus*、*Gemykolovirus*、*Gemykrogvirus*、*Gemykroznavirus*、*Gemytondvirus*、*Gemytripvirus* 和 *Gemyvongvirus*。

类双生病毒科的病毒均为缺少运动蛋白的小环状 ssDNA 病毒，主要感染真菌。基因组较小（通常 2.2～2.4 kb）。许多病毒的基因组仅编码 2 种蛋白质，一种用作基因组复制起始蛋白，另一种是衣壳蛋白。基因组通常以滚环机制复制，由病毒编码的 HUH 核酸内切酶超家族的 Rep 蛋白启动，其特征是标志性的 HUH（或 HUQ）基序，其中 2 个组氨酸（或组氨酸和谷氨酰胺）残基被较大的疏水残基隔开。

该科的病毒通常存在于从不同环境中分离到的多种样本的基因组中。例如，在罹病的人体和动物的体液、血液、粪便、昆虫（豆娘）体内、近地面空气和河床污泥等环境中均发现类似 SsHADV-1 基因组的 DNA 序列，提示 SsHADV-1 及其类似的病毒是一类广泛分布的单链环状 DNA 病毒。其中 SsHADV-1 是类双生病毒科中首次分离到的可培养病毒；大多数类双生病毒科的病毒属于不可培养病毒，常位于真菌的基因组中，依靠宏基因组测序技术才能被发现。

（一）形态与大小

一般来讲，类双生病毒科的病毒粒子为双联体结构（图 6-7），无包膜。SsHADV-1 的病毒粒子为球形，由两个不完整的二十面体组成，直径约 22 nm。

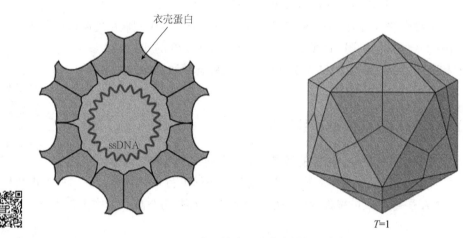

图 6-7　典型的类双生病毒结构示意图

（二）基因组特征

类双生病毒科的病毒大多为缺少运动蛋白的小环状 ssDNA 病毒，基因组较小，通常长度为 2.2～2.4 kb。SsHADV-1 基因组为单链环状 DNA，全长 2166 nt，含 2 个 ORF，分别编码复制相关蛋白和衣壳蛋白，两个基因间的大间隔区内含有一个茎环结构，其顶端存在一段保守的与滚环复制相关的 9 核苷酸基序（TAATATTAT）。SsHADV-1 的复制酶与植物双生病毒的复制酶具有显著同源性，含有双生病毒所具有的复制酶的催化功能域和中心结构域。

双生三环病毒属（*Gemytripvirus*）的禾谷镰孢菌类双生三环 DNA 病毒（*Fusarium graminearum gemytripvirus 1*，FgGMTV1）的基因组包含 3 个环状 ssDNA 分子，分别为 DNA-A、DNA-B 和 DNA-C，大小都在 1.3 kb 左右。其中 DNA-A 和 DNA-B 能够显著抑制禾谷镰孢菌的生长，并引起低毒力；DNA-C 不仅能够恢复由 DNA-A 和 DNA-B 引起的异常表型，而且能够使病毒通过分生孢子进行垂直传播。

（三）与宿主相互作用

类双生病毒科的病毒的宿主以真菌为主。其中 SsHADV-1 的宿主范围小，主要是核盘菌属真菌，不能寄生于核盘菌同属的灰葡萄孢菌；SsHADV-1 可以感染厉眼蕈蚊，并通过厉眼蕈蚊实现病毒的传播。SsHADV-1 的病毒粒子可以直接侵染核盘菌的菌丝。SsHADV-1 感染宿主后，可降低核盘菌的致病性。因此，在植物上喷施感染 SsHADV-1 的核盘菌可以防治菌核病。

（四）SsHADV-1 的应用

在生产实践中，核盘菌是宿主范围较广的植物病原真菌，如油菜、大豆、向日葵等。核盘菌在侵染初期可分泌小分子蛋白质、草酸、细胞壁降解酶类杀死宿主细胞、抑制宿主的抗性，并从死亡的细胞中吸取营养，属于典型的死体营养型真菌。SsHADV-1 能将核盘菌转变为可以与油菜互利共生的内生真菌。因此，受 SsHADV-1 侵染的核盘菌具有开发"植物疫苗"的潜力，从而促进油菜生长，并且增强油菜抗病性。

（五）总结与展望

核盘菌 DNA 病毒与普遍危害作物的植物双生病毒具有亲缘关系。核盘菌 DNA 病毒有类似于双生病毒进化中较早祖先的结构特点。因此，在理论研究方面，可以为双生病毒的起源和进化研究提供新的科学证据。

核盘菌可以侵染多种植物，其引起的菌核病严重影响油菜和大豆等多种作物的产量。SsHADV-1 感染后能够降低核盘菌的致病性，进而控制核盘菌病，具有开发为植物疫苗的潜力。另外，SsHADV-1 可以驱使食真菌昆虫作为传播媒介，利于该病毒的传播，从而实现核盘菌病生物防治，最终提高作物的产量。因此，SsHADV-1 是未来极具生物防治潜力的真菌病毒。

（杨延辉）

六、单组分 RNA 病毒

单组分 RNA 病毒科（*Totiviridae*）包括一大类病毒，病毒粒子为球形，直径约 40 nm。该类病毒的基因组为单分段 dsRNA，大小为 4～7 kb，通常包含 2 个重叠的 ORF，分别编码外壳蛋白和 RdRP。单组分 RNA 病毒科病毒的宿主包括原生动物和真菌，但近年来在植物和动物中也发现有隶属于该科的病毒。目前，该科包括 5 属：单组分 RNA 病毒属（*Totivirus*）、贾第鞭毛虫病毒属（*Giardiavirus*）、利什曼原虫病毒属（*Leishmaniavirus*）、毛滴虫病毒属（*Trichomoasvirus*）和维多利亚病毒属（*Victorivirus*）。维多利亚病毒属与利什曼原虫病毒属具有最近的亲缘关系，其次是毛滴虫病毒属，其与单组分 RNA 病毒属的亲缘关系较远，贾第鞭毛虫病毒似乎与其他属的病毒没有显著的亲缘关系。

（一）病毒粒子形态

该病毒科的病毒粒子是等距的，不含脂质、碳水化合物，也没有表面突起，与高等生物 dsRNA 病毒的病毒粒子有部分相似之处（图 6-8）。该病毒科的病毒粒子在氯化铯中的浮力密度为 1.33～1.43 g/cm。其中，在单组分 RNA 病毒属的某些病毒的制备中发现了具有不同沉降系数的其他成分，这些成分由含有卫星或有缺陷的 dsRNA 的粒子组成。

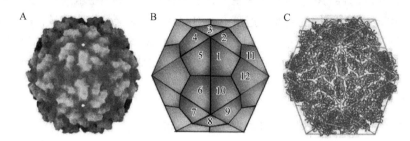

图 6-8　单组分 RNA 病毒的病毒粒子形态

A. 酿酒酵母病毒 L-A（ScV-L-A）病毒粒子的原子分辨率结构的重建。B. *T*=1 衣壳结构示意图。
C. ScV-L-A 粒子沿着一个二十面体的二重轴观察，并追踪到 Cα 的位置。红色的 Gag 分子接触三轴，而不是两轴或五轴；紫色的分子围绕着五重轴，并与二重轴接触。因此，两种具有相同共价结构的 Gag 分子在病毒粒子中处于不同的环境中

（二）基因组结构与复制

单组分 RNA 病毒属：代表种为酿酒酵母病毒 L-A（*Saccharomyces cerevisiae* virus L-A，ScV-L-A），其基因组结构与复制特点如下：ScV-L-A 病毒有 1 个 4.6 kb 的 dsRNA 片段和 2 个 ORF（图 6-9）。5′端的 ORF 是 *gag*，编码主要的衣壳蛋白，可以共价结合去除 mRNA 中的 5′帽结构。3′端的 ORF 为 *pol*，编码 RdRP，并具有 ssRNA 结合活性。Pol 是以 2 个 ORF 的 130 bp 重叠区域通过−1 移码突变形成融合蛋白 Gag-pol 的形式来表达的。−1 核糖体移码是由一个 72 bp 的区域产生的，该区域有一个 7 bp 的滑动位点和一个必要的假结结构。Gag 从细胞 mRNA 到 His154 的 5′帽结构（7meGDP）的共价连接对病毒的表达是必要的，显然是通过诱捕 *Ski*1p 核糖核酸外切酶降解无帽病毒（＋）链，移码的效率是病毒复制的关键。

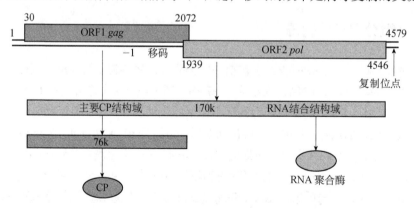

图 6-9　酿酒酵母病毒 L-A（ScV-L-A）的基因组结构

维多利亚病毒属：代表种为维多利亚长蠕孢病毒 190S（*Helminthosporium victoriae* virus 190S，HvV190S），其基因组结构与复制特点如下：HvV190S 的 dsRNA 基因组包含 2 个大的 ORF，其中 5′端 ORF1 编码 CP，3′端 ORF2 编码 RdRP。ORF1 的终止密码子与 ORF2 的起始密码子发生四核苷酸序列（AUGA）的重叠，能产生−1 核糖体移码现象，即终止-再起始机制。

　　贾第鞭毛虫病毒属：代表种为蓝氏贾第鞭毛虫病毒（*Giardia lamblia* virus，GLV），其基因组结构与复制特点如下。该病毒存在于感染的蓝氏贾第鞭毛虫的细胞核中。病毒复制而不抑制蓝氏贾第鞭毛虫滋养体的生长。病毒也能被挤出到培养基中，被挤出的病毒可以感染许多原虫宿主的无病毒分离株，但也有一些原生动物寄生虫分株能抵抗 GLV 的感染，在被感染的细胞中存在病毒 dsRNA 基因组的单链拷贝。

　　利什曼原虫病毒属：代表种为利什曼原虫 RNA 病毒 1-1（*Leishmania* RNA virus 1-1），其基因组结构与复制特点如下：基因组包含 3 个 ORF，ORF3 编码的氨基酸序列具有病毒 RdRP 的特征，ORF2 编码主要的 CP，并与 ORF3 重叠 71 nt，发生−1 核糖体移码现象，融合为 Gag-Pol-like 融合蛋白，大小约为 176 kDa。

（三）生物学特性

　　单组分 RNA 病毒属的代表种为酿酒酵母病毒 L-A，其生物学特性：病毒粒子位于宿主细胞的细胞质内，并通过细胞分裂、孢子形成和细胞融合进行传播。

　　维多利亚病毒属的代表种为维多利亚长蠕孢病毒 190S，其生物学特性：在宿主细胞分裂和孢子形成过程中垂直传播，在细胞与细胞融合过程中通过相容真菌菌株之间的菌丝融合进行水平传播，侵染子囊菌的该属病毒，在子囊孢子形成过程中似乎被大量排除。

　　贾第鞭毛虫病毒属的代表种为蓝氏贾第鞭毛虫病毒，其生物学特性：可感染多种人源鞭毛原虫蓝氏贾第鞭毛虫的分离株。在寄生虫的包囊形式中没有观察到，是否可以通过包囊和滋养体之间的转化进行携带也不得而知。纯化的病毒粒子具有感染性，可感染未感染的蓝氏贾第鞭毛虫。

　　利什曼原虫病毒属的代表种为利什曼原虫 RNA 病毒 1-1，其生物学特性：利什曼原虫 RNA 病毒 1-1 是在感染巴西利什曼原虫株 CUMC1（*Leishmania braziliensis* strain CUMC1）中被发现的，其也可感染其他的巴西利什曼原虫（*L. braziliensis*）和圭亚那利什曼原虫（*L. guyanensis*）。

（四）单组分 RNA 病毒科 5 属之间的进化关系

　　根据单组分 RNA 病毒科 5 属病毒成员的 RdRP 氨基酸序列进行系统发育分析，显示单组分 RNA 病毒属、维多利亚病毒属和利什曼原虫病毒属 3 个已知属分别形成独立的簇。第 4 个被确认的属（贾第鞭毛虫病毒属）具有单一的物种，与未分类的病毒 IMNV 聚集在一起。从这样的分析中也可以清楚地看出，阴道毛滴虫病毒（TVV1、TVV2、TVV3）构成了一个簇。

（张婷婷）

七、双分病毒

　　双分病毒科（*Paritiviridae*）是一种小的、等长的、无包膜的病毒，其双片段 dsRNA 基因组为 3～4.8 kb。这两个基因组片段被病毒粒子单独封装。目前，双分病毒科包括 5 属，分别为 *Alphapartitivirus*（α）、*Betapartitivirus*（β）、*Gammapartitivirus*（γ）、*Deltapartitivirus*（σ）、*Cryspovirus*，而且不同的属感染不同的宿主。其中 *Alphapartitivirus* 和 *Betapartitivirus* 2 属感染植物或者真菌；*Gammapartitivirus* 属感染真菌，*Deltapartitivirus* 属感染植物，*Cryspovirus* 属感染原生动物。部分病毒通过种子（植物）、卵囊（原生动物）或菌丝吻合、细胞分裂和孢子形成（真菌）在细胞内传播。5 个部分病毒属包括 45 种，还有 15 种未归属于一个属。

（一）病毒粒子形态

双分病毒的病毒粒子等长、无包膜，直径为 25～43 nm。衣壳由 120 个单衣壳蛋白（CP）拷贝组成，排列成 60 个 *T*=1 二十面体对称二聚体。在病毒衣壳上经常观察到二聚体表面突起。1 或 2 个 RdRP 分子被包装在每个颗粒内。

（二）基因组结构与复制

双分病毒科的 5 属成员都有 2 个基本的基因组片段——dsRNA1 和 dsRNA2，长度为 1.4～2.4 kb，而且每个基因组片段上有一个大的 ORF。通常，dsRNA1 的 ORF 编码 RdRP，dsRNA2 的 ORF 编码 CP。双分病毒的每个基因组片段被病毒粒子单独封装。另外，一些双分病毒成员有额外的卫星或缺陷的 dsRNA。

双分病毒的病毒粒子位于宿主菌的细胞质，其 RdRP 通过半保留机制，催化每个 dsRNA 从端到端转录产生 mRNA。图 6-10 展示了一株 *Gammapartitivirus* 的典型病毒 *Penicillium stoloniferum* virus S 的复制策略模型。

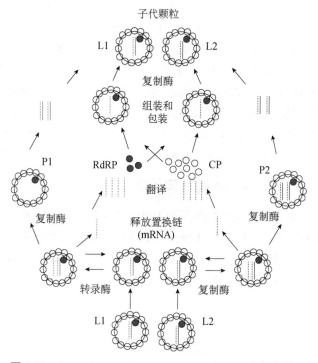

图 6-10　*Penicillium stoloniferum* virus S（PsV-S）复制模型

病毒粒子包含一个或两个 RdRP 拷贝（红色圈）、120 个 CP 拷贝（空白圈）和一条编码 RdRP（L1，红线）或 CP（L2，黑线）的 dsRNA。正链用虚线表示，负链用实线表示。在每个病毒粒子内，RdRP 利用基因组 dsRNA 的负链作为模板介导正链 RNA 的合成。新合成的正链 RNA 作为 dsRNA 的一部分保留在病毒粒子内，而亲本基因组正链（编码 RdRP 或 CP）从颗粒中释放出来，用于细胞核糖体的翻译或包装成新的病毒粒子。RdRP 也被认为是一种复制酶，通过催化组装病毒粒子内正链模板上负链 RNA 的合成，从而重建基因组 dsRNA 片段。该复制模型还指出了一种通过一条 dsRNA 片段含有两个拷贝的 P1、P2 病毒粒子产生 L1 和 L2 病毒粒子的途径

（三）生物学特性

双分病毒通常与其真菌、原生动物和植物宿主的持续感染有关，目前没有已知的自然介体。真菌中的双分病毒通过细胞分裂、菌丝吻合和孢子形成过程，在细胞内传播。在一些子囊菌（如小麦全蚀病菌）中，双分病毒通常在子囊孢子的形成过程中被消灭。在实验条件下，纯化的来源于真菌中的双分病毒的病毒粒子能转染到其他真菌的原生质体中。感染异担孢子属真菌宿主的 α、β 双分病毒，在菌丝不相容宿主菌株之间能通过菌丝接触传播。植物中的双分病毒能通过胚珠和花粉向种子胚传播。原生生物中的双分病毒能通过卵囊进行传播。

从真菌和植物中成功分离到 α 和 β 双分病毒。因此，这些病毒在真菌和植物宿主之间，偶尔能成功传播似乎是可能的。然而到目前为止，γ 病毒属只从真菌宿主中分离出来，而 σ 病毒属只从植物中分离成功。

最近，在感染植物的双分病毒科成员的属名中，停止使用术语 "cryptovirus"（来自希腊语 crypto，"隐藏的，覆盖的或秘密的"），因为许多真菌双分病毒对其宿主没有明显的影响，也可以被认为是 "cryptic" 病毒；因此，"cryptovirus" 不能准确地用于区分植物和真菌双分病毒。此外，一些植物来源的双分病毒基因似乎与宿主有互利共生的效应关系。*Cryptosporidium parvum* virus 1 与其原生动物宿主之间也被认为是互利共生的，但是一些真菌来源的双分病毒会对其宿主产生负面的影响，如减少生长速率或产孢量。

（四）双分病毒科的5属之间的进化关系

基于双分病毒科成员 RdRP 区域的氨基酸序列进行系统发育分析，形成了 5 个不同的簇，分别对应 5 个不同的属。

（张婷婷）

八、裸露病毒

裸露病毒科（*Narnaviridae*）的成员含有所有 RNA 病毒中最简单的基因组，基因组大小通常为 2.3～3.6 kb，只编码一个具有 RdRP 结构域，通常大小为 80～104 kDa。基于亚细胞定位的不同，裸露病毒科分为 2 属：裸露 RNA 病毒属（*Narnavirus*）的成员存在于酿酒酵母和卵菌的细胞质中；线粒体病毒属（*Mitovirus*）的成员仅发现存在于丝状真菌的线粒体中。

（一）病毒粒子形态

目前为止，尚未发现裸露病毒科的成员编码衣壳蛋白，该病毒科成员像其他一些低等真核生物的 RNA 病毒一样，它们的基因组常被包裹于脂质囊泡内。

（二）基因组结构与复制

裸露病毒属：裸露病毒属的代表种为 *Saccharomyces 20S RNA narnavvirus*（ScNV-20S），以其为代表介绍裸露病毒属成员的基因组结构和复制特点。ScNV-20S 有一个编码 p91 的

ORF，互补链中没有编码大于 100 aa 的 ORF。p91 的 ORF 几乎跨越了 ScNV-20S 的整个序列，在 5′端（12 nt）有一个短的未翻译先导序列，在 12 nt 的 3′端有一个 UTR。基于 p91 与肠杆菌噬菌体 RNA 复制酶的相似性，以及在体外 RNA 聚合酶反应中获得的复制中间体，提出了 ScNV-20S 的两种复制模型。一种模型：类似于 ssRNA 肠杆菌噬菌体（如 Qβ）的复制循环。另一种模型：假设 W dsRNA 是 ScNV-20S 的复制形式。目前，现有数据支持第一种模型。最近，建立了 ScNV-20S 的反向遗传系统，由 cDNA 载体产生的病毒可以无限复制。

线粒体病毒属：线粒体病毒属的代表种为 *Cryphonectria mitovirus 1*（CMV-1）。这类病毒仅在线粒体中可翻译，使用线粒体密码子（UGA 编码色氨酸），常编码一个 80～97 kDa 的蛋白质，即 RdRP。

（三）生物学特性

裸露病毒属：裸露病毒属的代表种 ScNV-20S 能侵染超过 90%酿酒酵母的实验室菌株。一些啤酒厂的菌株发现也携带 ScNV-20S。像其他真菌病毒一样，ScNV-20S 没有细胞外阶段。病毒的传播通过酵母间的交配或细胞质融合实现。这类真菌病毒较稳定的存在于宿主菌中，在高温条件下或添加环己亚胺、吖啶橙、盐酸胍等药物都不能轻易地消除 ScNV-20S。

线粒体病毒属：在板栗疫病菌、黑穗病菌、荷兰榆树病菌等病原菌中发现有一种或几种线粒体病毒属成员，其中部分线粒体病毒属成员会降低真菌的毒力（即引起"低毒力"），它们均位于线粒体中。它们可以通过菌丝融合传播给未感染的菌株。通过无性孢子（分生孢子）的传播率是真菌病毒特异性的，为 10%～100%。当被感染时，通过性孢子（子囊孢子）传播的效率为 20%～50%。

（四）与其他真菌病毒类群的进化关系

通过裸露病毒属和线粒体病毒属病毒成员的 RdRP 构建的系统发育树，可发现两个属的病毒成员之间有明显的区别，各形成一小簇，但两者又形成了一个大的分支，即裸露病毒科。特别的是，其与噬菌体的 *Leviviridae* 亲缘关系较近。

（张婷婷）

九、杆状 RNA 病毒

1948 年在双孢蘑菇（*Agaricus bisporus*）上发现了一种顶枯病，该病给真菌病理学带来了重要的影响。其病害症状是蘑菇的菌丝体在堆肥中定植不良，子实体出现长而细的柄和小球状的菌盖，呈鼓槌状外观，或者变厚呈桶状外观。由于受感染的菌丝体不能有效定植于堆肥和套管上，常在生长床上形成裸露斑块，从而降低蘑菇的产量。1960 年，该病害被证实可通过菌丝吻合传播到健康双孢蘑菇培养物上，因此，怀疑它可能是由病毒引起的。同时，还将其命名为 La France 病。随后在 1962 年，科学家从携带该病的双孢蘑菇中观察到三种不同类型的病毒样颗粒，其中两种呈球形（25 nm 和 29 nm），第三种为 19 nm×50 nm 的细长或杆状颗粒，两端圆形。但此后进一步研究发现，另一种具有 dsRNA 基因组的 34～36 nm 的病毒样颗粒（La France infectious virus，LFIV）才是引起双孢蘑菇 La France 病的病原物。

由于当时鉴定出的所有真菌病毒颗粒几乎都是球形或等轴形态，所以上述从双孢蘑菇中发现的杆状病毒颗粒就显得尤为引人注目。这一杆状病毒最初被命名为 *Mushroom virus 3*（MV3），后更名为蘑菇杆状病毒（*Mushroom bacilliform virus*，MBV）。其基因组为（＋）ssRNA。ICTV 将该病毒归类为 *Barnaviridae* 科、*Barnavirus* 属的典型病毒 *Mushroom bacilliform barnavirus*。这一科名 *Barnaviridae* 的意思是杆状 RNA 病毒。至今，MBV 仍然是杆状 RNA 病毒科唯一已鉴定的病毒。

虽然后来在子囊菌 *Microsphaera mougeotti* 中也鉴定出大小为 19 nm × 48 nm 的杆状病毒样颗粒，在双孢蘑菇的病原真菌 *Verticilium fungicola* 中同样观察到大小为 17 nm × 35 nm 的杆状颗粒，但这两种杆状病毒颗粒与 MBV 之间是否存在关联却并没有被证实。此外，虽然这种病毒颗粒结构不常见，但也绝非只存在于杆状 RNA 病毒科。例如，作为侵染植物的病毒，*Ourmiavirus* 属成员也能形成 *T* = 1 对称性的杆状病毒颗粒。

（一）形态与大小

MBV 的病毒颗粒具有杆状或子弹状的形态，无包膜，并且没有明显的表面突起（图 6-11）。病毒颗粒大小通常为 19 nm×50 nm，但宽度为 18～20 nm，长度为 48～53 nm。病毒颗粒的光学衍射图案类似于 *Alfalfa mosaic virus* 的病毒颗粒，其形态亚单位直径约为 10 nm，具有 *T* = 1 的二十面体对称性。

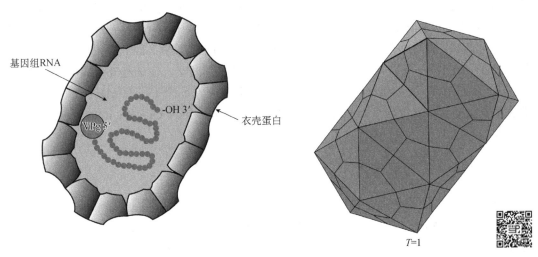

图 6-11　*Barnaviruse* 病毒粒子示意图

（二）结构与功能

MBV 颗粒包含一个 21.9 kDa 的衣壳蛋白，每个壳体大约有 240 个分子。病毒颗粒封装了一条长度为 4.0 kb 的（＋）ssRNA 分子。RNA 约占病毒颗粒总重量的 20%。MBV 颗粒的分子量为 7.1×10^6，其在 Cs_2SO_4 中的浮力密度为 1.32 g/cm³。病毒在 pH 6～8 和离子强度为 0.01～0.1 mol/L 磷酸盐缓冲液下稳定。

（三）基因组特征

完整的病毒基因组 RNA 长度为 4009 nt（GenBank accession No. U07551.1），其 5′端具有一个病毒基因组连接蛋白（VPg），缺乏 poly（A）尾。基因组包含 4 个主要的 ORF 和 3 个次要的 ORF，并且两端分别有一个 60 个核苷酸的 5′-UTR 和一个 250 个核苷酸的 3′-UTR。ORF 1～4 分别编码 20 kDa、73 kDa、47 kDa 和 22 kDa 的多肽。ORF1 编码一个功能未知的蛋白质。ORF2 推导的氨基酸序列包含 3 个保守的与胰蛋白酶相关的丝氨酸蛋白酶基序。BLAST 比对显示 ORF2 编码的氨基酸序列与植物病毒南方菜豆花叶病毒（sobemoviruses）编码的丝氨酸蛋白酶相似。ORF2 可能是一个由 ORF2 编码的病毒蛋白酶自动裁剪的融合蛋白。同时，ORF2 还编码一个 VPg。ORF3 编码典型的+ssRNA 病毒的 RdRP，包含有（＋）ssRNA 病毒 RdRP 中共有的 $GX_3TX_3NX_nGDD$ 氨基酸基序。ORF3 与 ORF2 编码序列存在部分重叠，可能和 ORF2 一起翻译成融合蛋白。ORF4 编码衣壳蛋白。ORF5、ORF6、ORF7 分别编码 8 kDa、6.5 kDa 和 6 kDa 的多肽。由 ORF1、ORF5、ORF6 和 ORF7 编码的多肽与已知的多肽没有显著相似性。MBV 的负链含有 7 个未知意义的小 ORF。这些潜在编码的多肽分子质量为 65～105 kDa。

MBV 的 RNA 除了充当基因组还是病毒的 mRNA。其基因组排列和转录/翻译策略与许多植物病毒非常相似，特别是与病毒 sobemoviruses 相似。MBV 可能也使用类似于病毒 sobemoviruses 的策略来表达其基因产物，包括 ORF2 的渗透性核糖体扫描表达、RdRP 的核糖体移码表达，以及 CP 的亚基因组 RNA 表达。ORF2 中有一个 7 核苷酸的序列（UUUUUUA），该核苷酸序列使 ORF3 可能会以依赖−1 核糖体移码（−1 ribosomal frameshift）的方式与 ORF2 共同编码一个融合蛋白。ORF4 不与 ORF3 重叠，而是以仅包含 ORF4 的亚基因组 RNA 翻译而来。亚基因组 RNA 在体内已经得到证实。在细胞外系统中，基因组全长的 RNA 能指导合成 21 kDa 和 77 kDa 的主要多肽，以及几个 18～60 kDa 的次要多肽。在被感染真菌细胞中发现完整长度的基因组 RNA（4.0 kb）和编码 ORF4（CP）的亚基因组 RNA（0.9 kb）。

（四）与宿主相互作用

MBV 颗粒单独或聚集在细胞质中，但 MBV 的生命周期尚未确定。虽然 MBV 是从栽培双孢蘑菇中鉴定到的，但在野生蘑菇中也曾观察到与 MBV 形态相似的杆状病毒颗粒。该病毒在大多数主要的蘑菇种植国都有报道，其地理分布与双孢蘑菇的商业培育地相吻合。病毒可通过菌丝吻合水平传播，可能也可以通过担孢子垂直传播。MBV 能够自主复制，但在患有 La France 病的蘑菇中常观察到其与 LFIV 形成复合侵染。MBV 和 LFIV 的 RNA 之间没有序列同源性。虽然 MBV 在 LFIV 相关的病理过程中并非必需，但 MBV 是否是 La France 病的次要致病因子还尚待确定。因此，病毒 MBV 到底是宿主双孢蘑菇致病性或良性的病原体还有待进一步研究确定。

（五）总结与展望

　　尽管 MBV 目前仍然是唯一被表征的杆状 RNA 病毒，然而，最近通过高通量测序研究已经发现了另一种与 MBV 相似的真菌病毒。通过对植物病原真菌 *Rhizoctonia solani* 的 RNA 测序结果进行分析，病毒学家发现了一个接近完整的 RNA 病毒序列。这个序列在系统进化上与 MBV 序列密切分组。其病毒序列与 MBV 具有类似的基因组排列方式。此外，它与 MBV 也具有氨基酸序列的相似性，尤其是在病毒编码的 RdRP 中约有 47% 的同源性。这个不完整的病毒序列被命名为 *Rhizoctonia solani* barnavirus 1（RsBarV1；KP900904），但尚未被 ICTV 批准为杆状 RNA 病毒科成员。另外，有研究者利用 BLAST 搜索算法对公共转录组测序组装序列（GenBank，TSA）数据库进行检索，发现了另一个与 BsBarV1 和 MBV 具有高度相似性的近乎完整的病毒序列。该序列存在于南极漆姑草（*Colobanthus quitensis*）的转录组数据中，被命名为 *Colobanthus quitensis* associated barnavirus 1（CqABV1）。如果这一发现得到证实，它将是首例从植物中鉴定出的杆状 RNA 病毒。然而，也有可能该序列来源于与南极漆姑草相关但尚未被鉴定的真菌，而非南极漆姑草本身。为了明确这些新发现的序列是否真正属于杆状 RNA 病毒基因组，需要进一步对这些病毒进行表征，特别是要确定它们是否能形成杆状病毒颗粒。

数字资源 6-7

杆状 RNA 病毒

（林　杨）

小　结

　　真核微生物病毒是一类独特的微生物病原体，它们以真核生物（如真菌、原生生物等）为宿主，展现出独特的生命活动方式和感染机制。这些病毒体积微小，结构简单，通常由核酸（DNA 或 RNA）和蛋白质外壳组成，必须依赖宿主细胞内的代谢系统才能增殖。真核微生物病毒在生物进化、遗传信息传递及生态平衡中可能扮演着重要角色。近年来，随着科学技术的进步，科学家们对真核微生物病毒的研究不断深入，揭示了它们在复杂生命体系中的多样性和重要性。

复习思考题

1. 真核微生物病毒的类群和一般性状？请举例说明。
2. 什么是真菌病毒？真菌病毒的研究意义是什么？
3. 病毒对原虫及其宿主的影响如何？
4. 真菌负链 RNA 病毒基因组有何特征？请举例说明。

主要参考文献

Atayde V D, Da Silva Lira Filho A, Chaparro V, et al.2019. Exploitation of the *Leishmania* exosomal pathway by *Leishmania RNA virus 1*. Nature Microbiology, 4: 714-723.

Chiba S, Castón J R, Ghabrial S A,et al. 2018. ICTV report consortium. ICTV Virus Taxonomy Profile: *Quadriviridae*. Journal of General Virology, 99(11): 1480-1481.

Ghabrial S A, Castón J R, Jiang D, et al. 2015. 50-plus years of fungal viruses. Virology, 479-480:356-368.

Goodin M M, Schlagnhaufer B, Romaine C P. 1992. Encapsidation of the La France disease specific double-stranded RNAs in 36 nm isometric virus-like particles. Phytopathology, 82: 285-290.

Grybchuk D, Macedo D H, Kleschenko Y, et al. 2020. The first non-LRV RNA virus in *Leishmania*. Viruses, 12: 168.

Liu L, Xie J, Cheng J, et al. 2014. Fungal negative-stranded RNA virus that is related to bornaviruses and nyaviruses. Proceedings of the National Academy of Sciences, 111: 12205-12210.

Mata C P, Luque D, Gómez-Blanco J, et al. 2017. Acquisition of functions on the outer capsid surface during evolution of double-stranded RNA fungal viruses. PLOS Pathogens, 13(12): e1006755.

Safferman R S, Morris M E. 1963. Algal virus: isolation. Science, 140(3567): 679-680.

Sato Y, Miyazaki N, Kanematsu S, et al. 2019. ICTV virus taxonomy profile: *Megabirnaviridae*. Journal of General Virology, 100(9): 1269-1270.

Wagemans J, Holtappels D, Vainio E, et al. 2022. Going viral: virus-based biological control agents for plant protection. Annual Review of Phytopathology, 60: 21-42.

Zhang H, Xie J, Fu Y, et al. 2020. A 2-kb mycovirus converts a pathogenic fungus into a beneficial endophyte for brassica protection and yield enhancement. Molecular Plant, 13(10): 1420-1433.

第七章　微生物病毒的应用

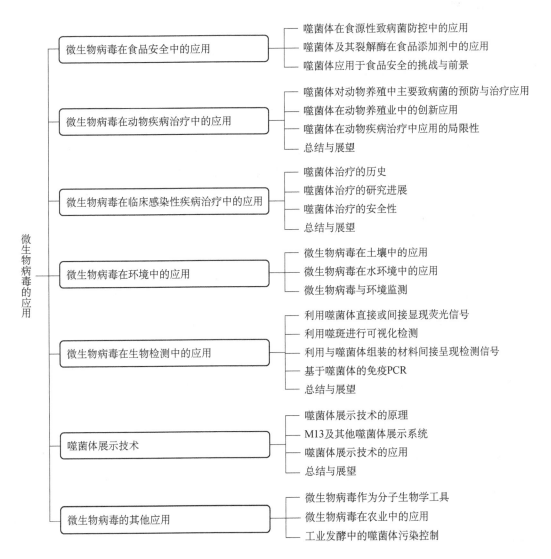

微生物病毒的应用
- 微生物病毒在食品安全中的应用
  - 噬菌体在食源性致病菌防控中的应用
  - 噬菌体及其裂解酶在食品添加剂中的应用
  - 噬菌体应用于食品安全的挑战与前景
- 微生物病毒在动物疾病治疗中的应用
  - 噬菌体对动物养殖中主要致病菌的预防与治疗应用
  - 噬菌体在动物养殖业中的创新应用
  - 噬菌体在动物疾病治疗中应用的局限性
  - 总结与展望
- 微生物病毒在临床感染性疾病治疗中的应用
  - 噬菌体治疗的历史
  - 噬菌体治疗的研究进展
  - 噬菌体治疗的安全性
  - 总结与展望
- 微生物病毒在环境中的应用
  - 微生物病毒在土壤中的应用
  - 微生物病毒在水环境中的应用
  - 微生物病毒与环境监测
- 微生物病毒在生物检测中的应用
  - 利用噬菌体直接或间接显现荧光信号
  - 利用噬斑进行可视化检测
  - 利用与噬菌体组装的材料间接呈现检测信号
  - 基于噬菌体的免疫PCR
  - 总结与展望
- 噬菌体展示技术
  - 噬菌体展示技术的原理
  - M13及其他噬菌体展示系统
  - 噬菌体展示技术的应用
  - 总结与展望
- 微生物病毒的其他应用
  - 微生物病毒作为分子生物学工具
  - 微生物病毒在农业中的应用
  - 工业发酵中的噬菌体污染控制

　　自然界中存在着一种微小却功能强大的生物——微生物病毒，它们是专门攻击并寄生在微生物细胞内的病毒。微生物病毒以噬菌体为代表，其因具有独特的生物学特性和潜在的应用价值，在科研和实际应用领域引起了广泛的关注。本章将深入探讨噬菌体的应用，揭示其在食品安全、动物疾病治疗、临床感染性疾病治疗、环境、生物检测、分子生物学、农业、工业发酵等领域中的潜力和价值。

第一节　微生物病毒在食品安全中的应用

噬菌体在食品安全领域中展现出独特的应用潜力。作为一种能够特异性裂解细菌的生物制剂，噬菌体能在不损害食品有益微生物的同时，有效减少或消除食品中的病原菌，提高食品的安全性。在乳制品、鲜切果蔬以及肉类和鱼类产品的生产中，噬菌体通过抑制或杀灭金黄色葡萄球菌、大肠埃希菌 O157：H7、沙门菌等常见食源性病原菌，显著降低食品污染的风险。尽管噬菌体在实际应用中仍面临一些挑战，如稳定性和公众接受度等问题，但随着生物技术的不断进步和食品安全标准的日益严格，噬菌体作为一种新型生物防治剂，将在未来的食品安全控制中发挥越来越重要的作用，为保障人类健康提供有力的技术支持。

一、噬菌体在食源性致病菌防控中的应用

研究表明，噬菌体可以高效地杀灭食源性致病菌，在食品安全中防控食源性致病菌具有巨大的应用潜力。噬菌体防控食源性致病菌的效果受到多种因素的影响，包括噬菌体的种类、浓度、接触时间以及食品的成分和 pH 等。除直接用于食品外，加工过程中使用噬菌体也可降低病原菌的载量，减少细菌污染，预防食源性疾病的发生。

（一）单核增生李斯特菌

单核增生李斯特菌在自然界中分布广泛，常见于零售的海鲜、软（生奶）奶酪、未经巴氏杀菌的牛奶和肉类食品中，从而给即食食品（ready-to-eat food）带来了极大的安全风险。目前已有两种食品商业用的食品行业噬菌体产品被研发出来，分别为 Intralytix 公司的 ListShield™ 和 Micreos Food Safety 公司的 PhageGuard Listex™。其中，ListShield™有一个更广泛的宿主范围，既能显著减少单核增生李斯特菌污染即食食品，又能去除在普通厨房厨具表面单核增生李斯特菌形成的生物被膜，这些厨具材质包括聚苯乙烯和不锈钢等。

（二）金黄色葡萄球菌

金黄色葡萄球菌是能产生肠毒素的皮肤共生菌，感染有该菌的操作工人在食品生产加工过程中容易通过不当的处理污染食物，摄入被污染的食物会导致呕吐、腹部绞痛和腹泻。大量研究表明，葡萄球菌噬菌体可显著降低不同牛奶中金黄色葡萄球菌的菌量。也有研究表明，将噬菌体与高静水压力（high hydrostatic pressure, HHP）联合处理食品，可以协同降低金黄色葡萄球菌水平至检测限以下。

（三）产气荚膜梭菌

产气荚膜梭菌是一种能形成芽孢的革兰氏阳性厌氧菌，可导致多种疾病，包括气性坏

疽、坏死性肠炎及非食源性的胃肠道感染，其中，约 5% 的产气荚膜梭菌能产生导致人体腹泻和腹部绞痛的产气荚膜梭菌肠毒素（*Clostridium perfringens* enterotoxin，CPE）。产气荚膜梭菌还可引起禽类坏死性肠炎，因其发病突然、死亡率较高，以及小肠黏膜坏死增加死亡率而导致经济损失，已成为家禽养殖业中的一个重要问题。噬菌体及其裂解酶引起了人们的极大关注，可作为抗生素的替代品。有研究者将短尾噬菌体科 CPQ1 应用在牛奶、鸡肉中，发现能显著降低牛奶、鸡肉中的产气荚膜梭菌的细菌载量。

（四）沙门菌

沙门菌感染或寄生于多种食物或动物，可以通过污染各种肉类及生牛奶、水果和蔬菜而引起人的肠胃炎。目前已开发了多种从农场到加工以及食品包装过程中的实际商业用噬菌体制剂。例如，BAFASAL® 可在养殖阶段施用于禽类养殖厂内；SalmoFresh™ 可用于处理红肉、家禽、海鲜、水果和蔬菜等食品。鉴于沙门菌的主要寄居部位是肠道，口服噬菌体被认为是一种值得研究的给药方式。经研究发现，经包装的噬菌体颗粒更有利于噬菌体经过胃时存活。因此，有研究者设计了一种用于向火鸡输送沙门菌噬菌体的微胶囊，与未包封的噬菌体相比，微胶囊在输送噬菌体方面取得了更好的效果。

（五）空肠弯曲杆菌

弯曲杆菌感染是全球细菌性食源性疾病最常见的病原菌，家禽是最重要的来源。在家禽屠宰过程中，富含弯曲杆菌的肠道内容物常造成禽肉制品的污染。2003 年，研究者开启了噬菌体抗弯曲杆菌有效性的研究，经研究发现高滴度噬菌体使得禽肉空肠弯曲杆菌污染降低了 95%。肉鸡口服噬菌体可减少肠道中弯曲杆菌的数量。研究表明，当饮用含有噬菌体的水或食用含有噬菌体的固体饲料时，肉鸡中的弯曲杆菌水平成功降低。其他研究显示，口服噬菌体虽不能完全消除肠中的弯曲杆菌，但其数量显著减少，尤其是 1～3 天效果最明显。

（六）志贺菌

志贺菌是存在于蔬菜、鱼、碎牛肉、土豆沙拉和牡蛎等中的常见细菌。志贺菌噬菌体作为生物杀菌剂的有效性仅在过去 5 年中才被确认。在一项研究中，用针对痢疾志贺菌、宋内志贺菌和福氏志贺菌的混合噬菌体制剂，与未使用的噬菌体对照组相比，这种噬菌体制剂将志贺菌载量控制在检测限以下。随后 Intralytix 开发了一种叫作 ShigaShield™ 的志贺菌噬菌体制剂，已获得 FDA 的一般认为安全（generally recognized as safe，GRAS）地位，允许其作为食品加工助剂使用。包含了 5 种噬菌体的鸡尾酒制剂已经在即食食品中进行了功效测试，包括烟熏鲑鱼、预煮的鸡肉、咸牛肉、预切的甜瓜、酸奶和生菜。在应用噬菌体的所有测试食品中，实验添加的宋氏志贺菌数量至少减少了 90%。ShigaShield™ 能在体外裂解包括多重耐药菌株在内的 97% 的志贺菌分离株。

（七）大肠埃希菌 O157：H7

产志贺毒素大肠埃希菌（Shiga toxin-producing *E. coli*，STEC）是最常被报道的食源性病原菌。虽然肉类和乳制品常受到该病原菌的污染，但它也与水果和蔬菜引起的相关疾病有关。应用大肠埃希菌噬菌体来提高食品安全已有系列研究报道。实验证明，将噬菌体混合物应用于牛皮上，可显著减少牛皮上大肠埃希菌 O157：H7 的数量。此外，噬菌体不仅能减少肉类、牛奶和蔬菜上的大肠埃希菌污染，还可成功根除常被用于食品加工的陶瓷、不锈钢和聚乙烯等材质工具上的细菌。因此，Intralytix 公司开发了 EcoShield™———一种在食品加工中帮助控制红肉上大肠埃希菌数量的噬菌体制剂。

二、噬菌体及其裂解酶在食品添加剂中的应用

噬菌体作为食品添加剂，其安全性和有效性是关注的重点。关键是选择合适的噬菌体，必须确保其对人体和动物无毒无害，并且在食品中的添加不会影响食品的营养成分和口感。目前，一些噬菌体及其裂解酶产品已经被批准作为食品添加剂使用，用于延长食品的保质期和控制食源性致病菌的生长。此外，噬菌体应用于食品生产过程中，可以有效地杀灭食品中的致病菌或腐败菌，防止食品污染和食品安全事故的发生。噬菌体作为食品添加剂不仅提高了食品的安全性，还可保障食品的品质和口感。

（一）噬菌体作为食品添加剂的应用

1. 肉制品 大量研究报道了在肉制品中应用噬菌体来防控病原菌（案例 7-1），足以证明噬菌体在肉制品中控制病原菌数量的有效性，但全面理解噬菌体与宿主菌之间的相互作用是必要的。

> **案例 7-1**
>
> 美国 Intralytix 公司研发的噬菌体混合物 EcoShieldPX™制剂在肉块、牛肉馅、鸡肉、熟鸡肉、三文鱼、奶酪、甜瓜和芥蓝 8 种不同食品中能有效降低细菌含量降低 3 个数量级，并且给予噬菌体的浓度保持在 5×10^6 PFU/g 和 1×10^7 PFU/g 时，97％食品的大肠埃希菌 O157：H7 的数量显著减少。研究人员利用噬菌体混合物对抗牛肉、无菌牛奶和肉汤中的两种产志贺毒素大肠埃希菌菌株和临床重要的肠致病性菌株（entero-pathogenic strain），结果显示噬菌体虽在 4℃条件下效果较差，但在 24℃和 37℃条件下可有效发挥作用。

2. 果蔬制品 噬菌体可作为水果和蔬菜的食品添加剂，降低食物中污染病原菌的数量。研究显示，噬菌体 LSE7621 能控制莴苣上的沙门菌，在感染复数（MOI）为 100 和 1 的情况下，沙门菌在 6 h 和 4 h 后分别减少了 0.86 和 1.02 个对数值（CFU/mL）。一项在豆腐中应用噬菌体防控细菌的研究表明，当 MOI 分别为 100 和 1 时，沙门菌数量在应用 4 h 后分别减少了 3.55 个对数值和 1.86 个对数值。

3. 食品保藏 食品保藏是食品工业中的重要环节，旨在延长食品的保质期，防止食品腐败和变质。噬菌体在食品保藏中的应用主要体现在两个方面：一是通过噬菌体处理，减

少食品中的细菌数量,从而延长食品的保质期;二是利用噬菌体作为生物防腐剂,替代传统的化学防腐剂,提高食品的安全性。在食品生产过程中,噬菌体可以通过喷洒、浸泡或注射等方式被应用于食品表面或食品内部。噬菌体能够识别并感染食品中的腐败菌或致病菌,从而阻止这些细菌的生长和繁殖。这种方法不仅可以减少食品中的细菌数量,延长食品的保质期,还可以避免传统化学防腐剂带来的安全隐患。一是通过噬菌体检测食品中的致病菌或腐败菌,确保食品的安全性;二是利用噬菌体预防食品中的细菌感染,保障食品的品质和口感。目前,市面上已有被批准在食品工业使用的噬菌体配方制剂,包括可用于控制单核增生李斯特菌和肠道沙门菌的 ListShield™ 和 SalmoFresh™ 等。与传统的化学防腐剂相比,噬菌体在食品防腐和控制致病菌方面具有良好的效果,其具有安全性高、无残留、环境友好等优点。同时,噬菌体的应用还能够保持食品的营养成分和口感,提高食品的品质。此外,噬菌体应用方式简单,可以通过喷洒、浸泡等方式被应用于原料处理、加工、包装和储存等食品生产过程中,可减少食品中致病菌的数量,提高食品安全性。

(二)噬菌体裂解酶在食品安全领域的应用

裂解酶是噬菌体编码的胞外多糖水解酶,在繁殖周期结束时分解细菌胞外多糖,破坏细菌结构,以释放病毒后代。经纯化的裂解酶对革兰氏阳性菌具有强大的水解活性。此外,裂解酶比传统的抗生素具有显著优势,如窄宿主特异性、高敏感性及产生耐药性细菌的概率低。重组金黄色葡萄球菌噬菌体裂解酶是研究得最透彻的裂解酶之一。该裂解酶在牛奶中能够单独或与乳酸链球菌素(nisin)或香芹酚(carvacrol)协同减少金黄色葡萄球菌。嵌合的金黄色葡萄球菌裂解酶甚至表现出更强的抗菌活性。金黄色葡萄球菌裂解酶在兽医方面具有应用潜能。在由金黄色葡萄球菌引起的牛乳腺炎病例中,裂解酶 trx-SA1 的乳腺灌注可以减少细菌数量并使牛奶恢复到正常外观。噬菌体裂解酶在单核增生李斯特菌的防控方面也潜力巨大。裂解酶 PlyP100 在奶酪中表现出高达 4 周的稳定性,并且与 nisin 结合时表现出协同抗单核增生李斯特菌的效果。

噬菌体裂解酶还可用于食品中病原菌检测。裂解酶的结构域(CBD)需要直接与肽聚糖接触,因此,CBD 相关蛋白的应用仅限于革兰氏阳性菌。研究表明,用荧光标记 CBD 可快速实时识别食品中的细菌。该方法已在李斯特菌及奶酪样品中的梭状芽孢杆菌芽孢被成功研究。由 BioMérieux 开发成 VIDAS®UP 试剂盒的形式,用于检测食品中的沙门菌、李斯特菌和大肠埃希菌 O157。使用特定噬菌体蛋白质相对于全噬菌体的优点在于它们的尺寸小和在传感器平台上的密度高,以及在识别后避免噬菌体感染和细菌裂解。这项技术已被应用于牛奶样品中的李斯特菌检测,并已开发出类似的灵敏度高的沙门菌生物传感器。

三、噬菌体应用于食品安全的挑战与前景

尽管噬菌体在食品领域的应用具有广阔的前景,但目前仍存在一些挑战和限制。首先,噬菌体的特异性使其只能针对特定的细菌进行杀菌处理,需要对不同种类的细菌进行噬菌体筛选和鉴定。其次,噬菌体的生产和纯化过程相对复杂,成本较高,限制了其在食品工业中的广泛应用。此外,消费者对噬菌体作为食品添加剂的可接受程度也是影响其应用的一个

重要因素。然而，随着科技的不断进步和噬菌体研究的深入，这些挑战和限制有望得到解决。未来，噬菌体在食品领域的应用将更加广泛和深入。一方面，通过基因工程技术对噬菌体进行改造和优化，可以提高其杀菌效果和降低成本；另一方面，随着消费者对食品安全和健康的日益关注，噬菌体作为一种天然、安全的抗菌剂将受到更多消费者的青睐。此外，噬菌体相关的一些衍生制剂也被进行了探索，并尝试用于食源性病原菌的防控，尤其是噬菌体编码的裂解酶类。

（一）噬菌体的筛选与鉴定

噬菌体具有高度的特异性，这意味着针对不同种类的细菌污染，需要筛选和鉴定出对应的噬菌体。这一过程需要耗费大量的时间和资源，限制了噬菌体在食品加工中的广泛应用。因此，研究和发展高效、便捷的噬菌体筛选和鉴定方法，并且对噬菌体进行安全性评估，是噬菌体应用的重要挑战之一。

（二）噬菌体的稳定性与活性

噬菌体在食品加工和存储过程中的稳定性与活性，对其应用效果至关重要。然而，噬菌体在不同环境条件下的稳定性和活性会受影响，导致其杀菌效果下降。因此，研究噬菌体的稳定性和活性保持机制，以及提高噬菌体在不同环境下的稳定性，是噬菌体在食品领域应用的关键问题之一。

（三）法规与安全性评估

噬菌体作为一种生物制剂，在食品加工中的应用需要遵守相关法规和安全性评估标准。目前，关于噬菌体在食品加工中的法规和标准尚不完善，需要进一步地研究和制定。同时，对噬菌体的安全性进行全面评估，确保其在实际应用中不会对人类健康造成潜在风险，也是噬菌体应用的重要环节。

（四）消费者接受度

消费者对噬菌体及其在食品领域的应用可能存在认知误区和担忧。需要通过科普教育和宣传，提高消费者对噬菌体应用的认知和理解。噬菌体食品的市场接受度受到消费者观念、价格等因素的影响。近年来，消费者越来越不愿意购买使用化学消毒剂和抗生素处理过的食品，或者"转基因"食品，同时，对有机食品和当地生产的产品的需求却在不断增长。这一趋势对噬菌体防控食源性病原菌非常有利，它为改善食品安全提供了一种非化学、绿色、有针对性的抗菌方法。然而，公众可能不愿意购买使用不熟悉的技术处理过的食品，而"在食物上喷洒病毒"等表述可能会引起消费者的不适。此外，食品生产商通常不易做出改变，特别是如果公众可能会做出负面反应的改变。因此，要让噬菌体在防控食源性病原菌等方面得到更广泛的应用，关键在于向公众和食品加工者科普，解释什么是噬菌体，以及它们的安全性、有效性及普遍存在性。

尽管面临这些挑战，噬菌体在食品加工中的应用前景仍然充满希望。随着噬菌体研究的不断深入和技术的不断发展，相信噬菌体将在食品安全和加工过程中发挥越来越重要的作用。同时，随着消费者对食品安全和健康的关注度不断提高，噬菌体作为一种天然、环保的抗菌剂，将逐渐受到更多消费者的认可和青睐。噬菌体在食品领域的技术创新和应用拓展将不断推动其发展。随着食品安全法规的不断完善，噬菌体应用将得到更多政策的支持。国际的合作与交流将推动噬菌体在食品领域的全球应用。

　　总之，噬菌体作为一种独特的生物资源，在食品领域具有广泛的应用前景。通过深入研究噬菌体的基本特性及其在食品保藏、食品安全和食品加工中的应用，可为食品工业的发展提供新的思路和方法。例如，开发噬菌体衍生制剂，包括噬菌体裂解酶。同时，也需要关注噬菌体应用过程中的挑战和限制，积极寻求解决方案，推动噬菌体在食品领域的广泛应用和发展。

数字资源
7-1

噬菌体在食品
安全中的应用

（崔泽林）

第二节　微生物病毒在动物疾病治疗中的应用

　　抗生素在预防和治疗动物疾病中扮演了至关重要的角色。然而，随着养殖业开始广泛使用抗生素来预防和治疗动物的细菌性疾病，细菌的耐药性随之产生。2010 年，全球动物用抗生素总量约为 63 151 t，如果不加以限制，预计到 2030 年抗生素使用量将增加 67%。世界卫生组织对抗生素耐药性的急剧蔓延深表忧虑，并强烈敦促各国迅速响应，采取行动。中国作为畜禽养殖大国，于 2020 年 7 月明令禁止将抗生素作为饲料添加剂使用。为进一步控制细菌耐药性的发展，中华人民共和国农业农村部随后制定了《全国兽用抗菌药使用减量化行动方案（2021—2025 年）》表明国家对此问题的重视和决心。此外，党的二十大报告明确指出：“创新医防协同、医防融合机制，健全公共卫生体系，提高重大疫情早发现能力，加强重大疫情防控救治体系和应急能力建设，有效遏制重大传染性疾病传播。”在此背景下，寻找一种环保、安全、无污染的抗生素替代品成为当务之急。噬菌体疗法凭借其独特的抗菌优势受到关注，成为畜牧和水产养殖领域的研究热点。特别是那些常见的、致病性强、发病率和死亡率高、经济损失巨大的病原菌（如沙门菌、大肠埃希菌和弧菌等）成为噬菌体疗法研究的主要靶标。除了直接用于治疗，研究者还发现噬菌体具有多种创新应用潜力。例如，清除细菌生物膜，与抗生素、消毒剂等联合使用以增强杀菌效果，以及作为饲料添加剂来预防动物疾病和提高动物免疫力等。

　　本节将从畜禽及水产养殖所面临的挑战出发，探讨噬菌体在动物生产中作为抗生素替代品的可行性。同时，深入分析噬菌体在成为新型抗菌剂之前所面临的关键性挑战，并积极寻求解决方案，期望噬菌体在未来能够得到更广泛的应用，为动物健康和养殖业的发展保驾护航。

一、噬菌体对动物养殖业中主要致病菌的预防与治疗应用

　　在集约化养殖的背景下，病原菌作为抗生素耐药性基因的供体、载体或受体的概率增

加，越来越多的病原菌对抗生素产生耐药性，增加了动物患病的治疗成本。病原菌的感染是影响畜禽繁殖能力的主要因素之一。减少畜禽养殖中的细菌感染，有助于提升动物生产性能、减少药物使用、降低养殖成本，以及保障产品质量和安全等。因此，对于新型抗菌剂——噬菌体的研究与应用，不仅可以减少动物对抗生素的依赖，还有助于控制细菌耐药性的传播，保障动物和人类健康。

（一）噬菌体在畜禽养殖重要病原体控制中的应用

1. 大肠埃希菌 在正常情况下，大肠埃希菌与动物体之间维持着一种互利共生的关系。以鸡为例，其肠道中每克粪便大约含有 10^6 个大肠埃希菌。然而，当动物的免疫力下降时，大肠埃希菌可能引发一系列健康问题，如持续性腹泻、脱水及中毒等症状。近年来，大量的研究成果不断涌现，这些成果有力地证明了噬菌体作为治疗大肠埃希菌感染的潜在抗生素替代物具有重要的应用价值（案例 7-2）。

案例 7-2

　　早在 1982 年，Smith 等就创新性地组合了 B44/1 与 B44/2 两种噬菌体，制备出一种噬菌体鸡尾酒，可有效保护犊牛和仔猪免受 O9:K30/K99 肠道致病性大肠埃希菌的侵害。1998 年，美国 Intralytix 公司已经针对黏附侵袭性大肠埃希菌和志贺菌，研制出噬菌体鸡尾酒，获得美国专利商标局的专利。使用噬菌体 phPE42 治疗致病性 XDR 大肠埃希菌引发的严重食源性感染时发现，phPE42 可有效降低动物粪便中的细菌数量。口服微囊化噬菌体 A221 对断奶仔猪大肠埃希菌 GXXW-1103 感染的治疗效果表明，噬菌体可使仔猪日体重显著增加，降低组织细菌负荷，减少肠组织病变，达到与抗生素氟苯尼考相同的治疗效果。

2. 沙门菌 沙门菌是人畜共患病原体的前三位之一，其危害仅次于弯曲杆菌。大量的雏鸡、肉鸡及无特定病原体动物（SPF）鸡的噬菌体治疗实验结果表明，不管是预防性使用还是治疗性使用噬菌体，噬菌体都能显著减少心脏、肝脏、脾脏、法氏囊、肠道、粪便等中的沙门菌的定植数量，提高动物的存活率；尽管被沙门菌感染破坏的肠道菌群无法恢复到正常的微生物组，但噬菌体却能在一定程度上调节被破坏肠道菌群的结构组成与丰度。噬菌体的使用不仅能大幅减少家禽饲养环境中的沙门菌，还能有效阻断其垂直传播路径（涵盖卵巢、输卵管、蛋壳及全蛋液）。此外，垫料被视为沙门菌传播和存活的关键媒介，其含菌量与动物患疾病的概率紧密相关。研究表明，当噬菌体多次处理被沙门菌污染的垫料后，垫料中的细菌数量可降低 99.9% 以上，且噬菌体在家禽垫料中的存活时间可超过 35 天。

3. 肠球菌 肠球菌是一种条件致病菌，广泛存在于人和动物的肠道、土壤、水源等环境中，可引起尿路感染、心内膜炎、败血症等。对患腹膜炎的小鼠进行单次腹腔注射噬菌体鸡尾酒，可显著降低由耐万古霉素肠球菌感染引起的死亡率，显著改善临床状态，并且对微生物菌群无不良影响。此外，使用噬菌体可以快速减少堆肥中的耐万古霉素肠球菌数量。

目前，肠球菌中噬菌体的应用案例比较有限，较多的研究着眼于噬菌体裂解酶的研究和应用。裂解酶的作用靶点是细胞壁中的肽聚糖，可以直接在细菌外面杀死细菌。当给小鼠腹腔注射粪肠球菌噬菌体 IME-EF1 或其裂解酶时，可以减少血液中细菌的数量，并且提高小鼠的存活率；当使用裂解酶 30 min 后，可以保护 80% 的小鼠存活。目前裂解酶的研究主要局限在体外活性的验证阶段，体内应用实验较少。

4. 金黄色葡萄球菌　　金黄色葡萄球菌是对公共健康和畜牧养殖业造成严重危害的主要食源性致病菌之一。在奶牛养殖业中，金黄色葡萄球菌不仅会诱发奶牛乳腺炎，还会污染牛奶样品及环境等，且极易导致交叉污染。Gill 等将噬菌体 K 注射到患乳腺炎的奶牛乳房中，连续 5 天给药后，发现与对照组相比，噬菌体的治愈率为 16.7%，同时噬菌体可以在牛乳中存活长达 36 h。在小鼠的乳房炎模型中，小鼠感染 1 h 后，采用 10 μL 低剂量裂解酶 LysGH15 治疗，可以显著降低乳腺内的细菌总量及乳腺组织中的炎性因子；感染后 8 h 使用 50 μL 高剂量裂解酶 LysGH15 治疗，同样能取得上述的治疗效果。研究表明，噬菌体 IME-SA1 的内溶素 Trx-SA1 能有效控制轻度的奶牛乳房炎。在噬菌体 VB-SavM-JYL01 治疗兔坏死性肺炎模型的研究中，单次鼻内给药可以在 48 h 将兔存活率提高至 90%，并显著降低肺部载菌量和减轻肺组织损伤程度，以及减少血液、肺泡灌洗液中的相关细胞因子的含量。

5. 铜绿假单胞菌　　铜绿假单胞菌，又称绿脓杆菌，是一种机会性人畜共患病原菌，能引起各种动物发病，如犬和猫的外耳道炎、牛和绵羊的乳腺炎，以及特种经济动物水貂的出血性肺炎等。在铜绿假单胞菌 PAO1 感染的小鼠烧伤伤口模型中，噬菌体通过三种不同的途径（肌内注射、皮下注射和腹腔注射）用于控制感染，取得了很好的效果。结果同样表明给药途径影响治疗效果，腹腔注射的效果最好，且与给药时间、剂量呈正相关。实验表明，噬菌体滴眼液可能是治疗抗生素耐药细菌相关角膜炎的一种新型辅助或者替代疗法。Laurent 研究证明使用噬菌体 PAK-P1 可以有效治疗小鼠急性肺部感染，而且在铜绿假单胞菌感染前 24 h 给予噬菌体，能够预防肺部感染，显示了噬菌体可治疗肺部感染。由滴鼻注射铜绿假单胞菌 B49 引起的小鼠出血性肺炎模型中，经噬菌体鸡尾酒治疗后，小鼠的存活时间和存活率均显著提高。此外，将 6 种铜绿假单胞菌噬菌体组成的鸡尾酒直接涂抹患中耳炎的犬的耳道内并按摩，48 h 后细菌计数减少了 67%。这表明噬菌体鸡尾酒可局部应用于中耳炎的治疗，且没有明显的毒副作用。

6. 鲍曼不动杆菌　　鲍曼不动杆菌是院内感染的重要条件性致病菌，在不同动物中引发的感染不同，如引起仔猪腹泻、牛的子宫内膜炎、马的支气管炎、鸡的败血症等。1992 年，Soothill 等首次对小鼠使用噬菌体治疗鲍曼不动杆菌感染。此后，Kusradze 等证实噬菌体能减少大鼠伤口鲍曼不动杆菌的数目，缓解感染的症状。在中性粒细胞减少的小鼠背部全层创伤感染多重耐药鲍曼不动杆菌的模型中，噬菌体鸡尾酒的使用能够减少伤口的细菌数量，降低发病率，并且能够防止感染的传播、生物被膜的形成和周围组织的坏死。噬菌体在小鼠和大蜡螟模型中应用能够延长动物的存活时间，减少组织中细菌的数量。

7. 弯曲杆菌　　弯曲杆菌是动物胃肠道中一种常见的病原体，尤其以空肠弯曲杆菌和大肠弯曲杆菌对动物的感染最为广泛。为了探究噬菌体在控制弯曲杆菌感染方面的潜力，Richards 等在 2019 年使用噬菌体混合物来治疗被空肠弯曲杆菌感染的肉鸡，并观察到盲肠内容物中弯曲杆菌数量显著下降，而未破坏肠道微生物的正常菌群结构。随后，d'Angelantonio 等在 2021 年进一步验证了噬菌体对空肠弯曲杆菌的治疗效果。Bogun 等在 2024 年的研究中，给感染弯曲杆菌 33 天的鸡群饲喂了噬菌体鸡尾酒，仅过了一天，粪便中的细菌量就下降了 1.1 log CFU/mL。这些研究结果充分表明，噬菌体疗法在控制家禽养殖业中弯曲杆菌感染方面具有显著效果。

（二）噬菌体在水产养殖重要病原体控制中的应用

联合国粮食及农业组织（FAO）强调，水产养殖业已成为全球食品产业中增长最为迅猛的领域。然而，水产养殖业被形象地比喻为"基因反应器"或"抗生素耐药基因的孵化器"，凸显了水产环境中细菌抗性的严峻挑战。统计数据显示，水产动物约有 34% 的疾病源于细菌感染。目前已知至少有 150 种不同的细菌病原体会对养殖鱼类和野生鱼类的健康造成威胁。其中，弧菌、气单胞菌和黄杆菌等病原体对水产养殖业构成了重大挑战，加剧了疾病传播的风险。

1. 弧菌　　弧菌是一种在海洋环境中广泛存在的细菌。据统计，每升海水中弧菌的浓度高达 $10^3 \sim 10^4$ CFU，而在被感染的养殖设施中，其检出率更是达到了 100%。弧菌中的副溶血性弧菌是一种能够破坏肠道健康的病原菌。当它进入肠道后会产生毒素，导致虾群在短时间内大量死亡，给养殖业造成巨大的经济损失。Xu 等在 2023 年利用 2bRAD-M 技术深入研究了噬菌体 SJSY21 对虾肠道菌群的影响，结果显示，噬菌体可在一定程度上调控虾肠道内副溶血性弧菌的数量，提升南美白对虾的存活率和整体健康状况。在鲷鱼养殖中，活饲料如卤虫和轮虫常被用作主要食物来源。但这些来自未受检水域的活饲料可能携带弧菌等病原菌，对鲷鱼养殖构成严重威胁。为了应对这一问题，Kalatzis 等在 2016 年从患弧菌病的鲷鱼体内分离出了溶藻弧菌菌株 V1，并以该菌株为宿主，从海水样本中成功分离出两种新型噬菌体，即 φSt2 和 φGrn1，将它们制备成鸡尾酒制剂，结果显示其可显著降低饲养水域中的溶藻弧菌数量，从而提升养殖环境的安全性。

2. 气单胞菌　　气单胞菌是一种能够在 $0 \sim 45\,^\circ\text{C}$ 的环境中繁殖的微生物，它主要存在于水生环境中。其对鱼类和甲壳类动物的高感染率，常导致患病动物大量死亡，从而对养殖业造成严重的经济损失。为了寻找替代抗生素的有效生物防治方法，Le 等在 2018 年发现鲇感染气单胞菌的存活率是 18.3%，经 MOI 为 100 的噬菌体治疗后鲇存活率提升至 100%。Janelidze 等在 2022 年使用 MOI 为 10 的噬菌体 AhMtk13a 治疗感染嗜水气单胞菌的鱼，治疗后 4 h 内的死亡率下降 16%；以 MOI 为 1000 的噬菌体治疗后，鱼死亡率下降 40%。Pan 等在 2022 年发现多重耐药性嗜水气单胞菌通过噬菌体 Ahy-yong1 治疗后，可显著降低患病鱼的死亡率。特别是在感染后用 MOI 为 10 的噬菌体治疗，死亡率降低到（43.4% ± 4.7%）；预防性治疗时，死亡率降低到（20.0% ± 8.2%）。这些实验结果不仅证明了噬菌体在治疗和预防由嗜水气单胞菌引起的锦鲤疾病中的有效性，而且为水产养殖细菌性病害防治提供了新方向。

3. 黄杆菌　　嗜冷黄杆菌是黄杆菌科黄杆菌属的一种革兰氏阴性菌，具有在 $4 \sim 23\,^\circ\text{C}$ 的低温环境中增殖的能力，因此成为细菌性冷水病（BCWD）的主要致病菌。该菌可通过水平或垂直传播方式感染所有鲑科鱼类，一旦感染，鱼类的死亡率极高，给水产养殖业带来沉重的经济损失。近年来，多项研究证实了噬菌体在防治嗜冷黄杆菌感染方面的有效性。Chris 等探索了三种噬菌体给药方式：浴法、经口插管入胃法及噬菌体包被饲料法。他们观察到，通过浴法或经口插管入胃法给药，噬菌体能够在 21～27 h 内迅速分布到鱼的肠道、脾脏、大脑和肾脏等多个重要器官。Donati 等的实验中，利用噬菌体鸡尾酒对感染了嗜冷黄杆菌的鱼类进行治疗，结果显示，治疗后鱼类的存活率提升了 23.3%。研究结果表明，噬菌体在预防和治疗细菌性疾病方面具有显著效果。特别是连续投喂噬菌体，不仅安全有效，还能改善鱼类的肠道微生物环境，因此被认为是一种极具前景的治疗方法。

二、噬菌体在动物养殖业中的创新应用

（一）噬菌体与杀菌剂联合使用清除细菌生物被膜

在养殖业中，条件性致病菌多以生物被膜的形式存在。高达 80% 的细菌感染与细菌形成的生物被膜有关。形成生物被膜的细菌生长速率显著低于浮游状态的细菌，细菌生物被膜会使抗生素和消毒剂渗透时间延长，阻碍了抗菌剂的有效吸收，从而增强对抗生素和消毒剂的抵抗力。研究表明，噬菌体与杀菌剂联合使用能够将噬菌体的特异性裂解作用与杀菌剂的杀菌能力结合，显著增强对病原微生物的抑制或杀灭效果。因此，噬菌体与杀菌剂的联合使用为抗菌剂的研发提供了新的协同策略，特别是在处理形成生物被膜的细菌感染方面具有独特优势。随着对噬菌体与杀菌剂相互作用机制的深入了解和更多临床试验的成功验证，这种联合疗法有望在临床和工业领域得到更广泛的应用和推广。

（二）提升动物免疫力

噬菌体除了能够裂解细菌，还被证实具有增强动物免疫反应的能力。噬菌体可随血液循环系统遍布全身并与免疫细胞相互作用，通过调节核因子-κB（NF-κB）、白介素（IL）和肿瘤坏死因子-α（TNF-α）等炎症介质和免疫因子，对动物的免疫反应进行精细的调控。Schulz 等在 2019 年首次发现，基于噬菌体的 BAFADOR® 制剂能显著提高虹鳟血清中的总蛋白质水平、免疫球蛋白水平以及溶菌酶和铜蓝蛋白的活性，有效降低动物感染致病菌嗜水气单胞菌和荧光假单胞菌后的死亡率。噬菌体在增强动物免疫力方面具有巨大的潜力，为未来的动物健康养殖和疾病防控提供了新的思路和方法。

（三）作为饲料添加剂使用

饲料添加剂是一种能够显著改善饲料品质、提升动物生产性能、保障动物健康、降低养殖成本及优化动物产品质量的微量或少量物质。由于饲料通常占据动物养殖成本的 2/3，因此，饲料添加剂在现代饲料工业中扮演着不可或缺的角色，同时也是预防动物疾病的重要途径之一。近年来，科研人员一直在探索创新的饲料添加剂，其中噬菌体备受关注。通过与饲料混合使用，噬菌体能有效预防动物疾病的发生。噬菌体可以作为一种安全有效的饲料添加剂，通过口服途径显著降低鸡体内沙门菌的定植率。噬菌体作为饲料添加剂能够降低养殖成本，提高生产效率，为预防和控制动物疾病提供了新的途径，为畜牧业的可持续发展带来了更安全和有效的新策略。

三、噬菌体在动物疾病治疗中应用的局限性

（一）噬菌体治疗革兰氏阴性菌时免疫反应考量

脂多糖是革兰氏阴性菌细胞壁的重要组成部分，细菌细胞壁裂解后会释放内毒素。内毒素可强烈诱导动物体内的促炎细胞因子反应，触发局部炎症、内毒素溶血等多种毒性效应。即使微量的内毒素在动物体内积累，也可能引发剧烈的免疫激活和炎症反应。特别是对于免疫系统尚未发育成熟的幼龄动物，摄入含内毒素的食物会显著增加患菌血症和内毒素血症的风险；同样，吸入空气中的内毒素也可能增加患哮喘或肺部炎症的概率。因此，在使用噬菌体疗法治疗由革兰氏阴性菌引起的疾病时，应根据动物对内毒素的耐受程度以及噬菌体的裂解量来制定治疗方案。通过这样的策略，可以避免过度的免疫激活和潜在的毒性反应，确保噬菌体在动物体内的安全有效使用。

（二）药代动力学不清晰

在畜禽及水产养殖中，噬菌体应用有效性受限于其是否能在动物体内达到足够的滴度，从而定植并裂解细菌。与抗生素相比，噬菌体在动物体内的抗菌作用有两个独特之处：首先，噬菌体具有自我复制能力；其次，噬菌体在动物体内的有效性与其代谢动力学密切相关，只有足量且有效的噬菌体到达细菌感染部位，并且避免被免疫系统清除，噬菌体治疗动物细菌性疾病的潜力才能实现。然而，由于动物品种的多样性和噬菌体与其细菌宿主之间的共同进化，噬菌体制剂的标准化成为一项挑战，这进一步凸显了噬菌体药代动力学研究的重要性。噬菌体的给予方式与细菌感染部位和疾病类型有关。口服给药是治疗胃肠道细菌感染的重要策略，而噬菌体药代动力学研究表明口服的生物利用度往往较差。因此，噬菌体作为药物制剂治疗不同类型细菌感染方面的应用仍需深入探究，实验动物生理反应和代谢能力不同，噬菌体的给药方式、时间点和剂量也不同。这些研究将有助于优化噬菌体疗法，确保其在临床上的安全性和有效性，并为解决抗生素耐药性问题提供有力工具。

（三）噬菌体使用效果的稳定性

噬菌体的稳定性对其使用效果具有直接影响，且与所处环境的温度、pH及盐离子浓度等因素紧密相关。深入研究噬菌体的生物学特性，可为后续提升噬菌体应用的稳定性和高效性奠定坚实基础。动物体内的消化液，如胃酸（pH 1～2），对噬菌体口服制剂的稳定性构成了挑战。因此，在研发噬菌体口服制剂时，必须充分考虑这些消化液的影响，以确保噬菌体在通过消化道时仍能保持其稳定性。温度也是影响噬菌体使用效果的重要因素。噬菌体的代谢活动和酶活性都会受到温度的影响。在使用噬菌体进行治疗时，需要确保其所处环境的温度与宿主动物的体温或治疗环境的温度相匹配，以实现最佳的治疗效果。此外，噬菌体所处环境的离子浓度对其稳定性也至关重要。离子浓度与噬菌体衣壳蛋白的相互作用共同维持着噬菌体的空间结构。同时，环境渗透压的变化也会影响噬菌体的感染效率和生命周期。在海产品养殖业中应用噬菌体时，选择与养殖环境相似条件下能存活的噬菌体，可以显著降低噬菌体制剂的研发成本。

四、总结与展望

噬菌体近年来在动物疾病治疗领域受到了广泛关注。在畜禽养殖中，噬菌体已展现出对多种重要病原体的预防和治疗潜力，如大肠埃希菌、沙门菌、肠球菌等。同时，在水产养殖领域，噬菌体也在弧菌、气单胞菌和黄杆菌等病原体的防治中发挥了重要作用。除了直接用于治疗，噬菌体还具有多种创新应用潜力。例如，与杀菌剂联合使用可以清除细菌生物膜，提升动物免疫力，甚至作为饲料添加剂来预防动物疾病。这些创新应用不仅有助于降低养殖成本，还能提高生产效率，为畜牧业的可持续发展提供新策略。然而，噬菌体在动物疾病治疗中的应用仍面临一些挑战。首先，噬菌体治疗革兰氏阴性菌时可能引发的免疫反应需要充分考虑。其次，噬菌体的药代动力学尚不清晰，需要深入研究其在动物体内的分布、代谢和排泄等过程。此外，噬菌体的稳定性也是影响其使用效果的关键因素，需要针对不同的应用场景进行优化。展望未来，随着对噬菌体生物学特性的深入研究和技术的不断进步，相信噬菌体将在动物疾病治疗中发挥越来越重要的作用。为了推动噬菌体疗法的广泛应用，还需要加强跨学科合作，加快研发进程，并建立健全的监管和评估体系。

数字资源
7-2

噬菌体在动物
疾病治疗中的
应用

（赵彩虹　李璐璐　陈义宝）

第三节　微生物病毒在临床感染性疾病治疗中的应用

噬菌体是感染细菌的病毒，可用于治疗细菌感染性疾病。Félix d'Herelle 在 1919 年开创了噬菌体治疗，在 20 世纪 30 年代曾一度流行到世界多地。早期的临床应用表明噬菌体具有良好的安全性，但在治疗有效性方面存在差异。随着抗生素的发现和广泛应用，噬菌体疗法进入低谷，仅在格鲁吉亚、波兰等国的临床应用未曾间断。随着细菌耐药趋势日益严峻，以及对噬菌体与细菌的研究日益深入，噬菌体治疗重新获得重视。噬菌体临床研究和应用的报道迅速增长，进入临床试验阶段的商业化噬菌体药物管线也初具规模。噬菌体治疗成为极具潜力的新型抗菌疗法。

一、噬菌体治疗的历史

在 d'Herelle 发现噬菌体不久之后，他便做了噬菌体治疗痢疾的动物实验，并首次尝试用噬菌体治疗患有痢疾的儿童。一名 12 岁的严重痢疾患者在服用了 d'Herelle 的抗痢疾噬菌体后，症状迅速缓解，并在几天内完全康复。噬菌体制剂的疗效很快就得到了验证，另有 3 名患有细菌性痢疾的患者接受该制剂治疗，并在治疗后的 24 h 内也开始恢复。然而，这些研究的结果并未立即发表，所以最早记录的噬菌体治疗人类感染性疾病的应用案例出自 Richard Bruynoghe 和 Joseph Maisin 在 1921 年的研究，他们采用噬菌体治疗葡萄球菌皮肤感染，将噬菌体直接注射到开放的皮肤破损处及其周围区域，感染在 24～48 h 内消退。此后到 20 世纪 30 年代，d'Herelle 和他的合作者多次前往世界多地，利用噬菌体抗击霍乱、鼠疫等细菌性流行病。

1931 年，d'Herelle 和来自格鲁吉亚的 George Eliava 首次尝试使用霍乱噬菌体进行治疗和预防，在第比利斯的疫苗和血清研究所（即 Eliava 研究所）生产了第一种商业化的抗霍乱噬菌体制剂。此后，Eliava 研究所发展为全球规模最大，拥有百年历史的以噬菌体诊断、治疗和噬菌体制药为一体的机构。在法国巴黎，d'Herelle 的商业实验室也推出了多款噬菌体产品，用于对抗常见细菌感染性疾病。巴西里约热内卢的 Oswaldo Cruz 研究所于 1924 年开始生产抗痢疾噬菌体，年产上万瓶噬菌体，这些噬菌体被送往巴西各地的医院。在 20 世纪 40 年代，美国礼来公司生产了 7 种人用噬菌体产品，包括针对葡萄球菌、链球菌、大肠埃希菌和其他细菌病原体的制剂，被用于治疗多种感染适应证。

噬菌体的概念在 20 世纪 20 年代传入中国，1934 年上海新亚制药厂推出了针对痢疾的噬菌体产品——敌痢菌汁，到 20 世纪 50 年代包括大连生物制品所、兰州生物制品所等均生产针对痢疾的噬菌体制剂，地方政府也向公众发放噬菌体制剂用于预防痢疾。1935 年，葛成慧等在《中华医学杂志》报道了第一个噬菌体治疗伤寒的案例。1958 年，余濆开展了第一个个性化噬菌体治疗案例，成功救治了铜绿假单胞菌感染的烫伤患者。

在早期，噬菌体治疗的对象已拓宽到由志贺菌、沙门菌、霍乱弧菌、葡萄球菌、肠杆菌和链球菌等引起的肠道、皮肤、尿路、脑膜炎、骨髓炎（osteomyelitis）和斑疹伤寒等感染性疾病。噬菌体在预防上述疾病方面也有大量研究。然而，无论是临床研究还是商业化应用，噬菌体治疗或制剂的疗效都存在争议。随着青霉素等广谱抗生素的发现和工业化量产，噬菌体治疗的市场和应用热情逐渐被抗生素取代。仅在格鲁吉亚和波兰等国，噬菌体治疗的应用和发展持续了百年历史。

二、噬菌体治疗的研究进展

（一）研究者发起的临床试验

21 世纪以来，细菌耐药面临前所未有的严峻形势，噬菌体治疗也在长期蛰伏后进入了崭新阶段，向着国际化和临床化的方向迅猛发展。各国都投入了很大的精力来发展噬菌体治疗技术。美国和英国率先重启了噬菌体 Ⅰ/Ⅱ 期临床试验，噬菌体研究和临床实践呈蓬勃发展的趋势，我国也开展了临床研究（表 7-1）。但现有的研究报道仍以安全性评估和个案治疗为主。2023 年 4 月 13 日，法国学者 Kevin Diallo 和 Alain Dublanchet 发表了噬菌体治疗百年应用的综述论文，汇总了 1922～2022 年已发表的噬菌体治疗数据。在 100 年间，至少有 6300 例患者接受噬菌体给药（其中 1945～2022 年近 2500 例），涉及的临床科室包括感染病科、呼吸科、泌尿科、骨科、皮肤科、耳鼻喉科、眼科、胃肠病科、心脏科和重症医学科等；涉及的病原细菌包括肠杆菌、不动杆菌、假单胞菌、葡萄球菌、肠球菌、沙门菌、志贺菌、分枝杆菌、弧菌等临床常见细菌，以及伯克霍尔德菌、沙雷菌、淋球菌等；案例实施的国家包括中国、苏联、印度，以及西欧、北美、南美、非洲、东南亚的众多国家。总体来说，噬菌体治疗的安全性获得普遍认可，有效性方面在个案治疗上相较传统抗菌药物治疗已显示出明显优势，但规模化的噬菌体治疗有效性评估及随机对照试验仍然缺乏。下文根据感染类型介绍一些大样本量临床试验。

表 7-1 研究者发起的随机对照临床试验

名称	阶段	案例数	给药途径	病原菌	适应证	结局	发起者	注册号
WPP-201	1	42	外用	铜绿假单胞菌、金黄色葡萄球菌等	慢性下肢静脉溃疡	证实了安全性	美国西南地区伤口治疗中心	—
Microgen ColiProteus	—	15	口服	大肠埃希菌、变形杆菌	健康志愿者	证实了安全性	孟加拉国	—
PP1131	1/2	27	外用	铜绿假单胞菌	烧伤伤口	证实了安全性；对照组菌量减少速度更快	法国和比利时的烧伤中心	—
PreforPro	—	43	口服	未指定	轻至中度胃肠道疾病	证实了安全性	美国科罗拉多州立大学	—
PYO phage	2/3	113	经尿道膀胱	多种常见细菌	泌尿道感染	安全性良好，疗效良好	美国佐治亚州巴尔格里斯特大学	—
Fecal Filtrate Transfer	1	20	鼻饲	早产儿	坏死性小肠结肠炎	降低了早产儿小肠结肠炎的发病率	丹麦瑞斯医院	研究进行中，NCT05272579
Pyobacteriophage	3	128	吸入	多种常见细菌	急性扁桃体炎	推荐用于耳、喉、鼻、呼吸道和肺部感染	乌兹别克斯坦塔什干儿科医学研究所	研究进行中，NCT04682964
Pyobacteriophage	2/3	97	灌注	多种常见细菌	尿路感染	评价了噬菌体与传统抗菌药物的疗效	格鲁吉亚巴尔斯里斯特大学医院	研究进行中，NCT03140085
CPD-PA01	1/2	63	喷洒	铜绿假单胞菌	创面感染	评估了噬菌体鸡尾酒治疗创面铜绿假单胞菌感染的细菌清除能力及安全性	中国人民解放军陆军医科大学第一附属医院	研究进行中，ChiCTR2400084025

注："—" 表示无相关数据

1. 呼吸道感染的噬菌体治疗　　噬菌体可用于治疗多种细菌所致的肺部感染，迄今为止尚无噬菌体治疗肺部感染的临床试验结果，但目前在美国临床试验注册网（https://clinicaltrials.gov/）上已经有6项相关临床试验，其中一项为我国上海噬菌体与耐药研究所开展的。从2018年至2023年12月，上海噬菌体与耐药研究所已治疗肺部感染93例，在这些案例中，大多数患者（n=8，40%）的感染源于呼吸机相关肺炎（ventilator-associated pneumonia，VAP）；也有一部分患者（n=6，30%）是在实体器官移植后发生了慢性肺部感染；其余受试者为未进行肺移植的囊性纤维化患者（n=4，20%），以及慢性脓胸和非CF支气管扩张的患者。这些临床案例中最常见的病原体是耐碳青霉烯类的鲍曼不动杆菌（carbapenems-resistant *Acinetobacter baumannii*，CRAB）（n=6，30%），其次是铜绿假单胞菌（n=4，20%）和无色杆菌（n=3，15%）。整体来说，雾化吸入效率高且呼吸道中的噬菌体易于入血（噬菌体雾化治疗后血液内毒素水平显著升高），容易接触到病原菌。噬菌体对急性肺部感染的治疗效果较好，而对慢性感染或有结构性肺病基础（如囊性纤维化、支气管扩张等）的患者治疗效果较差，需要反复多次治疗。

从2020年3月5日至4月8日，上海噬菌体与耐药研究所共对新型冠状病毒感染重症病房的4名继发CRAB感染患者进行噬菌体气道雾化吸入治疗，同时对其中1名体外膜肺氧合（extracorporeal membrane oxygenation，ECMO）插管伤口感染患者进行局部噬菌体湿敷治疗。这些患者均经历了长时间的高级别抗菌药物治疗但未能清除耐药细菌。经噬菌体治疗后，2名患者脱离ECMO并出院，1名患者病情好转转出重症监护病房（ICU），1名患者虽经噬菌体治疗清除肺部的CRAB，但病情危重，噬菌体治疗后第10天死亡。此外，其他国家的研究人员也在做类似的研究。例如，来自美国的噬菌体治疗公司适应性菌体疗法开展了针对新型冠状病毒感染患者合并鲍曼不动杆菌、铜绿假单胞菌或金黄色葡萄球菌感染的噬菌体治疗临床试验（NCT04636554）。该临床试验从2020年9月开始，但在2021年12月21日最后一次更新之后尚未有进一步消息。

除普通细菌外，非结核分枝杆菌（nontuberculous mycobacteria，NTM）由于诊断困难、耐药性强、有效抗菌药物少、长疗程等，成为肺部感染临床一大诊治难点。目前所报道的噬菌体治疗NTM均为个性化治疗。分枝杆菌噬菌体于19世纪40年代首次分离出来，迄今为止，已分离出超过1.2万株分枝杆菌噬菌体，但能用于临床治疗的十分稀少。2019年5月，英国大奥蒙德街医院的Helen Spencer研究组与美国匹兹堡大学的Graham F. Hatfull研究组合作利用3种分枝杆菌噬菌体（含2株基因工程噬菌体），成功治疗了1例双肺移植后播散性脓肿分枝杆菌感染的患者，自此噬菌体成为分枝杆菌感染的一项极具潜力的替代治疗方案。2021年1月，Graham F. Hatfull团队报道了20名难治性分枝杆菌感染患者的治疗总结，证实噬菌体治疗NTM是安全且有效的。我国现阶段对分枝杆菌噬菌体的研究仍处于早期阶段，西南大学谢建平研究团队对分枝杆菌噬菌体体外杀菌效果做了大量基础研究，深圳先进院马迎飞研究团队也对胞内菌感染的噬菌体治疗进行了大量基础研究，但目前尚未开展临床治疗。

2. 泌尿生殖道感染的噬菌体治疗　　1938年，Tsulukidze等的临床试验入组了13名急性膀胱炎、15名慢性膀胱炎、5名肾盂膀胱炎（膀胱炎+肾盂肾炎）和4名化脓性肾周炎患者。病原菌中78.4%为大肠埃希菌，其余为金黄色葡萄球菌和表皮葡萄球菌。采用针对患者病原菌的个性化噬菌体联合针对三种病原菌的噬菌体固定组合配方（Pio-phage），或仅Piophage。给药方法为膀胱灌注、肾盂冲洗等。经噬菌体治疗后，13 名急性膀胱炎患者在 1～3 天内全部痊愈；5 名肾盂膀胱炎患者中 4 名得到治愈，1 名因感染复发治疗失败；4 名化脓性肾周炎患者经术后 2～3 天的噬菌体治疗后也得到痊愈，而慢性膀胱炎的噬菌体治疗效果并不显著。Perepanova 等在 1995 年发表的文章中介绍了利用噬菌体组合治疗尿路混合感染的试验结果。所筛选的噬菌体固定组合通过口服或局部给药治疗 46 名急性和慢性泌尿生殖道炎症患者，92% 的患者症状得到改善或完全治愈。Voroshilova 等还开展了噬菌体治疗与抗菌药物治疗的随机对照试验，入组患者为膀胱炎和肾盂肾炎患者。噬菌体制剂通过膀胱灌注、肾盂冲洗和口服给药，膀胱炎和肾盂肾炎患者的细菌清除率显著高于抗菌药物治疗组。同时，研究者还发现噬菌体治疗能够提升患者的免疫应答，实验组包括中性粒细胞比例和代谢活性、淋巴细胞数量等免疫指标都显著高于对照组。2020 年，瑞士苏黎世大学、格鲁吉亚 Eliava 研究所的专家进行了一项随机双盲安慰剂对照的临床试验，评价噬菌体对前列腺切除后尿路感染患者的疗效，结果发现，静脉噬菌体治疗效果不劣于抗菌药物治疗。

3. 骨关节感染的噬菌体治疗　　2023 年 11 月，梅奥诊所评估了噬菌体治疗骨和关节感染的安全性和有效性，发现在 34 例病例中有以下病原菌：金黄色葡萄球菌（13 例）、铜绿假单胞菌（10 例）、表皮葡萄球菌（3 例）、肺炎克雷伯菌（3 例）、粪肠球菌（3 例）、鲍曼不动杆菌（1 例）、无乳链球菌（1 例）及多种细菌混合感染（5 例）。经过噬菌体治疗后，87% 的感染者取得了细菌学清除或临床治愈，但是噬菌体治疗骨和关节感染的安全性及有效性值得大规模的临床报告进一步验证。以色列噬菌体治疗中心（Israeli Phage Therapy Center，IPTC）于 2023 年报道了 IPTC 成立 5 年来使用噬菌体进行同情治疗细菌感染的案例。在实际接受噬菌体治疗的 20 例次病例中，骨感染占 50%，77.7% 的病例出现了感染缓解或恢复的良好临床结果。2022 年，Benjamin Chan 研究团队治疗了 10 例噬菌体治疗顽固性假体周围关节感染（periprosthetic joint infection, PJI）患者，患者接受了针对感染病原菌的噬菌体关节内注射及静脉注射。所有患者对噬菌体治疗的耐受性均良好，并且没有患者发生复发感染（随访时间为 5 个月至 2.5 年）。该研究是目前成功通过辅助噬菌体治疗顽固性假体周围关节感染以降低发病率和实现保肢的最大队列，显示了噬菌体疗法作为 PJI 治疗的潜在价值。2023 年，Eugeny Fedorov 等发表了一项前瞻性非随机开放标签的人工关节感染（PJI）患者队列研究，23 例接受噬菌体和抗菌药物的联合治疗，22 例仅使用抗菌药物治疗的患者作为历史对照组。与研究组相比，历史对照组 PJI 复发率高出 8 倍。

4. 皮肤软组织感染的噬菌体治疗　　1937 年，第比利斯皮肤病研究所（Institute of Dermatology in Tbilisi）的 Vartapetov 比较了商业化噬菌体制剂 Staphylo-phage（葡萄球菌噬菌体组合）和 Pio-phage（针对葡萄球菌、链球菌、大肠埃希菌和铜绿假单胞菌等常见化脓感染病原菌的噬菌体组合）对不同类型皮肤病的治疗效果。发现通过噬菌体疗法治愈了 56% 的疖病患者，但对毛囊炎、须疮和臁疮的治疗效果较差。Beridze 在 1938 年发表了其联合第比利斯皮肤病研究所和 Ellava 研究所的噬菌体治疗研究。共 143 名金黄色葡萄球菌感染导致皮肤化脓的患者被分为深度感染组和浅表感染组。发现噬菌体治疗对深度感染尤为奏效，疖病组 40 名急性患者全部治愈，13 名亚急性患者中的 12 名获得治愈，而慢性疖病的治愈率（13/20）稍差。浅表感染组中噬菌体对寻常性脓疱疮有较高的治愈率（20/29），而 13 名传染性脓疱疮中只有 5 名得到好转。1970 年，Shvelidze 发表了一项噬菌体治疗前后受试者自身对照研究结果。共有 161 名慢性感染并反复发作的皮肤病患者入组，在 7～10 次噬菌体治疗后，94.4%（152/161）的患者得到治愈。2009 年，美国 Rhoads 等开展了一项 I 期前瞻性随机双盲对照临床试验，纳入了 42 名慢性下肢静脉曲张溃疡患者，采用 WPP-201 噬菌体鸡尾酒（Intralytix，美国）伤口局部滴注。结果发现无不良反应发生，试验组和对照组的伤口愈合率和愈合频率差异无统计学意义。该临床试验证实了噬菌体治疗的安全性。

5. 烧伤感染的噬菌体治疗　　Kokin 等最早在莫斯科 Ostroumovkaya 医院收治交通事故后伤口感染和血流感染的患者，通过肌内注射及静脉注射噬菌体进行治疗。这些噬菌体治疗案例得到了苏联红军最高军事卫生处的认可，并在第二次世界大战中被广泛用于治疗士兵的伤口感染。Kokin 在 1941 年报道的临床试验中使用生产自 Ellava 研究所的噬菌体鸡尾酒，治疗厌氧葡萄球菌和链球菌感染引起的气性坏疽。接受噬菌体治疗的 767 名士兵死亡率为 18.8%，远低于采取其他治疗方案的对照组的死亡率（42.2%）。另一项临床试验使用相同鸡尾酒产品，也取得了类似结果，噬菌体治疗组与对照组的死亡率分别为 19.2%和 54.2%。2015 年，欧盟投资 520 万美元资助一项跨国家的噬菌体疗法多中心随机对照临床试验（Phagoburn 计划）。该临床试验共入组 27 名铜绿假单胞菌感染的烧伤患者，分为标准治疗组和噬菌体鸡尾酒（PP1131，Pherecydes Pharm，法国）治疗组，最终因噬菌体治疗组的疗效低于标准治疗组而提前终止。该研究暴露出几个问题：首先，如何保持噬菌体鸡尾酒制剂的稳定性？噬菌体滴度的不断下降可能导致其临床应用时活性已经下降到原来的百万分之一，难以发挥作用。其次，因是随机对照试验，没有对细菌进行噬菌体敏感性的检测，最后揭盲分析时，发现有一半患者的细菌不能被噬菌体鸡尾酒裂解。因此，如何设计高效、稳定、高覆盖度的噬菌体鸡尾酒，是摆在临床试验面前的一道难题。

6. 肠道感染的噬菌体治疗　　细菌性肠道感染能引起腹泻和脱水等症状，严重时破坏肠道黏膜引发菌血症和内毒素血症，导致感染者休克甚至死亡。如今，肠道感染对儿童（特别是欠发达地区的）健康依然有严重威胁。21 世纪以来，粪菌移植被大量用于治疗肠道感染和肠道菌群紊乱相关疾病，而噬菌体在这方面的应用却未取得实质性进展。总体来说，口服噬菌体治疗肠道感染的安全风险较小，但治疗效果并不理想（案例 7-3），这些临床试验并未能显示口服噬菌体治疗肠道感染的有效性。笔者认为，针对患者体内分离的病原菌选择烈性噬菌体，提高噬菌体制剂滴度及口服给药的利用率，是扭转这一局面的可行办法。

案例 7-3

　　　　瑞士雀巢研究中心在 2005 年和 2012 年分别报道了在瑞士和孟加拉国开展的噬菌体安全性评估，证实患有腹泻的成年人口服噬菌体的安全性。此后，该中心继续与孟加拉国国际腹泻疾病研究中心（ICDDR, B）合作，利用噬菌体治疗大肠埃希菌引起的儿童急性腹泻。虽然噬菌体治疗并未引起显著的不良反应，对肠道菌群的影响也不显著，但噬菌体治疗组与对照组相比未能显著改善患者的病情。

7. 血流感染的噬菌体治疗　　美国 FDA 指南规定，静脉注射生物药物中脂多糖的水平必须低于每小时 5 EU/kg 体重，而目前常规噬菌体制剂中内毒素指标要远远高于此水平，限制了噬菌体用于血流感染或血流丰富的深部组织部位的治疗。目前国内尚无噬菌体静脉应用案例，美国、欧盟等国家和地区有少数成功的治疗个例，但是能够达到标准的静脉注射的噬菌体制剂仅有少数几家大型研究机构能够制作，并且成本较高、工艺较为复杂，不具备批量化生产的能力。因此，批量化去除噬菌体制剂中的内毒素水平势在必行，是噬菌体走向临床治疗必须要克服的重大难题之一。2016年，美国Patterson夫妇去埃及旅游期间突然发病，经诊断为坏死性胰腺炎合并泛耐药鲍曼不动杆菌感染（仅对黏菌素敏感），患者辗转多家医院，病情日益恶化，进展为脓毒血症并陷入昏迷。经噬菌体治疗后，患者体内和血液中的鲍曼不动杆菌随即被清除，最终痊愈出院。这一案例被认为是现代伦理学框架下第一例噬菌体治疗成功案例，对噬菌体治疗回归大众视野发挥了至关重要的影响。美国加利福尼亚大学圣迭戈分校（UCSD）在2018年组建了创新噬菌体应用和治疗中心，专注噬菌体临床治疗和应用。IPATH的Jennes等报道了1例通过噬菌体治疗泛耐药铜绿假单胞菌败血症的案例，研究者利用2株噬菌体组成的鸡尾酒进行静脉注射10天后，患者的血流感染立即得到控制且血培养转为阴性。但由于患者基础病情严重，细菌感染以外的并发症仍然存在，最终在噬菌体治疗4个月后因其他病原体血流感染死亡。2020年，澳大利亚科学家在报道了金黄色葡萄球菌噬菌体治疗的单中心非对照临床试验结果，共对13名金黄色葡萄球菌菌血症的重症患者进行噬菌体治疗，7人治愈。该研究证明了噬菌体入血的安全性及有效性。但因缺乏对照组而缺乏一定的说服力，需要进一步设计随机对照临床试验。

8. 其他感染的噬菌体治疗　　噬菌体治疗耳鼻喉感染的研究案例相对较少，因为耳鼻喉感染通常是由多种病原体引起的，并且治疗方法已经相对成熟。然而，噬菌体治疗作为一种潜在的替代疗法，其对耳鼻喉感染的治疗效果也受到一定的关注。2009年，Wright等报道了一项随机、双盲、安慰剂对照Ⅰ/Ⅱ期临床试验，纳入了24名耐药铜绿假单胞菌感染的慢性中耳炎患者，发现噬菌体治疗组的临床症状及指标相较于安慰剂组有所改善，仅噬菌体治疗组所有临床日的综合数据与基线水平的差异、铜绿假单胞菌负荷量减少具有统计学意义，且无噬菌体治疗相关的不良事件。该研究证实了噬菌体对耐药铜绿假单胞菌引起的慢性中耳炎具有疗效和安全性。2021年，俄罗斯Dobretsov等报道了一项随机双盲安慰剂对照临床试验，探索了噬菌体在慢性鼻窦炎伴鼻息肉患者中的应用，发现噬菌体治疗组细菌（链球菌属、肠杆菌科、葡萄球菌属）负荷量及IL-1β分泌水平均显著降低。2023年，Krivopalov等报道的一项研究纳入55名确诊为慢性鼻窦炎并有全年周期性加重史的患者，分为抗菌药物治疗组和噬菌体治疗组，结果表明噬菌体治疗慢性鼻窦炎具有良好的应用价值。

目前尚无噬菌体用于眼部感染的临床试验，一项研究报告了1例由万古霉素耐药金黄色葡萄球菌引起的难治性感染性角膜炎患者，通过噬菌体静脉注射和局部给药（滴眼液和鼻喷雾剂）成功治愈，且随访6个月无不良事件发生，也无再次感染。甲氧西林耐药金黄色葡萄球菌、高毒力肺炎克雷伯菌等可能会引起严重并发症，包括眼眶蜂窝组织炎和全眼炎导致的双侧失明。噬菌体可为这些患者的治疗提供新的选择。

（二）噬菌体治疗药物管线

在美国临床试验注册网（https://clinicaltrials.gov/）可搜索到若干条噬菌体相关候选药物管线，即药企发起的临床试验（industry-sponsored trial，IST）（表7-2）。

表7-2 噬菌体治疗药企发起的临床试验列表

阶段-类型，注册号	药品名	类别	给药途径	病原菌	感染类型	案例数	起止时间	开发者及国家
3 期-RC，NCT05590195	Preforpro	F	口服	未限定	阴道感染	50	2023.5~2025.3	Deerland，英国
2/3 期-RC，NCT05488340	LBP-EC01	M	静脉+灌注	大肠埃希菌、肺炎克雷伯菌	下呼吸道感染	580	2022.7~2025.6	Locus Bioscience，美国
2/3 期-RC，NCT05269134	PhageBank	C	手术+静脉	多种常见细菌	人工关节感染	280	2022.4~2025.10	APT，美国
2 期-RC，NCT05616221	AP-PA02	F	吸入	铜绿假单胞菌	慢性肺部感染	60	2023.1~2024.2	Armata Pharm，美国
1/2 期-RC，NCT05715619	VRELysin	F	口服	肠球菌	胃肠道感染	80	2023.4~2025.3	Intralytix，加拿大
1/2 期-RC，NCT05182749	ShigActive	F	口服	志贺菌	感染挑战	52	2023.2~2025.6	Intralytix，美国
1/2 期-RC，NCT05453578	WRAIR-PAM-CF1	F	静脉	铜绿假单胞菌	囊性纤维化	72	2022.10~2024.2	NIAID，美国
1/2 期-RC，NCT02664740	—	F	湿敷	金黄色葡萄球菌	糖尿病足感染	60	2022.1~2024.8	Pherecydes Pharma，法国
1/2 期-单臂，NCT05269121	PhageBank	C	手术+静脉	未说明	人工关节感染	20	2022.5~2024.11	APT，美国

注：RC. 随机对照；F. 固定配方噬菌体鸡尾酒；M. 基因编辑噬菌体鸡尾酒；C. 个性化噬菌体治疗；APT. 美国 Adaptive Phage Therapeutics 公司；NIAID. 美国国立过敏和传染病研究所

1. 从临床试验阶段上 2 条管线进入 3 期临床阶段，处于 2/3 期和 2 期临床阶段的分别有 3 条，处于 1/2 期临床试验阶段的管线 14 条，1 期临床试验管线 4 条。

2. 从剂型上 20 条管线为天然噬菌体组成的固定配方；美国 Locus Bioscience 公司和丹麦 SNIPR Biome 公司分别有 1 条基因编辑噬菌体组成的固定配方管线且在 1 期临床试验中均表现出良好的安全性；美国 Adaptive Phage Therapeutics 公司的 3 条管线均为噬菌体库个性化治疗，即从噬菌体库中预配型裂解性噬菌体后进行定制化治疗；另外，Deerland 公司处于 3 期临床试验阶段的候选药物 Preforpro 为噬菌体与益生元的组合配方，丹麦 Rigshospitalet 医院开展的临床试验采用粪便过滤液（含噬菌体等病毒和蛋白质等分子）对早产儿进行预防性干预，以期促进患儿胃肠道免疫和预防坏死性小肠结肠炎。

3. 从给药途径上 包含静脉、雾化吸入、口服、鼻饲、膀胱灌注、关节腔注射和局部给药（喷雾、凝胶、湿敷）等路径。

4. 从病原菌上 包括临床常见的铜绿假单胞菌、肺炎克雷伯菌、大肠埃希菌、金黄色葡萄球菌、肠球菌等。其中 12 条管线针对单一靶细菌，其他针对不同种的病原菌。

5. 从感染类型上 包括肺部感染、尿路感染、胃肠道感染、人工关节感染、糖尿病足骨髓炎、压疮、伤口感染、血流感染、扁桃体炎、特应性皮炎等多种类型。其中美国 Intralytix 还有一项感染挑战临床试验，即健康人挑战感染志贺菌后通过口服噬菌体候选药物研究治疗效果。

6. 从相关国家上　噬菌体治疗公司和/（或）实施国家包括中国、美国、加拿大、英国、法国、丹麦、以色列、澳大利亚、格鲁吉亚和乌兹别克斯坦等。目前，中国尚无经国家药品监督管理局批准进入临床试验（IST）的噬菌体治疗管线。中国噬菌体公司南京菲吉乐科的 2 条管线分别在美国和澳大利亚开展临床试验。不过，复旦大学附属中山医院、上海市公共卫生临床中心、上海嘉会国际医院、南方科技大学第二附属医院（深圳市第三人民医院）、深圳市人民医院和西安交通大学第一附属医院均有研究者发起的临床试验。

三、噬菌体治疗的安全性

噬菌体治疗在安全性方面具有天然优势：第一，噬菌体作为原核细胞病毒，无法感染人等真核细胞生物；第二，噬菌体病毒颗粒较大且不能自主游动，不能穿透人体组织，因此器官毒性小；第三，噬菌体特异性感染细菌，对人体正常菌群的影响较小。事实上，已有的文献和报道均显示了噬菌体治疗具有稳定的安全性（案例 7-4）。

> **● 案例 7-4**
>
> 在美国，曾有数千万人接种了受噬菌体污染的脊髓灰质炎、麻疹、腮腺炎和风疹疫苗，未监测到任何有害影响。由于担心噬菌体污染疫苗的安全性，Milstien 等从疫苗中分离出噬菌体，并将高滴度的噬菌体注射到 6～8 周龄的猴子体内，未观察到对猴子的不良反应。Petricciani 等通过额外的动物实验得出结论，噬菌体污染的疫苗对公共卫生没有真正的威胁。这些证据体现了噬菌体治疗的安全性。

噬菌体对人体健康的影响主要是通过间接作用发生的，潜在的风险可能包括以下几个方面：一是噬菌体本身或其在人体内大量杀菌可能激活过强的免疫反应；二是噬菌体压力下可能诱导细菌耐受为更高毒力或更强耐药性的菌株；三是噬菌体可能靶向与目标细菌同种的有益细菌或共生细菌而导致正常菌群失调；四是噬菌体制剂污染或细菌发酵残留物引起的副作用。这些潜在风险可以通过合理选择治疗用噬菌体和规范噬菌体制剂的质量标准来避免。

四、总结与展望

综合来看，噬菌体治疗已经在全球多个研究领域获得了积极的进展。尽管目前还处于相对初期的阶段，但已经有众多的临床试验数据支持了噬菌体治疗在多种感染性疾病中的疗效和安全性。从已有的研究成果来看，噬菌体治疗展现出了巨大的应用潜力。然而，噬菌体治疗在实际应用过程中仍然面临着一些挑战。例如，噬菌体制剂的工艺流程和质量标准，治疗用噬菌体或组合的选择，噬菌体治疗的审批路径等。为了应对这些挑战，全球的研究者正在加紧进行进一步的研究和发展工作，希望通过科学研究，能够更好地理解噬菌体的生物学特性和治疗机制，从而开发出更加稳定、高效、安全的噬菌体治疗方案。相信随着研究的深入，噬菌体治疗的安全性和有效性将得到进一步的提升，为全球的感染病患者带来更多的治疗希望。

（李　娜　李建辉　吴楠楠）

第四节　微生物病毒在环境中的应用

　　微生物病毒在环境中具有不可忽视的地位，它们遍布于土壤、水环境等多个生态系统中，对维护生态系统的健康与可持续性起着举足轻重的作用。这与党的二十大报告中强调的"推动绿色发展，促进人与自然和谐共生"的理念不谋而合。微生物病毒以其精准靶向特定宿主的能力，积极参与土壤污染治理与生态修复、推动土壤元素的生物地球化学循环，同时在富营养化水体的改善、医疗及生活污水的处理中发挥着不可或缺的作用。此外，鉴于微生物病毒的高度稳定性和广泛分布的特点，它们也被视为环境污染监测的有力工具。因此，深入研究微生物病毒在环境中的应用是保护生态环境、实现可持续发展的关键一环，具有深远的现实意义与科学价值。

一、微生物病毒在土壤中的应用

　　土壤是自然界最复杂的生态系统之一，健康的土壤是维持土壤生态系统可持续发展及保证粮食安全的关键。微生物病毒是土壤中丰度最高的生物实体，每克土壤中病毒颗粒数量高达 10^{10} 个，它们能够精准地调控微生物的死亡率，进而推动宿主生物的进化，并深刻影响着土壤元素的生物地球化学循环。在土壤修复、气候变化等方面，微生物病毒都扮演着举足轻重的角色。

（一）微生物病毒在土壤污染治理与修复中的作用

　　土壤中农药残留、重金属污染等问题一直以来都是人们关注的焦点。其中，农药残留会降低土壤质量，影响土壤肥力，并可能污染地下水；重金属污染则会导致土壤生态系统失衡，减少生物多样性，并可能通过食物链累积，对人体健康构成威胁。这些污染物还会改变土壤的理化性质，如 pH 和有机质含量等，进而影响农作物的生长和产量，因此亟待采取有效措施加以防治。作为土壤中丰度最高的实体，噬菌体除了编码核心病毒基因（病毒结构蛋白基因），还编码各种辅助代谢基因（auxiliary metabolic gene，AMG），这有助于提高宿主细菌的代谢能力和存活率。在污染土壤中，噬菌体能将编码农药降解酶的基因传递给细菌宿主，或激活宿主体内原本沉寂的辅助代谢基因，从而增强农药的分解效率。此外，噬菌体在重金属铬污染土壤修复中也展现出了独特的应用潜力。研究表明，噬菌体与宿主细菌在铬污染的土壤中形成了一种特殊的生态关系。随着铬污染胁迫的增加，噬菌体-宿主交互作用由

"捕食关系"逐渐转向"互利共生"。这一转变是噬菌体和宿主细菌为了适应环境胁迫而做出的协同进化策略。利用噬菌体的自然功能，可能开发出更加高效、环保的土壤修复方法，从而有效地减轻重金属污染对土壤和生态系统的危害。

（二）微生物病毒影响土壤元素的生物地球化学循环

元素循环是维持土壤肥力和生物多样性的基础，对生态系统的健康和可持续性至关重要。通过元素循环，土壤中的碳、氮、磷等关键元素得以在生物和非生物之间不断转化和再利用，从而形成一个动态平衡。这不仅有助于植物的生长，还对整个生态系统的稳定和地球化学循环产生深远影响。噬菌体在土壤元素循环中扮演着至关重要的角色，它们通过裂解细菌，释放细胞内的碳、氮、磷和硫等元素，促进这些元素在土壤中循环和再利用。具体来说，噬菌体的活动不仅直接影响土壤有机质的分解和矿化过程，还通过调控固氮、硝化和反硝化等关键过程，间接影响土壤中的氮循环。这些作用共同为土壤生态系统的健康和植物的生长提供重要支持。值得一提的是，近期研究表明 T4 类噬菌体的丰度与土壤二氧化碳的矿化速率呈负相关关系，它们通过杀死土壤细菌，降低活性细菌丰度来调控细菌的种群大小，进而抑制土壤有机质的矿化过程，减少二氧化碳的释放。利用噬菌体的这些特性，科研人员提出可以通过增加土壤中特定噬菌体的丰度来提高土壤有机质含量，改善土壤质量，并且这一操作也有可能减少二氧化碳的排放，对全球变暖产生积极影响。

二、微生物病毒在水环境中的应用

随着全球水资源污染日益加剧，传统的物理和化学手段在处理水华、赤潮及富营养化等棘手水环境问题时，显得捉襟见肘，成本高昂且效果不尽如人意。在此背景下，噬菌体这种具有极高靶向性的生物控制剂，正逐渐受到人们的青睐。特别是噬藻体，它们能精准地锁定并破坏特定藻类，不仅能够有效遏制有害藻的蔓延，更能在维护水体生态平衡方面发挥独到作用。此外，噬菌体在医疗与生活工业污水处理领域同样展现出惊人的潜力，尤其在遏制抗生素耐药性细菌扩散方面，其前景不可小觑。

（一）噬菌体在水华、赤潮和富营养化等水环境污染中的应用

水华、赤潮及水体富营养化等环境问题的根源主要在于水体中营养物质的过量积聚，尤其是氮、磷等关键元素的超标。这种积聚在多数情况下是由人类活动所引发的，如农业径流的污染、工业废水的无节制排放，以及生活污水的不合理处理等。这些不当行为共同推动了水体中氮、磷等营养元素的含量不断攀升，为藻类生物提供了暴发的温床。而藻类的疯狂增殖，不仅严重破坏了水体的生态平衡，更会释放出有毒有害物质，对水质及水生生物的安全构成严重威胁。近年来，噬藻体———一种专门靶向藻类的病毒，正逐渐被科研人员和环保工作者视为解决水环境污染的新锐工具。它的出现为环境保护领域注入了新的活力和希望。目前，利用噬藻体治理蓝藻水华等的实践仍处于初级阶段，相关应用主要局限于小水体中水华发生的初期，或作为预防蓝藻暴发的预处理措施。

（二）噬菌体在污水处理中的应用

污水是人们生活中不可避免产生的废弃物，其中医疗污水和生活污水与我们每个人的生活息息相关。医疗污水源自医院和诊所等医疗机构，在诊疗过程中会产生含有病原体、药品残留等有害物质的废水。随着细菌耐药问题的愈发严重，污水中耐药菌的比例也逐渐增多。在耐药菌的清除方面，噬菌体有其独特的优势，而且研究表明，噬菌体混合物对污水中各类细菌的处理比单一噬菌体处理的效率要高（案例7-5）。

案例 7-5

伊朗的一项实验将多家医院的污水样本收集起来，提取其中抗耐药病原菌的特异性噬菌体，在噬菌体鉴定后用发酵罐进行噬菌体扩增，然后将扩增的噬菌体混合物添加到医疗污水沉淀池中，并对其中的病原菌进行计数统计，结果显示该噬菌体混合物对医疗污水中各类病原细菌的抗菌活性非常高，可以显著改善医疗污水中含有抗生素耐药菌的问题。

生活污水则是人们日常生活中洗涤、冲厕等活动产生的废水，往往也含有很多病原菌，如铜绿假单胞菌、大肠埃希菌等，这些细菌通常以生物被膜（biofilm）的形式存在，处理起来比较困难。理论上讲，加氯消毒方法可解决生活污水中的病原污染问题，但操作起来难度较大。因为加氯太少，达不到消毒效果；加氯过多，又将导致消毒成本显著增高，且易产生卤乙腈、三氯甲烷等二次污染物。此外，加氯消毒的方法并不是对所有的病原体都有效，且加氯消毒后排入环境的再生水也仍然存在较大的健康风险。近些年的研究表明噬菌体在生活污水处理中也有很大的应用前景，它们可以改变废水处理的效率，并影响处理污水的质量。值得一提的是，研究表明将噬菌体与含氯消毒剂联合使用可以最有效地去除污水中的铜绿假单胞菌生物被膜，与单独使用噬菌体或含氯消毒剂相比，二者的联合使用能极大缩短处理时间并提高处理效率，这为今后细菌生物被膜的控制与去除提供了新思路。

（三）噬菌体在污泥处理中的应用

噬菌体在污水处理系统中广泛存在，而在污泥处理领域，噬菌体的应用展现出独特优势。在污泥处理过程中，污泥减量、污泥膨胀及污泥发泡是最常面临也是最需要解决的问题。首先，在污泥减量方面，虽然污泥生长对污水生物处理有益，但由于活性污泥中好氧微生物的同化效率较高，可能导致过量剩余污泥的产生。通过引入噬菌体等手段，可以控制特定细菌在污泥中的增殖，从而在确保污水处理效果的前提下实现污泥减量。其次，在污泥膨胀方面，膨胀的污泥会随水流失，导致污水处理效果降低。丝状细菌的过度繁殖是污泥膨胀的主要原因之一，因此利用噬菌体来清除这些丝状细菌，可以有效减缓污泥膨胀的发生。最后，在污泥发泡方面，污泥表面会产生大量的气泡，这些气泡聚集形成泡沫。这种泡沫现象会干扰氧气的传递，进而阻碍氧化过程，降低沉降性能，对废水处理效率和系统的稳定性产生不利影响。污泥发泡的主要原因在于气泡、疏水性物质及表面活性物质的相互作用，而其中的疏水性物质，如疏水性细菌，扮演着举足轻重的角色，使用噬菌体可有效控制疏水性细菌，从而抑制污泥发泡（案例7-6）。

案例7-6

Dyson等成功从活性污泥中分离出一种长尾噬菌体，并发现它能有效地裂解导致污泥发泡的疏水性细菌——松状斯科曼氏菌，从而有效抑制污泥发泡。另外，Khairnar等的研究表明，噬菌体NOC1、NOC2和NOC3能迅速降低疏水性细菌诺卡氏菌的丰度，进而显著减少污泥发泡。Liu等则从活性污泥中分离出了导致污泥发泡的丝状细菌戈登分枝杆菌及其对应的4种噬菌体。在经过9天的混合处理培养后，他们发现相较于对照组，宿主细菌的丰度降低了90%，且污泥泡沫明显减少。以上这些实例凸显了噬菌体在污泥处理中的巨大应用前景。

三、微生物病毒与环境监测

环境污染和食品安全正在成为发展中国家人类健康的严重问题。很多致病菌可以在人群中引起不同疾病，导致疾病大范围的暴发和流行，如链球菌、分枝杆菌、假单胞菌等。每年数百万人被这些细菌感染，常见的感染源是临床、食源、空气和水，因此对这些环境中的有害细菌进行监测是永恒的话题和严峻的挑战。

（一）微生物病毒作为粪便污染指示剂和示踪剂

为了防止水源性疾病的大规模暴发，科学家多年来开发了一种警报系统，即使用粪便污染指标来提醒人们注意疾病的可能性。噬菌体，作为一种能够特异性感染细菌的微生物病毒，在人体肠道内广泛存在。事实上，几乎所有已知的细菌都可能受到特定噬菌体的侵袭。近年来，随着噬菌体研究方法的进步以及环境经验的累积，人们发现噬菌体在某些病原和污染源检测中表现出色，符合相关指标的标准。因此，越来越多的学者提议将噬菌体作为食品和环境微生物学以及流行病学中的预警系统。这一提议的背后原因是噬菌体对细菌的特异性感染能力，以及传统细菌卫生指标的局限性（如大肠埃希菌和肠球菌等）。因此，噬菌体已被采纳为粪便和水质的生物指示剂。同时，噬菌体对污染物也表现出一定的反应，如其能吸附环境中的固体颗粒，这使得它在污水污染的早期预警和污水处理效率的标记上也具有应用价值。除此之外，众多学者还强调，噬菌体不仅可以作为肠道致病菌的指示剂，还有潜力成为某些肠道病毒（如人类诺如病毒、腺病毒和轮状病毒）的指示剂。有人提出将噬菌体作为示踪剂（tracer），示踪剂与指标的概念几乎相同，主要用于协助人们追踪污染源头。研究表明，脆弱杆菌噬菌体非常适合作为污水污染和潜在人类粪便污染的指标。

（二）微生物病毒作为水污染监测指标

目前，多种多样的噬菌体已经从各种水环境中分离出来，如污水、河水、池塘、湖水等环境。Guelin 首次倡导将噬菌体作为细菌的指示剂，他发现，在淡水和海水中，大肠埃希菌噬菌体的数量与大肠埃希菌数量呈正相关。此外他还发现，大肠埃希菌噬菌体在海水中的存活时间比它们的宿主长很多。同时，Dutka 等还对加拿大地下水进行了调查，并对饮用水进行了相应的处理，以确定是否还会有噬菌体存在。尽管原水和处理过的水中含有 0.05~1.5 mg/L 的游离氯和总氯，并且没有检测到大肠埃希菌菌群（CFU<0/100 mL），但是仍然监测到了大肠埃希菌噬菌体和其他类型的噬菌体。因此当有氯存在时，作为水污染指标的大肠杆菌略显不足，因此建议将噬菌体作为水污染监测指标之一。Cornax 等也研究了噬菌体群作为海洋水域污染指示剂的潜在用途，他们比较了在海水不同污染程度下，大肠菌群、粪肠球菌群、肠球菌、大肠埃希菌噬菌体、F-特异性噬菌体和脆弱芽孢杆菌噬菌体的存在情况，他发现肠球菌和大肠埃希菌噬菌体分别是咸水和污水中较为适宜的指示剂。

（三）微生物病毒作为肠道病毒监测指标

噬菌体也可以作为肠道病毒在消毒过程中的指标。噬菌体作为肠道病毒的一种，与细菌指标相比，噬菌体有一些优势，因为它们在环境中更丰富，通常更持久，并且可以提供有关病毒病原体更准确的信息，能够模拟相关肠道病毒在污水处理中的状态，因此噬菌体在消毒过程中具有指示肠道病毒的作用。监测每种特定病毒病原体的存在对于常规控制而言是不切实际的。除了技术困难，它还非常耗时，成本高昂，特别是对于那些最迫切需要高效水质控制的国家来说。因此，易于监测的噬菌体已被提议作为粪便和病毒污染的指标，现在已被纳入全球多个水质法规和指南中。

总之，微生物病毒在环境中的应用前景广阔，随着科技的进步和研究的深入，其在环境保护和生态修复领域的应用价值将更加凸显。微生物病毒具有精准的靶向性和强大的代谢能力，

数字资源 7-3

噬菌体在环境中的应用

能够有效调控微生物群落，提升生态系统的稳定性与自净能力。在土壤修复、水体净化及环境监测等方面，微生物病毒的应用展现出巨大潜力。未来，通过优化噬菌体等微生物病毒的利用方式，开发更高效、环保的生物控制策略，将有助于构建可持续发展的生态系统，促进人与自然的和谐共生。同时，随着对微生物病毒作用机制的深入探索，其在医疗污水处理、污泥处理等领域的应用也将得到进一步拓展，为环境保护和公共卫生安全提供新的解决方案。

（杨　航）

第五节　微生物病毒在生物检测中的应用

噬菌体技术的应用范畴很广，在检测各类分子和病原体方面也有很多用处。当前，科学家主要通过两种方式构建噬菌体探针进行生物样本的检测：一是直接利用噬菌体的尾丝或衣壳蛋白的宿主特异性，以此为基础制备的探针能够特异地识别病原体；二是采用基因工程技术，对特定噬菌体进行遗传改造，展示特异性单链抗体或靶向蛋白质分子，使其能与目标病原体相结合。此外，根据不同检测目标的需求，噬菌体探针有多种信号表现形式，包括：①通过基因工程改造的噬菌体直接表达的荧光蛋白来实现信号标记；②利用噬菌体感染后

在宿主细胞内表达的基因与特定底物反应产生色变的噬斑，或通过肉眼可见的噬斑表现感染效果；③结合噬菌体与其他材料，间接呈现样品信号；④使用噬菌体基因组作为标签，通过基因扩增技术放大并显现目标信号；⑤利用噬菌体特有的宿主裂解效应，直观显示培养液是否由浑浊转为澄清。噬菌体介导的生物样品检测方法具备高度的多样性，为现代生物技术和医学研究提供了强有力的工具，这些方法的研究和开发，完全符合党的二十大精神中推动科技创新与实际应用相结合，增强自主创新能力和推进科技成果转化的战略方向。

一、利用噬菌体直接或间接显现荧光信号

噬菌体展示技术最早由 George P. Smith 在 1985 年介绍，涉及将目标蛋白展示在噬菌体的表面以筛选相互作用分子。由于噬菌体基因组能广泛容纳外源基因片段，可以将多种尺寸的遗传片段通过与其衣壳蛋白融合后展示出来。这种方法因具有高效性和高通量而被广泛应用于多种噬菌体系统，如 M13、fd、T4、T7 和 λ 噬菌体。

噬菌体展示的应用包括生物检测，其中通过噬菌体表达荧光蛋白或萤光素酶，可以实现对目标的间接检测。到 1996 年，已有研究者利用噬菌体的特异性转移和表达技术，创建用于高灵敏度检测李斯特菌的方法。通过同源重组技术，将萤光素酶基因嵌入噬菌体基因组的特定位置，可以使新感染的宿主细胞表现出生物发光特性，这种方法通过一种直观的生物标记来促进细菌的鉴定（案例 7-7）。此外，特定的病原蛋白也可以通过噬菌体介导的信号分子表达进行检测。例如，改造的 M13 噬菌体展现了与乙型肝炎病毒中的 HBc 抗原蛋白有高度选择性相互作用的表面肽序列，经过生物活性分析确定该肽仅与 HBc 抗原结合，通过噬菌体 ELISA、噬菌体斑点杂交和免疫沉淀分析等方法证实了其在检测特定病毒抗原中的应用潜力。

● 案例 7-7

美国埃默里大学医学院的 Jaye 等研究者采用噬菌体展示技术，通过使用荧光染料分子对噬菌体产生的噬斑进行标记，利用荧光显微镜和流式细胞仪直接分析噬菌体阳性克隆与靶分子的复合物。同时，Erik J. Slootweg 等研究者通过在宿主菌质粒中插入与黄色荧光蛋白（yellow fluorescent protein，YFP）融合的 T7 野生型衣壳蛋白（gp10）的基因，使得 T7 噬菌体感染后，宿主能表达这种融合蛋白，从而让噬菌体显示的荧光蛋白在与分子结合后可被荧光显微镜观察到。同年，Yasunori Tanji 团队将此技术应用于大肠埃希菌的检测，使用特异性 T4 噬菌体构建 SOC 蛋白与绿色荧光蛋白（green fluorescent protein, GFP）的融合，这使得插入 GFP 的 T4e 噬菌体（T4e-/GFP）在宿主中增殖时可增加绿色荧光强度，以区分大肠埃希菌与其他细菌。

这些技术相较于传统的检测方法展现出更高的灵敏度、成本效益及使用上的便利性。然而即便是未经任何改造的天然噬菌体，通过间接放大信号的方式，也能被广泛应用于生物检测。例如，2017 年，西南大学的付志锋团队从污水中分离出了一种对铜绿假单胞菌有高特异性的烈性噬菌体 PAP1。他们通过将此噬菌体与磁珠结合，创建了一个能够专门富集铜绿假单胞菌的探

针。利用这种探针在噬菌体繁殖和裂解细菌过程中释放出的腺苷三磷酸，与萤光素酶结合，可通过生物发光系统对铜绿假单胞菌进行数量的精确测定，此检测技术的示意图详见图 7-1。

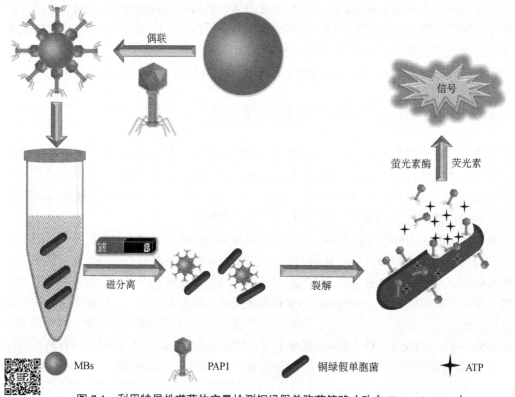

图 7-1　利用特异性噬菌体定量检测铜绿假单胞菌策略（改自 He et al., 2017）

铜绿假单胞菌高度特异性的烈性噬菌体与磁珠组装，构建用于富集病原菌的特异性探针，通过噬菌体的裂解作用，释放出细菌体内 ATP，定量检测 ATP 来获得铜绿假单胞菌的存在与否及数量

二、利用噬斑进行可视化检测

1938 年，有研究者利用细菌对不同噬菌体的敏感性差异，确定细菌的种类和属。它依赖于在细菌被噬菌体裂解后，在培养基上形成可见斑块的原理，已被应用于众多细菌种类的鉴定。然而，噬菌体分型作为诊断手段有其局限性。例如，依赖宿主菌的增殖速率，对生长缓慢的细菌如分枝杆菌的检测可能过于耗时。为克服这一限制，一些研究者改用液体培养基并采用电化学方法以检测噬菌体的标志性分子，从而加快对病原菌的检测过程。

2015 年，周昕课题组开发了一种新的检测方法，将经过基因改造的表面带有荧光蛋白的 T7 噬菌体与金纳米颗粒（gold nanoparticle，GNP）结合，形成"一对一"的 T7@GNP 探针，用于超灵敏单分子的肉眼可见计数检测，目标为 miRNA。这种系统还包括磁性微粒（magnetic microparticle，MMP）探针，修饰有目标 miRNA 互补的另一端 DNA 序列。在样品中的目标 miRNA 存在时，T7@GNP 探针和 MMP 探针能同时捕获 miRNA，形成 MMP+miRNA+T7@GNP 的复合体。使用磁力分离并通过加水或竞争剂释放噬菌体，再进行培养，每个噬菌体在培养平板上形成的噬斑可通过肉眼直接计数，从而相当于计算捕获到的目标 miRNA 数量（图 7-2）。

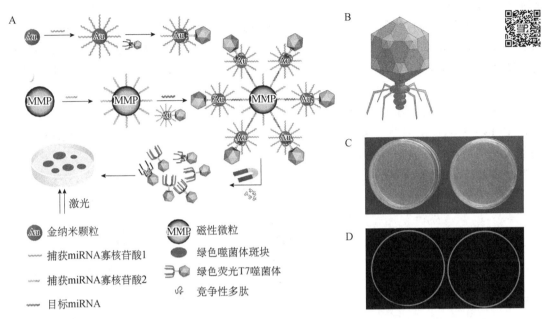

图 7-2　噬菌体介导的超灵敏肉眼检测核酸分子示意图（改自 Zhou et al., 2015）

A. 检测原理示意图。B. 重组荧光 T7 噬菌体构建示意图。C. 培养皿照片显示当绿色荧光 T7 噬菌体
铺在宿主菌平板上培养后，培养板上有噬斑（右图）；当没有噬菌体时，宿主菌平板上没有噬斑
（左图）。D. 荧光扫描仪在 488 nm 激发光扫描图 C 所显示的图像，右图为对应的绿色荧光噬斑
平板的扫描图，左图为无噬菌体感染的空白对照

　　随后，周昕课题组进一步发展了一种无须依赖荧光扫描设备，可以直接肉眼计数探针捕获目标物的技术。该团队设计了一种含有 *lacZ* 基因的可显色的非裂解 M13 噬菌体，这种噬菌体与 GNP 组装形成一种 M13 噬菌体@GNP 探针。此探针用于直观计数 H9N2 流感病毒的数量，替代了传统的 T7 荧光金探针系统。纳米探针首先捕获样品中的所有目标病毒，然后加入 M13@GNP 探针形成 MMP + H9N2 + M13@GNP 的夹心结构。通过磁分离后的夹心结构与 M13 宿主菌 ER2738 混合，涂布在添加了 IPTG（异丙基硫代-β-D-半乳糖苷）/X-Gal 的 LB 琼脂平板上，经过短暂培养后即可通过计数蓝斑直观显示结果。这种方法操作简便，只需普通的细菌培养设备，与传统的半数组织培养感染量（TCID$_{50}$）病毒滴度测定法相比，更直观、简单和精确。这不仅降低了实验成本，同时也实现了超灵敏的肉眼计数，为病原体检测提供了一种低成本且高效的新方法。

三、利用与噬菌体组装的材料间接呈现检测信号

　　纳米诊断技术结合噬菌体应用已经取得了显著进展，并显示出良好的发展潜力，其中包括开发结合不同纳米材料的噬菌体探针，这类探针能间接显示样本中目标物的存在。结合噬菌体检测技术与纳米技术的优势主要体现在两个方面：首先，噬菌体能特异性且高亲和力地结合目标物；其次，利用噬菌体展示技术可以将外源基因片段表达于其表面，并通过化学修

饰与具特定物理或光学属性的纳米材料组装，形成一种噬菌体@纳米材料探针，以此来探测和显示目标物的信号。

临床上十分重要的白念珠菌（*Candida albicans*），传统的检测标准如血液培养法，由于其低灵敏度和耗时5天，患者无法获得及时治疗。2015年，毛传斌教授团队开发了一种利用M13噬菌体制备的"纳米纤维"，用于快速且灵敏地检测人血清中的白念珠菌抗体。他们将M13噬菌体（表面表达有针对白念珠菌抗体肽的基因工程噬菌体）与磁珠结合，构建成磁性噬菌体探针，这使得它们能够在血清样品中富集目标蛋白，通过磁分离后洗脱，并通过夹心ELISA检测提供结果。这种方法展示了一种通过在噬菌体表面表达生物标记肽进行高灵敏度及高特异性检测的通用策略（图7-3）。

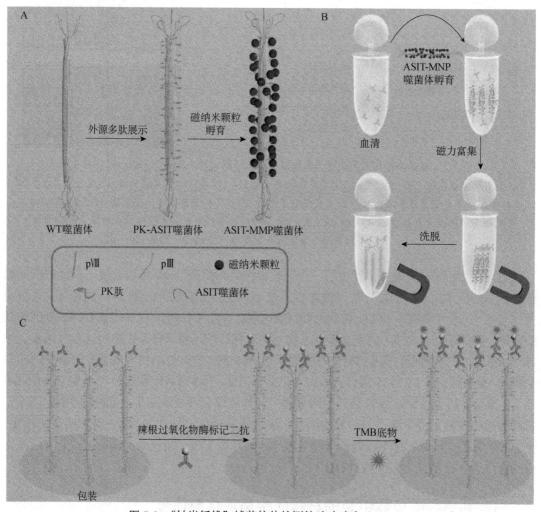

图7-3 "纳米纤维"捕获抗体检测策略（改自 Wang et al., 2015）

A. "纳米纤维"捕获抗体检测策略示意图；B. ASIT-MNP 噬菌体磁纳米颗粒捕获生物标志物，磁力架富集分离 ASIT -噬菌体/生物标志物复合物；C. 将洗脱后的 ASIT-噬菌体/生物标志物复合物涂覆在 ELISA 平板上，加入辣根过氧化物酶（HRP）标记的二抗识别该生物标志物，将 TMB 染色液添加到络合物中进行显色。PK 肽表示 MNP 结合肽（PTYSLVPRLATQPFK）；ASIT 表示抗 Sap2 - IgG 靶向肽（VKYTS）

四、基于噬菌体的免疫 PCR

在疾病的早期阶段，一些关键的标志物蛋白在血清或组织中的表达水平可能较低，使得它们难以被侦测。超灵敏的蛋白质检测技术能够及早发现这些蛋白质，有助于及时干预疾病进程，从而可能延缓病情恶化或帮助治愈疾病。尽管如此，蛋白质检测的灵敏度通常不及特异性 DNA 检测。当前广泛使用的酶联免疫吸附试验（enzyme linked immunosorbent assay，ELISA）的最佳检测限为 0.2 ng/mL，这仍无法满足对早期生物标记蛋白的临床检测需求。由于特异性 DNA 能通过聚合酶链反应（polymerase chain reaction，PCR）进行指数级扩增，结合了 PCR 技术与蛋白质识别的免疫 PCR（immuno PCR，IPCR）方法便显得尤为重要（图 7-4）。IPCR 结合了免疫检测的特异性和 PCR 的高灵敏性，为抗原检测提供了强大的工具。

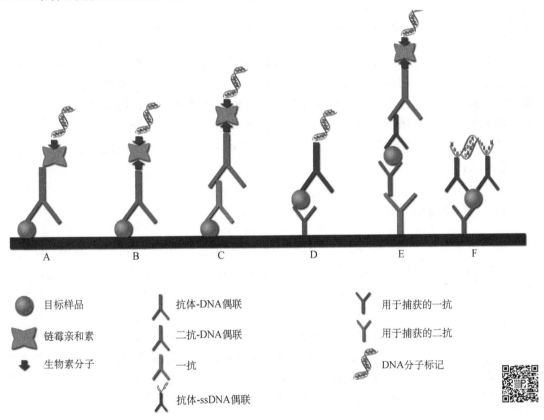

图 7-4　IPCR 示意图（改自 Assumpção and de Silva, 2016）

A. 常规 IPCR；B. 使用生物素化抗体的直接 IPCR；C. 间接 IPCR；D. 直接夹心法 IPCR；

E. 间接夹心法 IPCR；F. 间接连接 IPCR

周昕课题组采用了噬菌体展示技术，将抗癌胚抗原（CEA）的单链抗体展示在辅助噬菌体 M13KO7 的表面，制作了修饰有抗 CEA 单链抗体的噬菌体探针（M13-ACEA scFv）。首先，修饰有 CEA 抗体的免疫磁珠与血液样本孵育，经磁力分离和洗涤后，用噬菌体探针孵化这些细胞，再用带有噬菌体衣壳蛋白 P8 抗体的磁珠捕获与细胞结合的噬菌体。最后，通过 PCR 扩增噬菌体 M13KO7 特有的基因段，实现对单个过表达 CEA 的循环肿瘤细胞

（CTC）的快速、超灵敏检测（图7-5）。

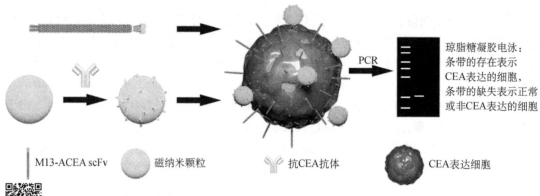

M13-ACEA scFv   磁纳米颗粒   抗CEA抗体   CEA表达细胞

琼脂糖凝胶电泳：
条带的存在表示
CEA表达的细胞，
条带的缺失表示正常
或非CEA表达的细胞

图 7-5　利用噬菌体检测单个过表达 CEA 的肿瘤细胞（改自 Hou et al., 2021）

　　该细胞检测方法充分发挥了噬菌体的基因可编辑性和核酸扩增技术的优势，从而实现了高灵敏度的检测效果，同时具有低成本的优点，显示出成为一种被广泛采用的细胞检测技术的潜力。总体而言，基于噬菌体的这类检测技术具有明显的创新性。根据不同的检测需求，可以选择合适的方法。预计这种结合噬菌体展示功能和纳米技术的噬菌体纳米复合探针，以其操作简便、灵敏度高和可视化的特性，未来可能成为市场上新兴的体外诊断工具。

五、总结与展望

　　噬菌体技术最初用于预防和治疗人类细菌感染，现已扩展到食品安全、动植物疾病防治、工业发酵污染控制、环境修复和生物材料构建等领域。噬菌体的宿主特异性和基因工程潜力，使其成为检测分子和病原体的理想工具。通过直接利用噬菌体的尾丝或衣壳蛋白特异性，或通过基因改造展示特异性抗体和靶向蛋白，噬菌体探针在生物样品检测中表现出多样的信号表达方式，如荧光蛋白标记、噬斑色变、噬菌体与纳米材料的组合，以及基于噬菌体裂解效应的直观显示。这些进展不仅提高了检测的灵敏度和便捷性，还降低了成本。展望未来，结合噬菌体技术和纳米技术的发展，预计将推动更多创新的诊断工具进入市场，为现代生物技术和医学研究开辟新的道路。

数字资源
7-4

噬菌体样针应
用于生物检测

（袁嘉晟　周　昕）

第六节　噬菌体展示技术

　　噬菌体展示（phage display）是指将外源基因或随机序列的 DNA 分子群与噬菌体衣壳蛋白基因相连接，使外源 DNA 所编码的蛋白质以融合蛋白形式表达在噬菌体外壳表面的方法。该方法实现了在同一噬菌体内编码 DNA 序列与其蛋白质（肽）之间的物理联系。1985

年，George Smith 团队首次建立了基于丝状噬菌体 f1 的噬菌体展示技术，并于 2018 年获得诺贝尔化学奖。噬菌体展示技术作为一种研究蛋白质-配体相互作用的鉴定、选择和进化技术，具有简单、有效、易控、高效率和高通量等优点，被广泛用于探究基础科学问题、研究工具开发、个性化医疗及纳米技术等各个领域。随着生命科学的快速发展，噬菌体展示技术也在不断改进。本节以经典的 M13 噬菌体展示平台为例，介绍该技术的基本原理、常用的展示系统及在生命科学研究领域的应用。

一、噬菌体展示技术的原理

利用蛋白质与其配体之间存在的亲和力，通过噬菌体展示技术捕获与配体相互作用的目标蛋白。首先创建目标蛋白（肽）的序列库，并将其与噬菌体的衣壳蛋白融合，展示在噬菌体表面。然后通过特定分子靶标的亲和作用，对展示在噬菌体表面的外源蛋白（肽）库进行多轮淘选和富集，最终捕获能够与配体产生亲和作用的目标蛋白（肽）。因此，噬菌体展示系统也被描述为蛋白质-配体相互作用的"检索机器"。噬菌体展示过程包含多个步骤。首先，利用基因工程方法将编码外源蛋白（肽）的 DNA 序列插入到噬菌体基因组中的适宜位点。外源片段随噬菌体的复制进行扩增，生成蛋白质（肽）库，并以融合蛋白的形式展示在噬菌体表面，初步建立噬菌体文库。随后，利用能够与目标蛋白（肽）特异结合的靶分子作为诱饵，捕获表面展示了目标蛋白（肽）的噬菌体（猎物），通过洗涤，去除非特异性结合的噬菌体。一般对噬菌体库进行 3～5 轮淘洗和扩增，可获得表面展示了能够与靶分子特异结合的目标蛋白（肽）的噬菌体。最后，通过 DNA 测序获得目标蛋白（肽）的 DNA 序列信息（图 7-6）。根据建立的文库的不同，可以分为随机肽库、cDNA 文库、抗体文库、蛋白质文库等。

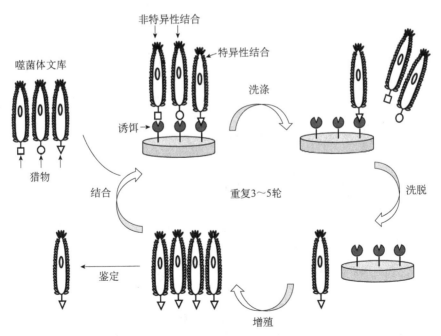

图 7-6 噬菌体展示技术的原理（胡福泉和童贻刚，2021）

二、M13 噬菌体展示系统

（一）M13噬菌体的特征

M13 噬菌体是一种感染大肠埃希菌的丝状病毒，其衣壳包裹着一个环状 ssDNA 基因组，编码 11 个蛋白质，其中包括 5 种与噬菌体展示密切相关的衣壳蛋白。M13 噬菌体的衣壳蛋白 P3 和 P8 是最常用的两种展示蛋白，以此为基础分别形成了经典的 pⅢ 和 PⅧ 展示系统。子代 M13 噬菌体装配完成后，在不裂解细胞的情况下完成释放，因此可以快速、持续地生产子代噬菌体。由于 M13 噬菌体的基因组缺乏复制调控相关基因，因而可以生产高滴度的噬菌体（约 10^{13}），这是 M13 噬菌体展示平台成功的主要因素。

（二）M13噬菌体展示载体的类型

根据噬菌体展示系统中融合外源蛋白（肽）所用载体的不同，可以分为噬菌体载体和噬菌粒载体（图 7-7）。噬菌体载体是以噬菌体的基因组为载体，如 pⅢ 展示系统的 3 型或 PⅧ 展示系统的 8 型。M13 噬菌体的基因组中仅有两个间隔区适合插入外源 DNA 片段。基因Ⅱ和基因Ⅳ之间的 508 bp 间隔区是主要的外源片段插入位点。由于 P3 蛋白在噬菌体表面的拷贝数为 3～5 个，以噬菌体基因组为载体的展示系统往往形成外源蛋白（肽）的多价展示。为了实现外源片段的单价展示，提高毒性蛋白的转化效率，构建更大的文库，开发了噬菌粒载体。

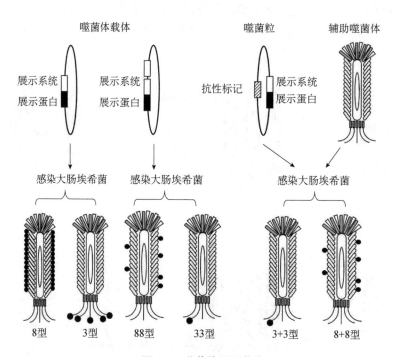

图 7-7　噬菌体展示载体

噬菌体展示系统的载体包括噬菌体载体和噬菌粒载体。噬菌体载体将外源片段
直接插入到基因组中进行转录和展示

噬菌粒载体是指利用分子生物学技术将噬菌体的 *p3* 或 *p8* 基因改造成噬菌粒，作为噬菌体展示系统的载体。噬菌粒具有质粒的复制功能，除了携带细菌复制起点，还携带 M13 噬菌体复制起点和便于抗性筛选的抗生素抗性基因。噬菌粒载体可以插入外源片段表达融合型 P3 或 P8 衣壳蛋白。为了保证子代噬菌体的正常装配，需要能够表达野生型 P3 或 P8 蛋白的辅助噬菌体共同感染大肠埃希菌。在子代噬菌体复制和组装过程中，噬菌粒上携带的外源肽段会展示到噬菌体表面，一般为单价展示。常用的噬菌粒展示系统包括 pⅢ 展示系统的 3+3 型和 PⅧ 展示系统的 8+8 型。除此之外，还开发了具有双重外壳蛋白基因的噬菌体载体，如 pⅢ 展示系统的 33 型载体和 PⅧ 展示系统的 88 型载体。这种载体是指同一噬菌体的基因组中携带两个拷贝的 *p3* 或 *p8* 基因。其中一个拷贝用作表达野生型衣壳蛋白，另一个拷贝用于插入外源片段，表达融合型衣壳蛋白。

（三）M13展示系统的选择

M13 噬菌体是使用最广泛的展示系统，其表面的 5 种衣壳蛋白均可以用作外源蛋白（肽）的展示。外源蛋白（肽）与不同衣壳蛋白的氨基（N）端或羧基（C）端融合，具有不同的展示密度和价位，主要由衣壳蛋白的拷贝数和特性决定。高密度和多价展示可提高配体筛选的概率，但是受空间位阻的干扰，仅适用于小分子量蛋白质（肽）的展示。大分子量蛋白质（肽）更适合低密度和单价展示。在噬菌体组装过程中，通过共同表达野生型和融合型衣壳蛋白，可以改变外源蛋白（肽）展示的密度/价位。根据所展示外源蛋白（肽）的分子特征和功能，可以选择其 N 端或 C 端与衣壳蛋白融合（图 7-8）。

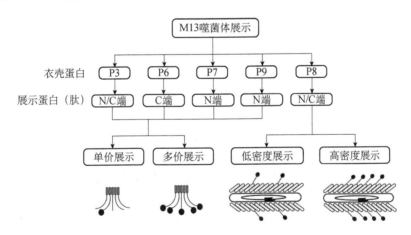

图 7-8　M13 噬菌体展示系统的选择（改自 Boriana，2018）

M13 噬菌体的 PⅧ 展示系统可以高密度展示小分子量蛋白质（肽），对于分子量较大的外源蛋白（肽）
则仅能实现低密度展示；pⅢ 展示系统可以实现外源蛋白（肽）的单价或多价展示

1. pⅢ 展示系统　　次要衣壳蛋白 P3 由 406 个氨基酸构成，分布在 M13 噬菌体颗粒的侵染宿主端，每个噬菌体有 3～5 个拷贝，是噬菌体感染宿主菌所必需的蛋白质。P3 蛋白 N 端位于噬菌体颗粒的表面，与噬菌体感染相关，常用于展示外源片段。P3 蛋白在结构上可分为 N1、N2 和 CT 三个功能域。pⅢ 系统不适宜展示影响衣壳蛋白输出过程的外源蛋白或肽。以 P3 蛋白为展示系统时，P3 蛋白有两个位点可以供插入外源序列。当外源片段插入 P3 蛋白 N 端的信号肽和 N1 之间时，*p3* 基因能够正常转录合成有功能的 P3 蛋白，噬菌体保持其对宿主菌的感染性；当外源片段插入 CT 疏水区时，噬菌体则不能正常增殖，失去其感染能力。这种情况下，则需要辅助噬菌体表达正常的 P3 蛋白确保重组噬菌体具有感染能力。P3 蛋白容易被蛋白酶水解，这种情况下，每个噬菌体展示的外源蛋白（肽）数量少，通常为单价展示。P3 蛋白在噬菌体表面的拷贝数少，因此每个噬菌体表面展示的融合蛋白仅有 1 或 2 个，这种低密度单价展示方式在生物疫苗开发以及免疫学相关研究中受到限制，所以 pⅢ 展示系统多用于抗体文库的筛选，可以淘选到高亲和力的抗体。pⅢ 系统对展示的外源蛋白（肽）片段大小无严格的要求，可以用来展示分子量较大的蛋白质（肽），可插入外源片段长度最高达 12 000 bp。但是大分子量外源蛋白（肽）会干扰噬菌体的组装，导致噬菌体感染率降低。如果在噬菌体装配过程中缺少 P3 蛋白，将产生携带 2 个或更多基因组的多聚噬菌体，表现为其丝状形态更长。

2. PⅧ展示系统　　主要衣壳蛋白 P8 位于噬菌体颗粒的两侧，形成螺旋桶状结构，在噬菌体表面拷贝数高达 2700 个。P8 蛋白的 C 端与 DNA 结合，其 N 端暴露于噬菌体表面，因此外源片段仅能在 P8 蛋白的 N 端展示。PⅧ系统由于 P8 蛋白拷贝数较多，可以实现外源蛋白（肽）的高密度展示，适用于免疫学特性模拟等相关研究，如筛选低亲和力的配体。由于 P8 蛋白的分子量很小，仅为 5.2 kDa，只适用于展示小分子量的外源短肽。一旦外源肽段长度超过 6 个氨基酸，则会影响噬菌体的装配和侵染过程，不能形成有功能的噬菌体。例如，展示 16 个氨基酸的多肽会使噬菌体的活力降低至 1%。通常情况下，在 P8 蛋白 N 端插入五肽不会影响噬菌体的螺旋对称性，但是一旦删除 N 端前 5 个氨基酸将会导致噬菌体活力下降。为了实现外源蛋白（肽）在 P8 蛋白的 C 端展示，可在外源蛋白与 P8 之间加入氨基酸接头，但是不能在第 47 位氨基酸及其之后的区域插入外源肽段。当有辅助噬菌体存在时，可以提供野生型的 P8 蛋白，此种情况下，可以融合大分子量的外源片段进行低密度的展示。外源蛋白（肽）的展示密度取决于 M13 噬菌体组装过程中野生型 P8 蛋白的数量。这种 8+8 型的展示方式效率较低，每个噬菌体颗粒展示的外源蛋白（肽）数量小于 1 个拷贝。基因突变能够大幅提高其展示效率。例如，Sidhu 等对 *p8* 基因进行突变，可以展示包括寡聚蛋白在内的大分子蛋白质，展示效率可提高 100 倍。

3. 其他展示系统　　M13 噬菌体基于 P6 蛋白的展示系统可用于 cDNA 文库的展示。该系统将外源蛋白（肽）展示于 P6 融合蛋白 C 端，减少了 N 端展示过程中终止密码子的问题。以 P7 和 P9 蛋白为基础构建噬菌粒载体，实现了在蛋白质 N 端同时展示有功能的重链和轻链可变区抗体。在该展示系统中，外源抗体的重链和轻链分别与 P7 和 P9 蛋白 N 端融合，展示在表面的融合蛋白能够相互作用形成功能性的 Fv 结合域。

（四）M13噬菌体展示系统的特点

以 M13 为代表的丝状噬菌体专性感染 F⁺大肠埃希菌，因此可以控制感染条件，而且大肠埃希菌感染后导致 F 菌毛被解聚，所以每个细菌只能感染一种噬菌体，即每个单菌落代表丝状噬菌体展示的一种特定的蛋白质（肽）。另外，在丝状噬菌体基因组插入外源序列的大小一般不受限制，插入较大的序列仅导致产生较长的噬菌体颗粒。更重要的是，丝状噬菌体可以抵抗极端条件，如低 pH、高温及酶促切割。M13 噬菌体的溶原性生命周期能够产生高滴度的子代噬菌体，也有利于蛋白质（肽）的展示。因此，以 M13 为代表的丝状噬菌体作为展示系统得到广泛应用。

另外，M13 噬菌体的生物学特性也决定了其展示外源片段的局限性。首先，所有用于噬菌体展示的衣壳蛋白都是 M13 噬菌体生长所必需的，因此在不影响衣壳蛋白功能的前提下进行外源蛋白（肽）的融合，限制了融合肽段的大小及融合的类型。其次，M13 噬菌体在细胞周质中进行病毒粒子的组装，展示可溶性表达的蛋白质（肽）时，会影响其展示效率和成功率。此外，尽管 M13 噬菌体允许插入长片段外源 DNA 并将其包装，但所得到的噬菌体更大/更长，因此稳定性差，繁殖速率更慢，从而影响后续的淘选过程。针对这些限制，科研人员不断改进和拓展噬菌体展示系统，进而开发了多种噬菌体、细胞和体外替代品用作展示载体，从而提高各种蛋白质（肽）的展示效率和成功率。

三、其他种类的噬菌体展示系统

随着对噬菌体研究的深入，除丝状噬菌体之外，目前还开发了基于噬菌体 T4、T7 和 λ 等的噬菌体展示系统并用于各种外源蛋白（肽）的展示。不同的展示系统有其独特的优势，在不同程度上能够弥补 M13 噬菌体展示系统的限制（表 7-3）。①这些噬菌体展示系统能够携带更长的外源 DNA，稳定性更强。②T4 和 T7 为裂解性噬菌体，在细胞质中完成组装并通过裂解离开宿主细胞，展示的可溶性蛋白不需要穿过细胞膜，增加可溶性蛋白的展示成功率，且不受分子量的限制。然而，这种在宿主菌胞内表达外源序列的特征不适用于展示对宿主菌有害的毒力蛋白（肽），同时也限制了氨基酸的后期修饰（如二硫键）。③这些噬菌体展示系统提供外源蛋白（肽）各种展示密度的可能性。λ 噬菌体的主要衣壳蛋白 pD 以三聚体形式存在，能够对外源蛋白（肽）实现多价展示。④这些噬菌体能够实现文库的快速淘选。丝状噬菌体 M13 的生长速率慢，而 T4 和 T7 噬菌体可以在 3 h 内形成噬斑，能够大幅缩短噬菌体文库多轮淘选所需的时间，因此更适合进行大型文库的构建和淘选。

表 7-3　噬菌体展示系统类型（胡福泉和童贻刚，2021）

比较项目	M13	T4	T7	λ
基因组大小	6.4 kb	168 kb	40 kb	48.5 kb
展示用蛋白质	所有衣壳蛋白，通常为 P3 和 P8	SOC 和 HOC	gp10	pD 和 pV
展示肽段大小	110 kDa (P3) 10 kDa (P8)	710 kDa	132 kDa	600 kDa
蛋白质功能	必需蛋白质	非必需蛋白质	必需蛋白质	必需蛋白质
最高展示密度	3～5 拷贝（P3）2700 拷贝(P8)	810 拷贝（SOC）155 拷贝（HOC）	415 拷贝	405 拷贝（pD）6 拷贝（pV）
噬菌体类型	溶原性	裂解性	裂解性	溶原性

随着噬菌体展示技术研究的不断深入，越来越多的研究表明，大多数噬菌体都能开发为展示系统，如基于 P22 噬菌体尾刺蛋白 TSP 展示系统、P4 噬菌体衣壳蛋白 Psu 展示系统、Q_β 噬菌体衣壳蛋白 gpA1 展示系统等。每种噬菌体都有其优缺点，但是其中首选仍然是经典的 M13 噬菌体展示系统。总之，在选择噬菌体展示载体时，应充分考虑载体的特征与展示分子的匹配度，匹配度越好，后续的筛选过程成功率越高。

四、噬菌体展示技术的应用

噬菌体展示技术能够通过构建抗体库、随机肽库、蛋白质突变体库和 cDNA 文库等展示广泛的蛋白质（肽），甚至包括分子质量高达 100 kDa 的抗体，如 scFV、Fab 片段或 VHH 结构域，是研究蛋白质与各种分子间互作最有效的工具之一。根据噬菌体展示外源片段的不同，噬菌体展示系统的应用可以分为两个分支。一方面，建立外源片段的噬菌体展示文库，利用靶标对文库中的片段进行筛选，用于研究分子间的相互作用，识别新的功能性肽段，发现新的抗体、药物或酶等。另一方面，利用噬菌体作为药物、疫苗的载体，展示具有特定功能的外源片段，靶向特定的细胞、组织或器官。除此以外，噬菌体还能够展示具有各种独特功能的纳米材料，如生物传感器、生物偶联支架等。因此，噬菌体展示技术以其独有的特性，被广泛应用于生物医学、生物技术、材料学等多个领域。

（一）在生物医学领域的应用

噬菌体展示技术为生物医学领域的研究和实践提供了高效、快速和精确的工具，被广泛应用于病原诊断、抗体开发、新型疫苗及抗菌剂的开发等方面，加速了生物医药领域的进步。

1. 病原诊断　　快速、准确的诊断方法在疾病的早期发现和防治上至关重要。噬菌体展示技术借助大规模组合文库，能够筛选出亲和力高、特异性强、与抗原/抗体结合稳定性高的结合肽，如特异性的配体、血清生物标志物、自身疾病抗原及抗体表位等，广泛应用于细菌病、病毒病及癌症等疾病诊断方法的创新和优化。近年来已经通过噬菌体展示技术成功筛选到多种具有显著开发价值的特异性配体，如可以特异性靶向人宫颈癌细胞的多肽、药物递送肽 fn-14、血脑屏障穿透肽、血管内皮生长因子（VEGF）受体结合肽及靶向特定器官的多肽等，这些配体的发现为疾病的早期诊断和治疗提供了潜在的新途径。

2. 抗体开发　　噬菌体展示技术是表征抗原-抗体之间相互作用的最有效工具之一。将随机生成的目标病原体 DNA 片段或合成的随机简并寡核苷酸片段插入噬菌体基因组中，分别形成天然肽库（NPL）或随机肽库（RPL）。NPL 更有可能与天然完整病原体产生抗体交叉反应，但文库中的绝大多数克隆没有功能，而 RPL 则能够扩大展示表位的范围。当展示编码免疫球蛋白抗原结合区的核苷酸片段（如 scFV、Fab 片段或 VHH 结构域）时，就会形成抗体展示文库（APD）。通过数百万个不同的抗体片段，可以筛选高度特异性的治疗性抗体。基于噬菌体展示技术能够成功筛选针对难靶向抗原的单抗抗体，并解决体内抗体筛选方法中存在的不足。目前通过噬菌体展示库已经成功地获得针对最具挑战性的靶点或表位的抗体，如流感病毒血凝素的结合区、G 蛋白偶联受体（GPCR）、离子通道的特定构象等。截止到 2023 年 6 月，已有通过噬菌体展示技术衍生的 17 种单克隆抗体获得批准（表 7-4）。

表7-4　噬菌体展示技术衍生的已获批治疗性抗体

抗体名称	类型	靶标	临床应用	获批时间
Adalimumab (Humira®)	IgG1	TNF-α	风湿性关节炎、克罗恩病、银屑病关节炎	2002
Ranibizumab	Fab-	VEGFA	老年眼底黄斑变性	2006
Belimumab (Benlysta®)	IgG1	B-Lyse	系统性红斑狼疮	2011
Raxibacumab (ABtraxT)	IgG1	PA	炭疽病	2012
Necitumumab (IMC-11F8)	IgG1	EGFR	直肠癌	2015
Ixekizumab	IgG4	IL-17a	银屑病、银屑病关节炎	2016
Atezolizumab	IgG1	PD-L1	肿瘤	2016
Avelumab	IgG1	PD-L1	肿瘤	2017
Guselkumab	IgG1	IL-23	银屑病	2017
Lanadelumab	IgG1	pKal	遗传性组织水肿	2018
Caplacizumab	VHH	vWF	免疫性血小板减少性紫癜	2018
Moxetumomab pasudotox	DsFv-PE38	CD22	毛细胞白血病	2018
Emapalumab	IgG1	INF-γ	特发性嗜酸性细胞增多症	2018
Inebilizumab	IgG1	CD19	多发性硬化症、脑炎	2020
Tralokinumab	IgG4	IL-13	支气管哮喘	2021
Faricimab	Bi-Fab	VEGFA、Ang2	眼底黄斑变性、糖尿病黄斑水肿	2022
Rozanolixizumab-noli	IgG4	FcRn	全身性重症肌无力	2023

3. 疫苗开发　噬菌体展示技术因其固有的免疫原性和展示外源抗原的能力，被广泛应用于抗传染病疫苗开发和癌症免疫治疗。噬菌体作为外来物可以被抗原提呈细胞（APC）吞噬。当噬菌体表面有外来抗原展示时，APC 可以通过主要组织相容性复合体（MHC）将抗原提呈给 T 细胞，从而激活机体的特异性免疫。因此，噬菌体诱导的先天和特异性免疫反应使其成为疫苗开发的有力工具。利用噬菌体展示技术构建抗原文库，无须昂贵的设备或特殊分析即可传递表位序列，从中淘选能够与抗体特异性结合的表位，协助设计和优化候选疫苗，提高疫苗的免疫原性和保护效果。另外，噬菌体能够高效展示多种抗原的能力推动了具有交叉保护性效果的通用型疫苗研究，也推动了针对乳腺癌、肝癌和肺癌等癌症的噬菌体展示疫苗的开发。噬菌体展示技术的成功应用为抗肿瘤药物的研发提供了新的途径，为精准医疗和个体化治疗带来了新的可能性。

4. 抗菌剂研发　噬菌体作为细菌的天敌，自发现以来一直用于细菌感染的防治。噬菌体展示系统的开发使得噬菌体在对抗各种细菌感染方面展现出新的应用。噬菌体表面展示抗菌剂衍生物可以提高其杀菌效果。例如，利用噬菌体展示系统已经筛选出抗炭疽芽孢杆菌、蜡样芽孢杆菌、枯草芽孢杆菌、球状芽孢杆菌和解淀粉芽孢杆菌的多肽或抗体，能够靶向细菌细胞的单种成分（脂多糖和类脂 A）、合成酶或参与细胞周期的蛋白质，可以有效杀伤细菌，且不受其耐药性的影响。噬菌体还可以与现有的抗菌药物偶联，提高其杀菌效果。例如，将金黄色葡萄球菌噬菌体与新霉素和氯霉素偶联，显著提高了对金黄色葡萄球菌的杀伤效果。噬菌体展示系统还可以展示靶向细菌毒素的多肽。例如，携带破伤风毒素和巨噬细胞 Mac-1 双抗体的工程化噬菌体使毒素对小鼠的致死剂量提高了 10 倍。

（二）在生物技术领域的应用

1. 蛋白质改造　　天然蛋白质的性质并非总是满足后续应用的需求，如酶活性、稳定性、亲和性等。通过位点突变可以优化目标蛋白的性质，但是突变的方向至关重要。通过噬菌体展示技术可以实现目标蛋白的连续定向进化。将目标蛋白的基因插入 M13 噬菌体基因组中，并组装为成熟的噬菌体（选择噬菌体）。宿主菌携带诱变质粒和噬菌粒载体。诱变质粒表达低保真度的 DNA 聚合酶，可导致选择噬菌体中目标蛋白的突变。噬菌粒表达 P3 蛋白，辅助子代噬菌体的组装。通过传代，选择性扩增展示优化蛋白质的噬菌体。噬菌体展示技术还可用于抗体的优化。通过改变抗体的结构或序列，设计出更具有特异性和亲和力的天然抗体衍生物（类抗体蛋白）。

2. 纳米载体　　工程化噬菌体可以作为纳米载体应用于药物的递送，促进了现代精准靶向治疗的发展。噬菌体展示库，特别是随机肽库，已被用于识别可作为纳米载体的 2 种分子：细胞结合肽和细胞穿透肽。首先，细胞结合肽能够引导治疗药物到达所需的靶点，如癌细胞、微生物病原体或特定组织。随后，药物可借助细胞穿透肽进入靶细胞，这对于核酸类药物分子递送尤为重要。通过噬菌体展示技术可筛选靶向肿瘤细胞中典型分子或过表达分子的纳米载体，能够特异性地将药物精准递送到肿瘤部位。此外，光动力疗法是最新开发的基于噬菌体展示的抗肿瘤治疗方法。其中光量子和光敏剂反应产生活性氧（ROS），其积累会导致癌细胞死亡。在噬菌体表面展示光敏剂卟啉及靶向 MCF-7 乳腺癌细胞的配体，能够使 MCF-7 细胞滴度下降 50%。以焦磷可比物作为光敏剂，融合了抗乳腺癌肽 SKBR-3 的噬菌体可诱导癌细胞死亡。

3. 生物传感器　　噬菌体展示技术在生物传感器的开发和优化中发挥着重要作用。通过噬菌体文库筛选高特异性结合肽或抗体片段，可以为生物传感器的灵敏度和特异性提供可靠的识别元素。另外，工程噬菌体本身也可作为生物识别元素应用。噬菌体本身具有自组装能力，能够形成稳定的纳米结构，通常用于微生物的检测。虽然天然噬菌体的宿主谱具有种属特异性，但是通过噬菌体展示技术的工程化改造，能够扩大其检测微生物的范围。另外，噬菌体还可被纳入电路，用于病毒生物电阻器（VBR）的开发，在环境和食品质量控制、病原体诊断等领域具有广阔的应用前景。

（三）材料学应用

噬菌体展示技术还被应用于化学和材料科学领域，以其展示的天然材料或合成材料监测或恢复动物体组织和器官的功能。M. Belcher 等首次利用噬菌体展示文库筛选出能够与半导体表面特异性结合的多肽。随后，研究人员陆续借助噬菌体展示文库筛选出能够与硫化锌（ZnS）、硫化镉（CdS）、掺氯聚吡咯（chlorine-doped polypyrrole）、磷灰石、羟基磷灰石等化合物特异性结合的肽。通过噬菌体文库还可以筛选能够特异性结合镧系元素（如 Eu_2O_3、$CePO_4$ 和 $TbPO_4$）和镉的多肽，协助这些元素形成纳米颗粒，从而实现超微量稀有元素的分离、浓缩和回收。利用噬菌体展示技术还可以发现能够与各种材料特异性结合的多肽，赋予其特定结构和全新的功能。噬菌体表面展示的随机肽库包含可能与任何材料相互作用的分子，在材料学领域中展现出广阔的应用前景。

五、总结与展望

新型生物材料的开发是改进诊疗方法及防控各种疾病的基础之一。噬菌体展示技术通过对噬菌体表面展示数量多达百万以上的蛋白质（肽）进行高通量的淘选，并借助噬菌体的自主扩增富集目标蛋白质（肽），揭示其不同的生物活性，在此基础上研发了多种复杂的新型诊断工具和治疗方法，推动了生物医学、生物技术及生物材料等研究领域的进步。总之，随着各领域科技的快速发展，噬菌体展示技术作为一种强大的工具和平台不断优化改进，在未来将进一步拓展其应用范围。

数字资源
7-5

噬菌体展示
技术

（张　灿）

第七节　微生物病毒的其他应用

噬菌体在多个领域展现出广泛的应用价值。在分子生物学领域，噬菌体为理解生命奥秘提供了有力工具。在农业方面，噬菌体作为一种生物农药，能有效控制农作物病害，如细菌性斑点病、软腐病等，对环境和作物安全无害，是绿色农业发展的重要助力。此外，噬菌体还能提高动物养殖的健康水平，减少疾病发生，提高经济效益。在工业领域，噬菌体可用于清洁和环保、清洗和消毒设备、控制发酵中细菌的污染。总之，噬菌体在分子生物学、农业和工业中均展现出其独特的优势和价值，为人类社会的可持续发展提供了有力支持。

一、微生物病毒作为分子生物学工具

近年来，随着基因工程和分子生物学等学科的发展，病毒作为微生物学工具的应用走向了一个新的纪元。

（一）微生物病毒作为载体

微生物病毒载体是指被用来传递外源基因或者 DNA 片段到宿主细胞体内的病毒。微生物病毒作为载体具有以下几个特点：病毒具有高度的专一性和高效的感染能力，能够有效地将外源基因导入宿主细胞中，可以选择合适的病毒载体来实现特定细胞的基因传递；病毒基因组在宿主细胞中往往具有较高的稳定性，可以长期表达外源基因；许多病毒具有相对简单的基因组结构，容易进行基因工程改造，使其携带特定的外源基因。微生物病毒作为载体已经被广泛应用于生物技术、基因工程、疫苗研发等领域，在生物医药和生物技术领域发挥着重要作用。

1. 细菌病毒（噬菌体）载体

（1）噬菌体克隆载体　　噬菌体是一类专门感染细菌的病毒，能寄生于宿主菌体内进行复制增殖，被广泛应用于基因工程中。噬菌体克隆载体主要分为以下几类。

1）λ噬菌体克隆载体。λ噬菌体是常用的克隆载体，具有以下特点：首先，λ噬菌体是

一种温和噬菌体，可以溶原形式长期潜伏于宿主细胞中，易于保存。同时，λ噬菌体也可进行大量繁殖。其次，λ噬菌体可以容纳较长的基因片段。此外，λ噬菌体上还有较多的限制性酶切位点，便于外源 DNA 片段的插入。已有的λ噬菌体载体主要分为两种：一种为插入型载体，通过特定限制性内切酶切割出相应位点，供合理范围内的外源 DNA 的插入；另一种为替换型载体，用外源待插入 DNA 替代λ噬菌体基因组中的非必需 DNA。

2）cosmid 克隆载体。cosmid 克隆载体通常又称为黏粒载体或柯斯质粒载体，其最大特点是包含了λ噬菌体中的 cos 序列。cos 序列是λ噬菌体 DNA 复制后能够被成功包装进噬菌体外壳中的一段重要序列。除 cos 序列之外，cosmid 还包含质粒的复制起点（ColE1）和氨苄青霉素抗性标记（amp'），因此，其可以如同质粒一样转化和增殖。cosmid 克隆载体的工作原理类似于λ噬菌体克隆载体。

3）单链 DNA 噬菌体克隆载体。ssDNA 噬菌体载体通常是基于丝状噬菌体的克隆载体，如 M13、f1、fd，其中 M13 噬菌体为最常见的 ssDNA 噬菌体载体。ssDNA 的酶切和连接通常比较困难，但 M13 噬菌体的环状 ssDNA 在复制的过程中会在宿主酶的作用下转化为双链复制型 DNA（replicative form DNA, RF DNA），因此 M13 噬菌体作为载体是基于其 dsDNA 状态。M13 噬菌体的 RF DNA 可以如同质粒载体一样，在体外进行纯化和操作；RF DNA 和 ssDNA 都能转染大肠埃希菌感受态细胞。此外，用它作为载体还可以测出插入外源 DNA 的方向。总而言之，ssDNA 噬菌体载体几乎具有质粒载体所有的优越性，且这类噬菌体颗粒在实验室容易获得，因此 ssDNA 噬菌体载体越来越受到科研人员的青睐。

4）P1 噬菌体载体。P1 噬菌体载体与 cosmid 克隆载体一样是以质粒的形式提供的，即最终以菌落的形式得到。pAd10sacBⅡ 是常见的 P1 噬菌体载体，主要特点包括：复制元件用 P1 噬菌体的复制子；包装用两个 loxP 重组位点和 pac 包装识别位点；环化用宿主菌的 Cre 蛋白，使两个 loxP 位点之间发生重组；筛选标记使用果聚糖蔗糖酶基因（sacB）和卡那霉素抗性基因（kan'）。外源片段插入到 P1 噬菌体载体的 sacB 基因中，在体外包装进噬菌体颗粒，噬菌体颗粒再侵染 cre+ 的大肠埃希菌，重组线性片段被注射进宿主菌中，在 Cre 蛋白的作用下，重组线性片段在 loxP 位点发生环化，最后在卡那霉素和 5% 的蔗糖培养基中可以筛选到所需要的重组子。

（2）噬菌体表达载体　　噬菌体表达载体是分子生物学研究中的常用工具，用于将外源基因导入宿主细胞，使其表达特定的蛋白质。噬菌体表达载体以病毒基因组序列为基础，插入启动子、终止子和密码子等必要的表达元件，以确保外源基因在宿主细胞中得到充分表达。噬菌体通过感染细菌并利用其功能元件进行自我复制，同时在这个过程中表达携带的外源基因。此外，噬菌体表面展示技术是将目标蛋白对应的外源 DNA 序列引入噬菌体基因组核苷酸序列中的特定位置，使肽或蛋白质能够在噬菌体表面表达的一项技术，也是噬菌体作为表达载体的一项重要应用。

（3）噬菌体编辑载体

1）噬菌体调控/编辑微生物群。微生物基因功能的研究对阐明微生物群落中发生的生态作用和复杂的遗传相互作用至关重要。Nethery 等构建了一种基于噬菌体的基因编辑方法，用于在群落环境中对目标宿主生物中的单个基因进行精确编辑。该研究团队使用 λ 噬菌体将胞嘧啶碱基编辑器递送到大肠埃希菌中，以高灵敏度和精确度改变大肠埃希菌 DNA 中的单个碱基。噬菌体辅助递送与碱基编辑一起，为微生物群落成员的遗传信息交流提供了一种重要的原位编辑方法。

2）噬菌体载体的 CRISPR/Cas 防控耐药遗传元件研究。相比质粒载体，噬菌体载体不仅具有较强的侵染宿主菌的能力，而且可以携带更大的 DNA 片段，可导入编码多蛋白质的 CRISPR/Cas 系统。此外，经噬菌体蛋白包裹的核酸较稳定，不易被降解。因此，噬菌体载体也被应用于利用 CRISPR/Cas 系统防控耐药基因的转移。目前利用噬菌体载体传递 CRISPR/Cas 系统防控耐药基因转移的策略主要包括三类（图 7-9）。

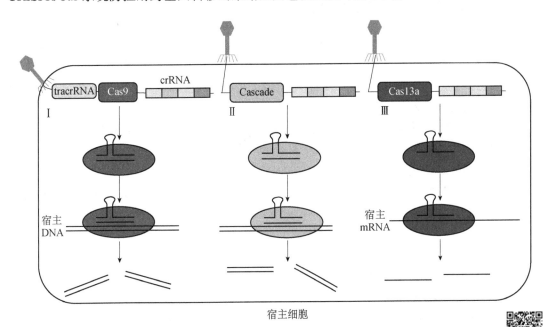

图 7-9　利用噬菌体载体传递 CRISPR/Cas 系统防控耐药的策略示意图

2. 真菌病毒载体　　病毒诱导的基因沉默（virus induced gene silencing, VIGS）是一种基于转录后基因沉默（post-transcriptional gene silencing，PTGS）的替代技术，常用于植物基因组功能研究（案例 7-8）。由于宿主真菌的不亲和性、真菌繁殖方式复杂等原因，真菌病毒作为分子载体被广泛应用仍面临许多挑战。

● 案例 7-8

　　谷类镰刀菌头枯病（*Fusarium* head blight, FHB）是一种由镰刀菌属引起的毁灭性极强的真菌作物病害，常见于大麦、小麦和燕麦中。有研究者在禾谷镰刀菌中分离出一种三环 ssDNA 真菌病毒 FgGMTV1，并构建了一个 FgGMTV1 缺失 DNA-C 组分的基因沉默载体 p26-D4，在该载体上插入与 FHB 毒力相关的基因片段，再将这些基因沉默载体导入小麦中，可以明显减少小麦的 FHB 发病率。

3. 古菌病毒载体　　目前所知的载体相关研究主要集中在噬菌体和真菌病毒上，古菌病毒载体的案例相对较少，但科学家对古菌病毒的兴趣正在逐渐增加，因为它具有一些独有的特性，可能为基因传递和基因编辑提供新的机会。例如，古菌广泛存在于各类环境中，包括极端环境，如高温、高压、酸性或碱性环境，因此它的病毒可能具有极端环境的耐受性，能被应用于不同的生物体系。尽管古菌病毒作为载体的研究仍处于起步阶段，但随着对它们的理解不断深入，以及基因编辑技术的发展，可以预见它们将成为未来生物技术领域的重要工具。

（二）微生物病毒来源的工具酶

常用噬菌体来源的工具酶有 T4 DNA 连接酶、T4 RNA 连接酶、T4 多核苷酸激酶、T4 DNA 聚合酶、T7 DNA 聚合酶、T7 RNA 聚合酶、Cre 重组酶、噬菌体裂解酶等，近年来还发现非引物依赖的扩增酶和 dCas9-SSAP 等新型工具酶。这些酶被应用于核酸提取、载体构建、蛋白质表达等多种分子实验中。

例如，T7 RNA 聚合酶是由 T7 噬菌体编码的一种单亚基 RNA 聚合酶，具有催化 5'→3'方向 RNA 合成的活性。T7 RNA 聚合酶具有高度的启动子专一性，可以特异性识别 T7 启动子，帮助 T7 启动子下游 DNA 序列的转录。利用此特性可以构建对目的基因转录实行多层次调控的强表达系统，如大肠埃希菌 BL21 (DE3) -pET 载体表达系统（图 7-10）。

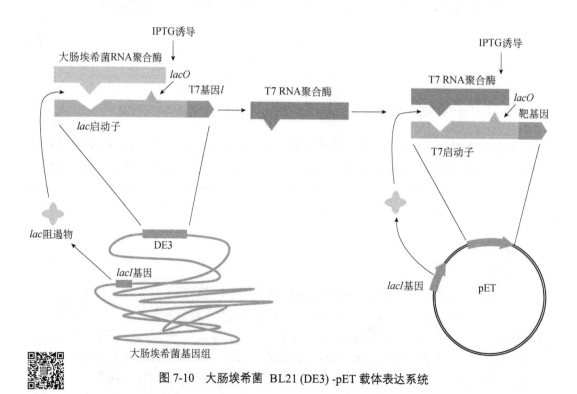

图 7-10　大肠埃希菌 BL21 (DE3) -pET 载体表达系统

再如，Cre 重组酶即环化重组酶，是一种来源于 P1 噬菌体的蛋白质。它能识别特异的 DNA 序列，即 *loxP* 位点，介导 *loxP* 位点间的基因序列删除或重组。Cre 重组酶可以催化两个 *loxP* 位点之间的特异性重组事件，重组的类型取决于 DNA 分子中 *loxP* 位点的位置与方向。基于 Cre 重组酶的活性，研究人员构建了 Cre-*loxP* 重组系统，它可以作为重要的基因编辑工具。Cre-*loxP* 重组系统可以介导三种重组类型，分别为倒置、删除与易位（图 7-11）。该系统已被成功地应用于酵母、植物和小鼠的基因编辑中。

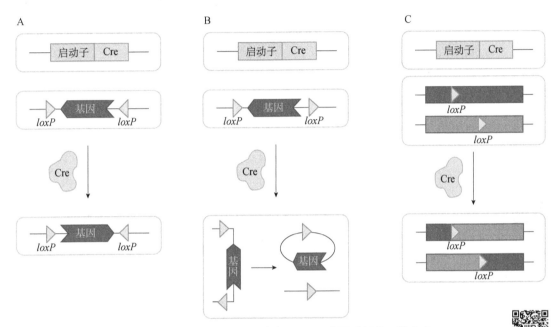

图 7-11　Cre-*loxP* 重组系统介导 DNA 分子重组的三种方式
A. 倒置；B. 删除；C. 易位

1. 噬菌体裂解酶　　噬菌体裂解酶是水解细胞壁的酶，在杀菌方面具有效率高、特异性强、安全性高等优点。根据裂解酶在肽聚糖上的水解位点可将其分为至少 5 类：胞壁酸酶、转糖基酶、氨基葡萄糖苷酶、酰胺酶和内肽酶（图 7-12）。裂解酶可以被应用于畜禽养殖、宠物保健、农业生产与食品安全、医学临床与病原检测领域中。同时，裂解酶高效的杀菌活性在分子生物学中也具有巨大的应用潜力。例如，切割 *N*-乙酰胞壁酸和 *N*-乙酰葡糖胺之间的 β-1,4-糖苷键的裂解酶，可以实现对细菌细胞壁肽聚糖层的快速裂解，在提取细菌基因组等分子生物学实验中发挥重要作用。

2. 非引物依赖的 DNA 聚合酶　　近期，研究人员在深海火山噬菌体中发现了自然界中第一个不需要引物的 DNA 聚合酶，即 NrS-1 聚合酶。NrS-1 聚合酶巧妙地将 DNA 聚合酶和引发酶的功能集于一身，并同时表现出 DNA 依赖的 RNA 聚合酶的特点。此外，NrS-1 聚合酶 N 端的截短结构仍有从头合成能力，但活性低于全酶，N 端负责聚合，C 端负责 DNA 结合（图 7-13）。NrS-1 聚合酶相对其他 DNA 聚合酶，其聚合能力较低，保真性也较差，缺乏核酸外切酶或末端转移酶活性。

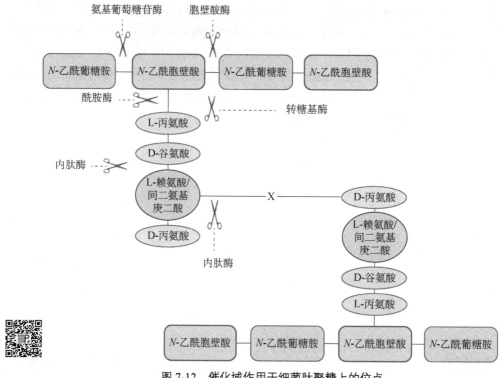

图 7-12　催化域作用于细菌肽聚糖上的位点

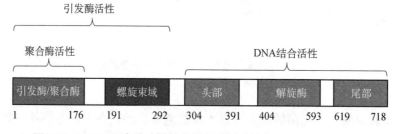

图 7-13　NrS-1 聚合酶功能结构域示意图（改自 Chen et al., 2020）

3. RNA 依赖的 RNA 聚合酶　　对于多数 RNA 病毒而言，基因组的复制和转录都是由 RdRP 催化完成的。尽管不同病毒的 RdRP 在氨基酸序列上差异巨大，但结构上却非常相似。φ6 噬菌体 RdRP 结构中具有两个正电荷通道：模板通道和底物通道。这两个通道分别允许 RNA 模板和核糖核苷三磷酸底物进入酶的内部，从而接近催化位点，其模板通道及其边缘衬有碱性氨基酸，有助于其与进入 RNA 的带负电荷的磷酸主链相互作用（图 7-14）。

4. dCas9-SSAP　　CRISPR/Cas 系统是 21 世纪新产生的具有革命性意义的基因编辑技术，源自细菌和古菌，是一种能抵御外源核酸入侵的防御系统。CRISPR/Cas 技术是一种由 RNA 引导 Cas 蛋白对靶向基因进行修饰的技术。所有目前已经问世的 CRISPR/Cas 技术都有两个尚待解决的问题，一个是安全性问题，另一个是长序列修复问题。科学家用单链退火蛋白（single-stranded DNA annealing protein，SSAP）和不切割 DNA 的 dCas9 核酸酶结合，开发出新型基因编辑工具 dCas9-SSAP，在人类细胞中实现了无 DNA 断裂的长序列精准编辑，顺利完成了上千个碱基的无脱靶基因插入，克服了传统 CRISPR/Cas 编辑中存在的问题。

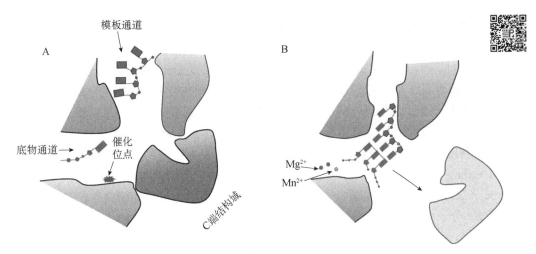

图 7-14　φ6 噬菌体 RdRP 结构的横截面示意图（改自 Levanova and Poranen, 2024）

A. ssRNA 模板（蓝色）和核苷酸（紫色）正在分别通过模板通道和底物通道，催化位点（红星）位于手掌域中。B. RdRP 活性从起始模式到延伸模式的转变发生在子链的前两个核苷酸之间形成磷酸二酯键之后。随后，C 端结构域可能被移位（如箭头所示），为合成的双链 RNA 分子创造一个出口通道

5. 病毒编码的抗 CRISPR 蛋白　　随着细菌与噬菌体的军备竞赛，一些病毒为了逃避宿主细菌 CRISPR/Cas 系统的清除，演化出抗 CRISPR 基因来使自身生存。例如，研究人员在李斯特菌噬菌体 ΦLS46 中发现了一种能抵御 CRISPR/Cas13 切割的蛋白质 AcrVIA1，AcrVIA1 结合指导 RNA，阻碍其靶向功能，进而阻止 Cas13 核酸酶的激活，使其无法切割 RNA，最终使 CRISPR/Cas13 失效。目前 *acrVIA1* 基因已作为一些工程噬菌体构建中的反向选择标记。除了在细菌病毒体内普遍发现抗 CRISPR 的蛋白质存在，许多古菌病毒在漫长的进化之中也会产生抗 CRISPR 的蛋白质。例如，在古菌的硫化叶菌病毒内发现的抗 CRISPR 的蛋白质——AcrIIIB2 蛋白等。

（三）微生物病毒作为连续定向进化工具

生物体新功能的进化是群体内持续基因组突变和选择的结果。这个过程是缓慢的，进化速度从根本上受到临界突变率的限制。定向进化通常通过体外产生的遗传多样性来避开体内突变率的限制，但也不能使基因在生物体内持续进化。细胞的突变率可以短暂增加，但高频次的非靶向突变会导致基因组上灾难性的突变负荷，并且不可持续。插入病毒基因组的基因可以通过反复感染新的突变细胞而发生突变，避开了增加细胞中基因持续突变率的问题，并且可以扩展至某些表型的选择。

1. 噬菌体辅助持续进化技术　　噬菌体辅助持续进化（phage-assisted continuous evolution, PACE）是由 David R. Liu 于 2011 年开发的一种用于生物分子定向进化的通用系统，它依赖于噬菌体和宿主大肠埃希菌连续共培养策略。PACE 选择系统使定向进化的速度比传统方法快了 100 倍，实现了生物体"自发"的连续定向进化。更重要的是，这种方法还能让酶蛋白产生前所未有的底物活性，产生具有量身定做的特异性的蛋白酶。根据这些发现建立了一个多功能的平台，用于重编程蛋白酶来选择性地切割新的治疗靶点。

2. 大肠埃希菌正交复制系统 正交 DNA 聚合酶-复制系统（orthogonal DNA replication，OrthoRep）是另一种细胞内连续进化方法，其基于一段胞内特殊的仅由特定正交 DNA 聚合酶复制的线性 dsDNA 质粒。将该系统的正交 DNA 聚合酶改造成易错 DNA 聚合酶后，可实现仅在特定的靶 DNA 中引入突变，而不影响宿主基因组的复制。该系统目前仅在酿酒酵母和苏云金芽孢杆菌中由天然存在的线性质粒系统发展而来，受到酿酒酵母倍增时间长和苏云金芽孢杆菌遗传操作工具匮乏的限制。Jason Chin 实验室于 2024 年在大肠埃希菌中利用烈性噬菌体 PRD1 的基因组复制机器开发出稳定的大肠埃希菌正交复制系统（*E. coli* orthogonal replication system, EcORep），可应用于靶基因的连续进化。

3. 人工 DNA 复制体系统 在非哺乳动物细胞中进化得到的蛋白质，常会因错误的折叠修饰、分子间相互作用、错误的细胞定位等因素，无法在复杂的哺乳动物细胞中正常工作。因此，开发能够应用于哺乳动物细胞中的定向进化技术是一大趋势。要完成更复杂的定向进化目标，则需要更大体量的突变库，以及进行多轮迭代进化。Xiao Yi 实验室在 2021 年开发的人工 DNA 复制体（targeted artificial DNA replisome，TADR）系统是一种细胞内突变方法，整个进化过程在活细胞中完成。TADR 系统也称为最简 DNA 复制体，是由 3 个蛋白质组成的蛋白质复合体，分别为噬菌体蛋白 CisA、细菌 Rep 解旋酶、T5 噬菌体 DNA 聚合酶的出错性突变子。该系统能够在短时间内把大量突变靶向指定的 DNA，同时保留基因组其他部分的完整性。TADR 系统可以同时进行多种碱基替换，为解决分子进化中的难题、开发生物药物和工业催化剂提供了潜力。

数字资源 7-6

微生物病毒作为分子生物学工具

（李锦铨）

二、微生物病毒在农业中的应用

无农不稳，无粮则乱，粮食安全是事关人类生存的根本性问题。在全球气候变化和生态环境恶化的背景下，病原细菌的广泛传播和危害加剧成为当前农业和环境领域的重大共性难题，威胁植物-土壤-环境健康。植物病害每年给全球粮食产量带来接近 10% 的损失，对人类粮食安全构成严重威胁。传统化学农药和抗生素等虽然短期内见效快，但具有靶向性不强、破坏环境微生物群落等缺点，影响植物叶际、根际微生物发挥其生态功能。同时，抗生素的不合理使用，使细菌产生了广泛的耐药性，诱导出了大量抗生素抗性基因和细菌，给土壤和农业生产带来了较大的安全隐患。滥用农药和抗生素所带来的生态环境和卫生安全风险成为国际共识，靶向阻控病原微生物的技术重新引起人们的重视。噬菌体是一种可以寄生于细菌并利用细菌进行繁殖的特殊生物体，在土壤、水、空气乃至动植物体内和体表都有大量分布。利用噬菌体阻控病原微生物的治疗手段被称为"噬菌体治疗"，被认为是一种可替代抗生素的绿色生态技术。噬菌体在农业上具有广泛的应用价值，可以用于作物病害防治、林业保护和环境治理等方面。本小节将从这些方面来探讨噬菌体在农业（种植业、林业）中的应用。

（一）用于治疗/生物防治的噬菌体类型

早期关于噬菌体应用的研究和尝试主要集中在使用噬菌体治疗人类感染性疾病，如葡

206

萄球菌感染、霍乱等。从术语的角度来看，噬菌体治疗这个术语通常出现在人类和动物的应用中。对于植物而言，噬菌体生物防治这一术语更为常用。近年来，已经发表了一些关于噬菌体生物防治的一些重要植物细菌病原体的研究，得到了许多良好的结果。噬菌体可分为烈性的和温和的两类，用于生物防治应用的噬菌体应该是烈性噬菌体，并在一定宿主范围内对目标病原体属/种的所有菌株进行有效感染。然而，有报道称青枯菌噬菌体（φRSL1）虽然裂解活性不强，但仍具有较好的生物防治效果。可能的理论是，该株噬菌体能够在作物根系周围土壤中不完全清除宿主微生物而实现共存，形成感染平衡，既能维持噬菌体的数量，又能抑制细菌的致病性。

（二）噬菌体生物防治的应用进展

农作物受到植物细菌病害的严重影响，导致农作物生长和生产力的显著下降。噬菌体生物防治作为一种具有成本效益和生态友好的策略，在解决由病原菌引起的作物健康问题上已经有了不少应用报道（表7-5）。2012年《分子植物病理学》杂志列出了多种重要的植物病原菌，丁香假单胞菌 (*Pseudomonas syringae*)、青枯菌（*Ralstonia solanacearum*）、农杆菌 (*Agrobacterium* spp.)、黄单胞菌 (*Xanthomonas oryzae*)、欧文氏菌 (*Erwinia* spp.)、木杆菌 (*Xylella* spp.)、果胶杆菌 (*Pectobacterium* spp.)和迪克氏菌（*Dickeya* spp. ）排名靠前，它们也是目前被用于噬菌体疗法研究和应用最多的几种植物病原菌。

表7-5 噬菌体疗法防控种植业病原菌的概况

宿主植物	病原菌	疾病
番茄	青枯菌 (*Ralstonia solanacearum*)	细菌性枯萎病
番茄、水稻、柑橘	黄单胞菌 (*Xanthomonas oryzae*)	细菌斑点病
猕猴桃、大豆	丁香假单胞菌 (*Pseudomonas syringae*)	细菌性枯萎病
苹果、梨	解淀粉欧文氏菌 (*Erwinia amylovora*)	火疫病
马铃薯	果胶杆菌 (*Pectobacterium* spp.)和迪克氏菌(*Dickeya* spp.)	软腐病、黑胫病
葡萄、柑橘	苛养木杆菌 (*Xylella fastidiosa*)	皮尔斯病

噬菌体可以针对农作物病原菌进行选择性杀灭，对防治一些常见的农作物病害具有良好效果（案例7-9）。目前国内外多个研究单位针对不同的植物病害收集了大量的噬菌体资源，且具有较好的病害防控效果。下面按照植物病害分类介绍噬菌体生物防治研究进展。

案例 7-9

噬菌体用于植物细菌病害防治的第一个实验证据要追溯到1924年，当时 Hemstreet 和 Mallmann 发现白菜滤液中的噬菌体类物质能够防止由黄单胞菌引起的白菜腐烂病。随后 Kotila 和 Coons 于1925年发现噬菌体处理败血性梭菌可以阻止马铃薯软腐病的发展。第一次有记录的田间试验发生在1935年，研究者发现用噬菌体预处理玉米种子可以减少玉米枯萎病的发生，玉米枯萎病发生率从18%降低到1.5%。1969年和1973年，Civerolo等和Civerolo分别将噬菌体用于防治水稻黄单胞菌（*X. oryzae*）。2005年，美国国家环境保护局首次批准了防治由野油菜黄单胞菌（*X. campestris*）和丁香假单胞菌引起的番茄和辣椒的细菌斑点病的噬菌体产品；2011年，美国国家环境保护局批准OmniLytics公司的生物农药AgriPhage™用于防治番茄的溃疡病。

1. 细菌性枯萎病、疫病和软腐病　　青枯病（由青枯菌导致）被认为是最具破坏性的植物病害之一，会导致重要经济作物的病害，如烟草、香蕉和番茄的青枯病以及马铃薯的褐腐病。据估计，全球马铃薯褐腐病每年的损失超过9.5亿美元。近年来，南京农业大学研究者率先建立了全国土传青枯菌专性噬菌体资源库，并探究精准靶向土传青枯菌的噬菌体疗法的微生态调控原理和技术体系。2019年，沈其荣教授团队在利用噬菌体定向调控土壤菌群-防控土传青枯病领域取得重要进展，该成果揭示噬菌体不仅可以"专性猎杀"和"精准靶向"土传青枯病的病原菌，降低其生存竞争能力；同时还能够重新调整根际土壤菌群的结构，恢复群落多样性，增加群落中拮抗有益菌的丰度。迪克氏菌和果胶杆菌都属于肠杆菌科，统称为软腐肠杆菌，是与马铃薯块茎软腐病和田间黑胫病相关的病原菌，在田间试验中，马铃薯块茎先被病原体真空浸润，随后噬菌体被雾化喷洒到受感染的块茎上，结果发现噬菌体处理组获得了更高的产量。丁香假单胞菌属于变形菌纲，也是一种重要的植物和动物革兰氏阴性菌病原体。1989年，Jackson获得一项美国专利，利用噬菌体制剂从受污染的大豆挑选物中清除天然存在的丁香假单胞菌，并减轻了感染丁香假单胞菌的大豆叶疾病症状。其他研究也表明噬菌体具有控制植株感染丁香假单胞菌的能力。

2. 苹果和梨火疫病　　火疫病的病原菌解淀粉欧文氏菌（*Erwinia amylovora*）是苹果树和梨树的主要病原体，几乎所有的苹果和梨树品种对该病原体都有中度到高度敏感性。研究者将噬菌体与非致病宿主成团泛菌（*Pantoea agglomerans*）结合，在温室和田间条件下测试了它们在果树花期对病原体的控制能力。Akremi等从突尼斯北部的3个不同果园中分离出4株解淀粉欧文氏菌噬菌体PEar1、PEar2、PEar4和PEar6。经研究发现，噬菌体感染的细菌显示出游动和群集运动性降低，4株噬菌体的混合物可以显著减少解淀粉欧文氏菌对梨树的感染，表明这些噬菌体具有作为生物防治剂的潜力。

3. 柑橘细菌性溃疡病和斑点病　　2008年，Balogh研究了噬菌体对黄单胞菌导致的亚洲柑橘溃疡病（Asiatic citrus canker，ACC）和柑橘类细菌斑点病（citrus bacterial spot，CBS）的防治效果。在苗圃试验中，研究者检测了噬菌体混合物、铜-代森锰锌联用及噬菌体-铜-代森锰锌联用对ACC和CBS病害的防治效果。噬菌体显著减少了ACC病害的发生，但不如单独使用铜-代森锰锌防治有效，而噬菌体-铜-代森锰锌联合防治失败了。Ibrahim等通过联合使用一种诱导植物系统性抗性的化合物与脱脂奶粉和糖配制的噬菌体混合物，在温室和田间试验中成功控制了亚洲柑橘溃疡病。

4. 葡萄皮尔斯病　　苛养木杆菌是多种植物的病原菌，但对葡萄的经济影响最大。病害控制方案是受限而富有挑战性的，因为该病原菌仅感染葡萄树的木质部。Ahern等分离和研究表征了2株苛养木杆菌烈性噬菌体。在温室试验中，在葡萄树上使用和预防治疗的噬菌体鸡尾酒能够显著控制病害症状的发展。

噬菌体在林业保护中的应用原理与作物病害防控类似，为基于噬菌体对林木和土壤病原微生物的特异性侵染和裂解。

（三）噬菌体在土壤改良中的应用

土壤是人类赖以生存的重要资源，其质量和肥力直接影响农作物的产量和品质。土壤出了问题，施再多肥也没有用，这是当前种植者的共识。随着集约化农业的不合理发展，化肥农药的过量使用导致土壤微生物群落结构严重失衡，土壤保水、保肥能力和通透性降低，土传病害频发，生态功能急剧削弱，成为农业资源与环境领域亟待解决的难题。为了解决这些问题，人们开始探索各种土壤改良方法。噬菌体作为一种具有独特生态功能的生物控制因子，噬菌体疗法可以在土壤生态环境系统中靶向追踪灭活特定种类的宿主细菌，还能调整土壤菌群的结构，增加有益菌的数量，恢复土壤菌群多样性和菌群平衡，调控土壤有机碳矿化，近年来在土壤改良领域引起了广泛关注。

噬菌体改良土壤的作用方式主要有两种。

1. 改善土壤结构　噬菌体通过裂解土壤中的有害细菌，减少其对土壤结构的破坏作用，有助于维护良好的土壤结构。此外，噬菌体裂解细菌后释放的细胞壁碎片等物质可以作为土壤有机质的来源，有助于提高土壤的保水性和通气性。

2. 提高土壤肥力　噬菌体可以抑制有害微生物，从而减少有害微生物与有益微生物的竞争，为有益微生物提供更多的生存空间和营养资源。这些有益微生物能够分解土壤中的有机质，释放出植物所需的营养元素，如氮、磷、钾等，从而提高土壤肥力。

（四）噬菌体生物防治的优劣势

1. 噬菌体生物防治的优势　与传统的化学农药相比，噬菌体作为生物农药具有以下优势：首先，噬菌体具有高度选择性，不会对其他有益微生物或环境造成危害。其次，噬菌体在环境中降解速度比较快，对环境无害。此外，噬菌体的指数增殖能力是一个显著优势，用少量的噬菌体制剂就可以杀灭细菌。

2. 噬菌体生物防治存在的问题　在大多数情况下，噬菌体用于生物防治中的主要限制是其宿主范围狭窄。多株噬菌体的混合物（鸡尾酒）可以帮助克服这一缺点。通常认为噬菌体并不直接与植物相互作用，然而有研究报道，在小麦、玉米和拟南芥中发现了一些噬菌体样基因，这表明噬菌体DNA能整合进入这些作物的基因组，从而可能在它们的进化中发挥作用。噬菌体是环境中抗生素抗性基因的储存库和潜在的传播载体，噬菌体施用可能进一步加快抗性基因在环境中的扩散和传播，加剧抗生素过量使用给环境带来的不良影响。作为具有生物活性的生物制剂，噬菌体在实际生产和应用过程中成本较高，这也限制了其推广。总之，噬菌体在生物防治中的应用需要谨慎考虑其安全性和有效性，并且需要遵循相关的法规和规定。

（五）农业噬菌体疗法的监管

由于噬菌体疗法自身的特点，如噬菌体宿主谱窄、需要用病原菌生产等问题，传统的生物药物法规不能很好地适用于噬菌体药物的监管。因此，欧美等国家都在积极探索噬菌体生物防治的监管法规。在美国，比较出名的农业"噬菌体疗法"生物公司有 AmpliPhi 公司、Intralytix 公司、OmniLytics 公司和 Gangagen 公司等，它们分别针对番茄、辣椒、葡萄等植物的典型病原菌，在噬菌体生物防治解决方案上积累了许多成功的经验。例如，OmniLytics 公司开发了多款农业噬菌体产品，被美国环境保护组织注册为生物杀虫剂并在美国生物农药公司 Certis USA 进行商业化。

在欧洲，市场上也能见到少数噬菌体生物防治类产品。苏格兰的 APS 生物防治公司销售采后食品加工剂"Biolyse"，用于防止马铃薯块茎中的果胶杆菌感染。2020 年，匈牙利环境投资公司被授权在当地销售一种能有效防治解淀粉欧文氏菌感染的噬菌体鸡尾酒产品。然而，到目前为止还没有任何基于噬菌体的产品被欧洲食品安全局注册为植物保护产品或生物农药。这些病毒类生物防治产品的登记，应该确保其安全性。在食品生产应用领域，多个噬菌体已从美国食品药品监督管理局获得 GRAS 状态，包括李斯特菌、沙门菌、大肠埃希菌和志贺菌噬菌体，用作食品加工剂。此外，在欧洲允许应用果胶杆菌噬菌体作为包装辅助对马铃薯块茎的食品进行表面消毒。

我国噬菌体在生物防治的应用大多还处于实验室或田间试验阶段，仅有少数企业在尝试开发用于种植业生物防治的噬菌体制剂产品。我国科研单位和相关企业还需要进一步探索噬菌体在农业生物防治领域的应用效果，有针对性地研究基于噬菌体开展作物病害防控的商业潜力，以及确保噬菌体的安全性、有效性和生产质量的控制等。

（六）农业噬菌体疗法的应用展望

一般来说，综合植物保护（integrated plant protection，IPP）策略包括第一时间避免病害暴发的良好做法，早期诊断和密切监测潜在感染，使用足够剂量的药物处理并评估干预效果等。为了在综合植物保护策略中应用农业噬菌体疗法，植物-病原菌-噬菌体三者及其互作关系成为重要的研究对象（图 7-15）。到目前为止，很少有研究集中在病原菌菌株多样性以及这种多样性与噬菌体感染性之间的相关性。然而，除了筛选收集裂解病原菌效果最佳的噬菌体及其组合，了解病原菌的生物学特性，即病原体的多样性、其主要感染源及其在植物中的感染途径，对开发任何基于噬菌体的生物防治策略都至关重要。

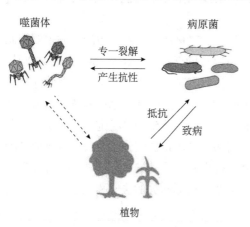

图 7-15　植物-病原菌-噬菌体三者之间的关系网络

1. 了解农业病原菌的多样性确定噬菌体最佳应用策略　对农业病原菌多样性和植物-病原菌相互作用的详细了解，包括分离具有代表性的病原菌菌株库，并在基因组学水平上对它们进行表征，同时将这些系统进化数据与元数据进行关联分析，如区域位置和隔离期。当开发针对这些病原菌和许多其他植物致病菌的噬菌体鸡尾酒产品时，考虑病原菌种内多样性对确保噬菌体鸡尾酒产品在特定区域对大多数相关病原菌有效的工作是非常必要的。

2. 噬菌体鸡尾酒产品开发的重要性　普遍认为，使用针对病原菌不同受体的多个噬菌体可以限制细菌抗性的出现。尽管噬菌体鸡尾酒疗法具有诸多优势，但是由于噬菌体鸡尾酒产品成分较复杂，其制备与纯化流程也相对烦琐，这种复杂性除了会增加生产的难度与成本，还要求我们必须对每一种噬菌体成分的相对有效性进行深入评估，以确保防治的效果达到最佳。值得关注的是，基因编辑技术的发展助推了工程噬菌体的创制，构建工程噬菌体可以扩大其宿主范围和提高裂解效率，从而使其更好地适应复杂的环境。此外，噬菌体与其他生物防治方法（如微生物菌剂、天敌昆虫等）的联合应用也将成为未来的研究方向。

3. 针对不同的病害发生途径量身定制噬菌体生物防治策略　根据感染途径的不同，可能有不同的噬菌体应用。迄今为止，野外叶面应用目前似乎相当有限，可能是由于存在由生物和非生物胁迫引起的稳定性问题，包括阳光、高温、干燥和不断变化的天气条件。因此，人们正在努力提高噬菌体在叶片表面的耐力。例如，有研究表明脱脂牛奶和蔗糖可提高黄单胞菌噬菌体 Kφ1 的稳定性，增加其对紫外线的耐受能力。鉴于所有的噬菌体都由蛋白质衣壳组成，因此类似混合保护剂的策略可以推广到其他噬菌体的野外喷雾施用。另外一种可行的噬菌体应用策略是种子涂层和包衣。许多研究展示了噬菌体作为种子包衣剂和净化剂的潜力。此外，一些细菌性植物病害已在植物苗圃中传播，并在田间移植后表现出来。这种情况下，噬菌体可以用于土壤处理剂对苗圃进行消毒，或者在移栽它们到田间或温室之前浸泡种植托盘进行预处理。农业噬菌体在这方面的应用潜力仍有待进一步探索。

4. 噬菌体对微生物群落的调控及其与其他微生态制剂的联用　噬菌体生物防治在产生对病原菌的抑制作用的同时，也会间接改变常驻菌群的组成和多样性，包括增加对病原菌高度拮抗的有益细菌类群。因此，微生物群的生态和进化机制是在噬菌体实际应用中应该着重考虑的一个方面。在温室和田间试验中，增加噬菌体的数量与目标植物根际微生物群落的组成和多样性变化密切相关，可以提高噬菌体组合的生物防治效果，包括更好地降低病原菌数量、病害发生率及病害指数等。此外，基于植物有益细菌的微生态制剂产品，也可以考虑与噬菌体生防制剂联用，以实现对植物病害更好的生物防治效果。

5. 在"智能农业"中融合噬菌体疗法，早发现病原菌感染早防治　目前传统农业和作物生产的革命，被称为智能农业，包括物联网技术的应用。智能手机、机器人技术、机器学习和传感器技术可以集成到农业生产过程中，这有助于在温室和田间条件下检测和预警不同的植物病原体。通过机器学习训练的高光谱传感器能够检测出新出现的病原细菌感染，检测精度高，从而能够在疾病发生的早期阶段对植物进行及时治疗。在室内密集的垂直种植条件下，植物是在人工发光条件下使用发光二极管等作为主要光源的栽培系统，这些条件是噬菌体应用的理想条件。在这里，噬菌体可以在植物病害发展之前作为预防剂预防病害，或在传感器技术检测后作为喷雾剂治疗潜在受感染的植株。以噬菌体为基础的噬菌体技术及其他生物防治制剂和技术可以作为一种综合的植物病害防治管理策略，但还有待探索或开发。噬菌体利用宿主细菌自我繁殖和扩增效应进一步提高了病害防治的效率。"智慧农业"的自动化精度应用还有助于噬菌体制剂保持稳定的应用效率，从而在病害发生区域进行统一的噬菌体生物防治管理和应用。

总之，噬菌体作为一种独特的生物控制因子，在农业领域展现出了广泛的应用潜力。特别是在作物病害防治、土壤改良及林业保护等方面，噬菌体疗法不仅能有效针对特定的作

物和林木病原菌进行防治，减少化学农药的使用，降低农产品中的农药残留，还能维护土壤微生态系统的稳定性与多样性。当然，噬菌体在农业应用中也面临一些挑战，如噬菌体的分离和鉴定技术尚待完善，稳定性和保存方法需要改进，以及如何确保噬菌体在实际应用中的有效性和安全性等。通过不断地研究和技术创新，噬菌体有望在农业领域发挥更加重要的作用，为实现农业的可持续发展贡献力量。

（李英俊）

三、工业发酵中的噬菌体污染控制

数千年来，人类在生活生产中广泛应用微生物，尽管早期就认识到微生物发酵在食品制作与保存中的重要性，但对发酵与微生物关系的认知较晚。直到 19 世纪 60 年代，科学家如路易斯·巴斯德等揭示了发酵是由微生物引发的复杂生命过程，从而引出"工业发酵"的概念，即利用微生物活动在工业生产中产出有益物质。目前，工业发酵已被广泛应用于生产多样化产品，涵盖食品、药物、生物燃料等多个领域，成为现代工业生产的关键环节。然而，噬菌体的存在会对工业发酵构成威胁。这些细菌病毒广泛存在，可能侵染工业化生产中的微生物并破坏发酵过程。因此，在工业发酵中，需要重视噬菌体污染问题，并采取相应控制措施。鉴于其重要性和风险，本部分内容将深入探讨工业发酵中的噬菌体污染，分析其污染机制，并探讨有效控制策略，为工业生产的稳定性和安全性提供保障。

（一）噬菌体对工业化发酵的危害

噬菌体污染对大规模工业发酵过程，尤其是食品工业中的乳制品生产，如奶酪、酸奶及其他乳酸菌发酵产品，构成了重大威胁。即使微量的噬菌体也可能导致整个发酵过程严重受阻甚至完全失败。此外，噬菌体的种类、感染复杂性、所选启动子、培养基组分及发酵罐内部环境等多重因素，均会对发酵过程产生深远的影响。不仅乳制品行业受到噬菌体的严重威胁，其他依赖细菌发酵的生物技术产业也同样面临风险。众多日常化学品和生物技术产品的发酵并非在完全无菌条件下进行，包括氨基酸、维生素、酶、抗生素、有机酸和醇等的工业生产，也常受噬菌体污染的威胁。噬菌体污染一旦出现，其带来的漫长清理周期和问题的反复性，将对生产造成持续性的困扰。随之而来的产品损失、原材料变质及额外的非生产性成本，均会导致巨大的经济损失，给商业发酵领域的技术人员带来沉重压力。即便是经验丰富的工业微生物学家和专业人员，也对噬菌体污染保持高度警惕。因此，从过往的失败案例中吸取教训，并积极探索和实施有效的解决方案，以保护生产过程并预防此类感染，显得尤为重要。

1. 噬菌体污染在工业发酵历史中的案例

（1）早期工业发酵中的噬菌体污染　　在 20 世纪初的工业发酵历程中，噬菌体的威胁

逐渐浮出水面。特别是在 1915～1918 年，Chaim Weizmann 利用丙酮丁醇梭菌（*Clostridium acetobutylicum*）生产丙酮的方法为战时爆炸物生产提供了关键原料。但 1923 年，首次出现的"细菌学问题"——后经确认为噬菌体污染，导致发酵产量大幅下滑，影响长达一年，这标志着噬菌体对工业发酵的初步威胁。到了 20 世纪 30 年代，乳制品发酵业也受到了噬菌体侵扰，Whitehead 和 Cox 于 1935 年首次发现乳酸乳球菌（*Lactococcus lactis*）的噬菌体，这揭示了噬菌体在乳制品发酵中的潜在破坏力。随后的研究显示，噬菌体对发酵启动培养物有显著影响。至 40 年代，噬菌体污染问题加剧，不仅影响乳制品发酵，还影响药物生产，这促使科学家深入研究噬菌体感染宿主菌的机制，并开始寻找具有噬菌体抗性的工业菌株。

（2）噬菌体污染的频发与影响深化 在 20 世纪 50～70 年代，噬菌体污染在工业发酵中愈发普遍。50 年代初，美国氰胺公司报告的金霉素生产失败案例，凸显了噬菌体污染的破坏性。进入 60 年代，污染问题加剧，Hongo 等在日本多处丙酮-丁醇-乙醇工厂发现噬菌体污染，导致生产效率大跌，引发工业界关注。到了 70 年代，噬菌体污染的影响已扩展到更广泛的领域。Whitman 和 Marshall 揭示了噬菌体在冷藏食品生产链中的存在。而美国 FDA 也报告了疫苗生产中的噬菌体污染，进而引发公众对疫苗安全性的忧虑，并推动了科学家对噬菌体在疫苗中潜在影响的深入研究。同时期研究还显示，噬菌体污染对发酵稳定性和产品质量会产生显著影响，如异常终止发酵、降低产量和产品质量不稳定等。

（3）噬菌体污染在多个领域的广泛影响 在 20 世纪 80～90 年代，噬菌体污染对多个工业发酵领域产生了深远影响。1982 年，日本养乐多中央微生物研究所记录了一起由 φFSV 噬菌体导致的干酪乳杆菌（*Lactobacillus casei*）菌株 S-1 牛奶发酵污染。1985 年，澳大利亚一家葡萄酒厂也在红酒生产过程中发现了 *Leuconostoc oenos* 噬菌体。同时，乙酸发酵行业也频报噬菌体污染，尤其在 80 年代末，欧洲多国出现乙酸发酵中的噬菌体污染事件。1992 年，Sellmer 等的跨国调查显示，70%的乙酸样本含噬菌体，浓度高达 10^9 PFU/mL，凸显了乙酸发酵中噬菌体污染的普遍与严重。此外，氨基酸、维生素 C 前体 2-酮-D-葡萄糖酸的生产中也频繁出现噬菌体污染，这不仅影响了产品产量和质量，还提升了生产成本和生产过程的复杂化。因此，噬菌体污染成为当时工业发酵的重大问题。

（4）噬菌体污染研究的深入 进入 21 世纪后，全球对噬菌体污染的研究日益加强。1994～2000 年，阿根廷 PROLAIN 项目分析了 129 个工厂样本，成功分离出 61 个噬菌体，主要侵染 *Streptococcus thermophilus* 和 *Lactobacillus delbrueckii*，显示噬菌体污染的普遍与多样。其中，18%的酸奶和 67%的奶酪样本受到污染。2004 年，Madera 等在西班牙发现 9.2%的原料奶受噬菌体污染，多为 c2 样噬菌体，表明原料奶是乳制品噬菌体污染的主要源头。至 21 世纪前 10 年，噬菌体污染研究更加深入。例如，Pringsulaka 等在泰国发现了新的乳酸菌噬菌体 phi22，丰富了对噬菌体多样性的认知，也警示了传统发酵食品中的污染风险。

2. 发酵工业中的噬菌体污染来源与表现 尽管许多发酵设备被精妙设计为封闭系统，旨在最小化与外部环境的直接接触，从而降低杂菌和噬菌体的污染风险，然而在实际操作中，达到绝对的封闭性仍然是一个技术难题。噬菌体因数量庞大且分布广泛，在工业发酵过程中噬菌体污染的源头呈现多元化特点，这不仅涉及原材料、发酵设备、生产环境，还包括发酵菌株本身。

（1）噬菌体污染的来源 从原材料到最终产品、从空气到设备表层、从操作人员到发酵菌本身，都有可能成为工业发酵过程中噬菌体污染的潜在源头，主要包括：① 发酵原料的噬菌体污染；② 回收再利用物料中的噬菌体污染；③ 发酵菌株携带的原噬菌体潜在威胁；④ 生产环境中噬菌体的外源性污染。

（2）发酵过程中噬菌体污染的表现　　在发酵过程中，噬菌体污染会显著影响细菌生长，可能导致细菌生长受抑制或培养物裂解。其症状多样，包括但不限于溶液浊度下降、黏度增加、过度发泡、溶解氧上升，以及二氧化碳生成减少和氨或碳源营养物消耗减少。这些症状的显现和程度受噬菌体种类、发酵类型、感染阶段、噬菌体与细菌比例，以及发酵罐内物化条件等多重因素的影响。

（3）噬菌体污染对工业发酵的影响　　噬菌体污染在工业发酵中影响显著，即便低水平的污染可能暂时不会引发明显的发酵异常，但这种潜在的威胁仍在。在乳制品行业中，这种污染会改变产品的口感、风味和质地，还可能导致乳酸生成延迟，从而滋生不良菌群，极端情况下甚至需废弃产品。各类乳制品对噬菌体污染的抵抗力有差异，如酸奶和开菲尔因高温处理和无菌环境而抵抗力较强，但仍可能面临发酵延迟和品质变化。相比之下，奶酪生产中的噬菌体污染风险更高，特别是在大型奶酪厂，由于牛奶处理量大、环境开放及使用低温处理的巴氏杀菌奶或生乳，噬菌体污染机会大增。这可能导致牛奶酸化延迟、奶酪污染、乳清分离异常及品质下降。对新鲜奶酪等敏感产品，噬菌体污染影响更重，或导致整批损失。

（二）应对噬菌体污染的策略与方法

噬菌体污染对工业微生物发酵构成严重威胁，且目前尚无根治方法，因此研究聚焦于预防和控制噬菌体扩散的策略（表7-6）。可运用优化工厂设计、提高卫生标准、调整工艺流程、轮换发酵菌及利用抗性菌株等方式降低风险。在发酵工厂设计时应考虑功能区域、设备布局和空气流通。同时，需采取措施遏制噬菌体繁殖，如处理原料和副产品、使用抑制噬菌体的培养基、采用不敏感细菌突变株等。利用合成生物学和基因工程加速选育、改良菌株及开发抗性菌株也是有效策略。面对已发生的污染，需采取多种方法挽救。然而，噬菌体不断进化，新变种不断涌现，因此我们需在总结经验的基础上，不断探索新的预防和控制策略。

表7-6　乳制品发酵工业中噬菌体污染的主要来源及对应的控制策略

噬菌体来源	环节或条件	控制方法	适用范围
工厂环境	工厂和设备设计	发酵区域的物理分隔 针对不同工艺使用特定操作区域 在正压力下使用过滤空气 控制生物气溶胶	效率取决于噬菌体易感性、噬菌体初始量和培养基类型
	流程设计	优化加工步骤	
	环境卫生	使用有效的生物杀灭剂、消毒剂和清洁剂（氧化剂和季铵化合物） 物理处理（紫外线照射、光催化） 选择合适的表面清洁材料 高盐浓度	
	空气环境	合理的通风系统和充足的气流 过滤空气中的噬菌体颗粒	

噬菌体来源	环节或条件	控制方法	适用范围
生牛乳	储存原料	冷冻储存原料	
	卫生	热处理原材料和配料 高压灭菌技术 电离辐射	效率取决于噬菌体易感性、噬菌体初始量和培养基类型
	菌株接种方法	直接向发酵桶接种发酵菌	适用于所有发酵类型
	起始菌株	对噬菌体不敏感的突变体 抗噬菌体的衍生物 使用不含原噬菌体的菌株 遗传修饰的菌株 在设计/选择的起始菌株为溶原性菌株时，评估它们的缺陷	方法简单，对许多 LAB 有效 菌株含有天然噬菌体抗性 仅有少数几个国家/地区使用
	菌种	发酵菌种轮换	适用于许多类型的发酵工艺 但会造成噬菌体多样性增加
	pH	检测并控制 pH	
水源	工业用水	使用对微生物安全的水	
加工或回收的成分（即乳清）	乳清处理	避免生物气溶胶的产生 在回收前进行充分处理 尽量减少在工厂内回收最终废物	效率取决于噬菌体易感性、噬菌体初始量和培养基类型
发酵剂	培养基	用抗噬菌体培养基进行发酵剂繁殖	

1. 噬菌体污染的预防措施   为有效控制噬菌体污染，须在工厂和实验室层面采取措施降低高风险因素。重点关注噬菌体潜在来源，并尽最大努力将其排除在发酵设施外。对于依赖细菌转化底物为商业产品的发酵过程，需进行精确的噬菌体检测，特别是烈性噬菌体的迅速繁殖，定期检测和持续监控至关重要。同时，采取有效措施抑制噬菌体的快速过量复制也是必不可少的。

（1）噬菌体大规模污染的潜在风险因素及处理方法   第一，外部环境与设施设计对噬菌体污染风险具有显著影响。废气、废水、化粪池和土壤等都可能成为噬菌体来源，因此发酵设施应尽量避免与这些污染源直接接触。为降低风险，应定期更换或安装发酵罐排气过滤器。进气口位置也需谨慎选择，避免位于污染源下风向。土壤翻动和地表破坏同样是风险因素，特别是在春季播种和秋季收获时，噬菌体可能大量释放。建议遮盖受扰动的建筑工地地面，加强清洁和监测工作。第二，对于有氧发酵过程，持续输入的空气中潜在的噬菌体污染构成重大挑战。为确保噬菌体被阻隔在发酵设施外，应采取严格的进气口微生物清洁措施。第三，发酵工厂的规划设计及内部环境维护对减少噬菌体污染风险至关重要。为预防外部噬菌体侵入，需采取一系列措施，如细菌发酵剂的培养应在正压房间内完成，发酵菌株培育室需与加工区隔离，副产品与废弃物应远离原始发酵室和发酵罐存放处。第四，发酵工厂中常被忽视的噬菌体污染源包括工作人员及设备表面。人体内存在大量活性噬菌体，特别是针对大肠埃希菌的噬菌体非常普遍。定期对设备和衣物进行清洁与消毒。同时，工厂应定期对物体表面进行噬菌体监测，及时采取清理措施。第五，在发酵过程中，对发酵菌株的仔细选择和验证至关重要，以减少噬菌体的出现和数量。应对所有接种物进行检测，特别需要警惕来源不明或菌株组成不明的接种物。严格的原料进出、储存及循环物料和废料的管理措施也至关重要。

（2）检测噬菌体污染的技术方法　　在生产过程中，一旦观察到任何异常的发酵现象，都应立即启动检测程序，以评估噬菌体污染的风险。这种检测可以通过直接和间接两种方式进行。直接检测法侧重于直接观察和测量噬菌体或其组件，而间接检测法则通过监测噬菌体对细菌宿主的影响来推断其存在。直接探测技术包括噬斑分析法、显微镜观察、基于核酸的分子生物学检测技术等。间接探测技术包括细菌活性测试、ELISA 技术、流式细胞术、生物传感器技术、拉曼光谱等。

（3）抑制噬菌体的快速过量增殖　　在抑制发酵设备中噬菌体的过度增殖方面，主要依赖两种策略：化学方法和物理方法。化学方法主要是通过使用特定的化学物质来干扰噬菌体的生命活动或直接将其灭活。在工业环境中，物理方法是消除或抑制噬菌体的重要手段。这些策略通常涉及采用物理方法，如熏蒸、雾化、臭氧处理及紫外线照射等。特别值得一提的是，光催化技术因低成本、高效安全且无残留物的特性，正逐渐受到业界的青睐。特别是在紫外线的激发下，二氧化钛能够催生出强氧化物质，这些物质能有效推动包括有机物分解和噬菌体灭活在内的多种化学反应。此外，高压处理技术也在工业发酵过程中发挥着不可或缺的作用。

2. 筛选与改造发酵菌株的策略　　为确保生产的连续性和产品的优质稳定性，相较于其他策略，采用噬菌体抗性菌株能够更为高效地应对噬菌体污染问题。然而，筛选适合发酵的菌株过程烦琐且耗时，需遵循多项微生物学与生物化学标准，这些标准随发酵产品的不同而变化。若现有菌株效果不佳，可使用基因工程构建新型的抗噬菌体菌株。近 20 多年来，基因工程在开发噬菌体抗性菌株方面发挥了重要作用，已有多种对抗噬菌体的方法问世。

（1）应用噬菌体不敏感发酵菌株

1）交替使用细菌菌株策略。为了有效对抗噬菌体，发酵工厂常采用交替使用不同细菌菌株的策略。这一策略的核心是确定噬菌体的宿主范围，并据此设计合理的起始培养物轮作系统。通过交替使用对不同噬菌体敏感的发酵菌株，可以限制噬菌体对发酵过程的影响，从而保持噬菌体滴度不再影响发酵的水平。然而，这种方法的成功实施依赖于有足够数量的可选菌株，而且筛选对噬菌体不敏感的菌株本身就是一个挑战。此外，频繁更换菌株可能会促进噬菌体混杂群体的形成，增加噬菌体基因库内遗传重组的可能性。

2）自发噬菌体抗性突变体的筛选。在工业菌株对噬菌体展现出敏感性时，我们的首要任务是寻找并替换具有相同功能特性的噬菌体抗性菌株。若无法立即获取替代菌株，则需进行筛选，通常做法是从敏感菌株中筛选出具备抗性的菌株（案例 7-10）。

● **案例 7-10**

　　　　新西兰的奶酪工厂已经筛选出了 2 株能够有效抵抗数十种普遍存在的噬菌体的乳酸乳球菌。这种发酵菌株的制备方法显著降低了噬菌体暴发的风险，使得当地几乎所有的奶酪都可以使用这 2 株乳酸乳球菌进行生产。在德国，通过筛选和使用对工厂特异性噬菌体群落具有明显抗性的发酵菌株，起始培养物的平均使用时间已从最多 3 个月延长到了 6~18 个月。

（2）利用基因工程开发噬菌体抗性菌株　　细菌具有多种天然防御机制以抵御噬菌体的攻击。这些机制在发酵工业中被广泛应用，以增强菌株对噬菌体的抗性。乳酸乳球菌等细菌拥有超过 50 种噬菌体防御系统，这些系统根据其作用机制可分为阻止噬菌体吸附、核酸注入、基因组复制、生物合成及组装和释放（图 7-16）。通过基因工程手段，可以利用这些天然防御机制的基因来开发噬菌体抗性菌株。例如，通过质粒转移等方式引入抗性基因，可以在不影响生产性状的前提下提高菌株的噬菌体抗性。这些天然防御系统通常对多种噬菌体有效，具有重要的商业价值，并已在全球范围内获得专利保护。

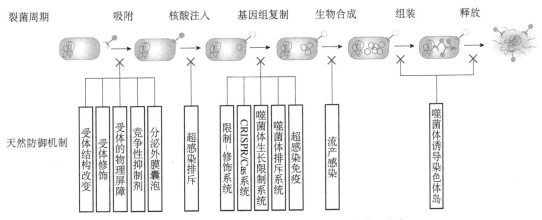

图 7-16　噬菌体复制周期中的天然防御机制作用位点

1）超感染免疫和排斥。某些原噬菌体能编码一个或多个能提升细菌适应性的基因，这些基因能为溶原性菌株带来生存优势。对于那些在发酵工厂工作并对使用溶原性菌株持保留态度的技术人员来说，选择利用缺陷性原噬菌体（defective prophage）可能是一个理想的解决方案。这类感染缺陷性原噬菌体的溶原性菌株可以提供超感染免疫和排斥基因，但因基因缺陷不能被环境因素有效诱导，而在宿主菌株中固化。还有一种解决方案是仅表达 CI 阻遏蛋白的截短/突变体。以乳酸乳球菌噬菌体 Φ31 为例，其野生型 CI 阻遏蛋白在宿主细胞内表达时，既无法为超感染噬菌体提供保护，也不能抑制噬菌体裂解基因的转录。然而，当此类野生型 CI 阻遏蛋白或其截短变体过表达时，却能有效抑制 Φ31 及其他烈性 P335 型噬菌体的侵染。同样，当嗜热链球菌表达噬菌体 Sfi21 的 CI 阻遏蛋白时，也可获得对相近噬菌体的免疫。

2）复制起点衍生的噬菌体抗性系统。噬菌体编码的抗性（phage-encoded resistance，PER）系统利用源自烈性噬菌体基因组的元件进行防御。其中一种 PER 系统，是在发酵菌株中导入烈性噬菌体复制起始位点，这类 PER 系统通过与噬菌体基因组竞争 DNA 聚合酶，干扰噬菌体基因组复制，从而有效地遏制噬菌体的增殖，阻止其对其他细菌的进一步侵染。最早被使用的一类 PER 系统是将烈性噬菌体 Φ50 的复制起始位点引入乳酸乳球菌 NCK203 菌株中，这不但使 NCK203 菌株对 Φ50 噬菌体本身产生抗性，而且对工业环境中常见的一些噬菌体也具有抗性。此外，还有基于 Sfi21 噬菌体复制起始位点开发的衍生型 PER 系统，该系统被应用于嗜热链球菌菌株 Sfi1，成功使宿主菌株对 Sfi21 及其他 17 种嗜热链球菌噬菌体产生了抗性。

3）反义RNA技术。利用反义RNA技术实现基因沉默，已被证实是创造工程化噬菌体抗性菌株的高效手段之一。这项技术能够精确地靶向噬菌体生命周期中至关重要的基因，特别是那些在早期或低水平表达的基因。通过与目标mRNA特异性结合，反义RNA能有效抑制噬菌体基因的转录和翻译过程，从而干扰噬菌体的正常繁殖周期。在工业发酵领域，一个典型的案例是针对Sfi21型噬菌体开发的反义RNA系统。该系统能够精确地靶向Sfi21型噬菌体基因组中的引物酶或解旋酶基因，从而为宿主菌提供有效的保护。

4）噬菌体触发的自杀系统。噬菌体触发的自杀系统与流产感染系统的原理极为相似。该系统将毒性基因置于噬菌体诱导的严谨型启动子下游，当噬菌体感染宿主细胞时，毒性基因过表达，宿主细胞在噬菌体组装完成之前自杀溶解，阻止噬菌体的复制和传播，从而保护未受感染的细菌群体。例如，Φ31噬菌体感染乳酸乳球菌，启动严谨型启动子Φ31p下游的*LlaI*基因（R/M系统的限制性内切酶）的过表达，切割未甲基化的宿主菌和噬菌体基因组，导致宿主菌死亡，使Φ31的噬斑形成效率显著下降。

5）删除噬菌体增殖所需基因。某些噬菌体的增殖依赖于特定的宿主基因，若这些基因并非宿主的必需基因，则可以通过基因工程手段将其失活或删除，以达到防御噬菌体的目的。其中，一种策略是通过阻止噬菌体基因组的注入来实现。例如，在嗜热链球菌的Sfi菌株中，跨膜蛋白基因*orf394*是Sfi19噬菌体注入所必需的。当该基因被插入失活后，突变株不仅对Sfi19产生了抗性，还对其他10余种异源噬菌体产生了抗性。另一种策略是通过破坏噬菌体的复制过程来防御。例如，在乳酸乳球菌中，删除工业菌株的胸苷酸合酶基因（*thyA*）得到的*ΔthyA*突变株产酸能力未受影响，但却获得了对P335和936型噬菌体的抗性。然而，这种方法的不足之处在于*ΔthyA*突变株的生长速率相对较慢，因此在实际生产中需要接种更多的初始菌株以维持生产效率。

（三）噬菌体污染后的应对措施

在确认发生无法控制的噬菌体污染后，标准操作流程是彻底清除所有受污染物质，并进行全面的清洁与灭菌工作。在清理过程中，应严格控制设施内的人员流动，禁止非必要人员进入，甚至在必要时需关闭整个工厂进行净化。目前，虽然已报道了多种应对噬菌体污染的方法，包括物理和化学手段，但针对已出现明显噬菌体污染症状的发酵液，尚无特别有效的挽救措施。

1. 挽救受噬菌体污染的发酵物　　在挽救受噬菌体污染的培养物时，需添加特定化学物质或采取特定措施，以在破坏或干扰噬菌体增殖的同时，不对发酵菌株的生产性能产生显著影响。尽管某些化学物质和措施能满足这一要求，但实施前提是能够快速有效地检测出噬菌体，或者是发生的是低水平的慢性噬菌体污染，仅减缓了发酵过程。由于担心影响产品质量或涉嫌造假，大多数生物技术行业在发生噬菌体污染后，会选择丢弃培养物并销毁所有可能受污染的产品。但对于某些食品和商品化工产品，如果培养物的黏度和污染水平不高，不影响后续加工，且残留的营养成分和产品效价足够高，可以尝试回收发酵批次。

2. 清洁受污染的发酵物和设备　　虽然部分噬菌体相对耐热，但当温度加热到80℃以上时，几乎所有噬菌体都会在溶液中迅速失活。因此，对于受污染的发酵罐中的培养物，应进行就地热消毒。发酵罐的排气系统可能成为噬菌体传播的重要途径，因此需要实施严格的废气控制措施，包括尽快切断气流、观察和消除发酵罐出口的泡沫，并在排气系统上使用清洁剂或其他消毒方法。受噬菌体污染的设施需要彻底清洁，通常的做法是使用大量含有有效对抗噬菌体成分的消毒剂溶液进行拖地、喷洒和擦拭。

总之，工业发酵技术自19世纪起逐步发展，利用微生物活动生产有益物质，如食品、药品和生物燃料。但噬菌体污染成为严重威胁，可能破坏发酵过程，影响产品质量。噬菌体广泛存在于环境中，可通过原料、设备、空气等进入发酵系统，感染菌株，抑制菌株生长或导致裂解。污染症状包括浊度下降、黏度增加等，严重影响发酵稳定性和产物质量。

控制噬菌体污染需采取综合措施。优化工厂设计和流程，提高卫生标准；检测污染，及时应对；使用抗噬菌体菌株，交替使用菌株或基因工程改造。污染发生时，清除受污染物质，清洁消毒设施，保持干燥。通过综合预防和控制策略，降低污染风险，确保生产稳定性和产品安全，对发酵工业至关重要。需要持续研究和探索新策略，应对挑战，推动工业发酵技术进步和产业发展。

数字资源
7-8

工业发酵中的
噬菌体污染
控制

（王 竞）

小 结

以噬菌体为代表的微生物病毒在医疗、农业、环保等多个领域都展现出了广阔的应用前景。例如，在医疗领域，噬菌体可以作为治疗细菌感染的有力武器，通过特异性识别并杀灭目标细菌，实现对疾病的精准治疗；在农业领域，噬菌体可以用于防治作物病害，提高农产品的产量和品质；在环保领域，噬菌体可以用于降解污染物，促进生态环境的改善等。噬菌体的应用不仅具有广泛的实际意义，还为我们提供了深入了解生命本质和生态系统运行的新视角。随着科技的进步和研究的深入，噬菌体将在更多领域展现出其独特的魅力和价值。

复习思考题

1. 噬菌体在食源性致病菌防控中如何应用？请举例说明。
2. 噬菌体作为食品添加剂有哪些应用？
3. 如何应用噬菌体对动物养殖中主要致病菌进行预防与治疗？
4. 简述噬菌体治疗的研究进展。
5. 微生物病毒在土壤污染治理与修复中的作用有哪些？
6. 简述噬菌体在生物检测中的应用。

7. 简述噬菌体展示技术的原理。有哪些应用？

8. 简述来源于微生物病毒的常见工具酶。

9. 噬菌体在农业生产中有哪些应用？

10. 简述工业发酵中的噬菌体污染控制方法。

主要参考文献

胡福泉，童贻刚. 2021. 噬菌体学：从理论到实践. 北京：科学出版社.

Assumpção A L, da Silva R C. 2016. Immuno-PCR in cancer and non-cancer related diseases: a review. Veterinary Quarterly, 36(2): 63-70.

Boriana M. 2018. Phage Display. New York: Academic Press.

Chen X, Su S, Chen Y, et al. 2020. Structural studies reveal a ring-shaped architecture of deep-sea vent phage NrS-1 polymerase. Nucleic Acids Research, 48(6): 3343-3355.

He Y, Wang M, Fan E, et al. 2017. Highly specific bacteriophage-affinity strategy for rapid separation and sensitive detection of viable *Pseudomonas aeruginosa*. Analytical Chemistry, 89(3): 1916-1921.

Holtappels D, Fortuna K, Lavigne R, et al. 2021. The future of phage biocontrol in integrated plant protection for sustainable crop production. Current Opinion in Biotechnology, 68: 60-71.

Hou J, Shen J, Zhao N, et al. 2021. Detection of a single circulating tumor cell using a genetically engineered antibody-like phage nanofiber probe. Materials Today Advances, 12(2021): 100168.

Levanova A A, Poranen M M. 2024. Utilization of bacteriophage phi6 for the production of high-quality double-stranded RNA molecules. Viruses, 16(1): 166.

Lin J, Du F, Long M, et al. 2022. Limitations of phage therapy and corresponding optimization strategies: a review. Molecules, 27(6): 1857.

Lisa O, Declan B, Olivia M, et al. 2019. Bacteriophages in food applications: from foe to friend. Annual Review of Food Science and Technology, 10: 151-172.

Pierzynowska K, Morcinek-Orłowska J, Gaffke L, et al. 2023. Applications of the phage display technology in molecular biology, biotechnology and medicine. Critical Reviews in Microbiology, 4: 1-41.

Tian R, Rehm F B H, Czernecki D, et al. 2024. Establishing a synthetic orthogonal replication system enables accelerated evolution in *E. coli*. Science, 383(6681): 421-426.

Vandana C, Priyanka K, Deepika L, et al. 2024. Bacteriophages: a potential game changer in food processing industry. Critical Reviews In Biotechnology, 16: 1-25.

Wang S, Mirmiran S D, Li X, et al. 2023. Temperate phage influence virulence and biofilm-forming of *Salmonella typhimurium* and enhance the ability to contaminate food product. International Journal of Food Microbiology, 398: 110223.

Wang Y, Ju Z, Cao B, et al. 2015. Ultrasensitive rapid detection of human serum antibody biomarkers by biomarker-capturing viral nanofibers. ACS Nano, 9: 4475-4483.

Yang Y, Du H, Zou G, et al. 2023. Encapsulation and delivery of phage as a novel method for gut flora manipulation *in situ*: a review. J Control Release, 353: 634-649.

Zhou X, Cao P, Zhu Y, et al. 2015. Phage-mediated counting by the naked eye of miRNA molecules at attomolar concentrations in a Petri dish. Nature Materials, 14(10): 1058-1064.

《微生物病毒学》教学课件申请单

凡使用本书作为授课教材的高校主讲教师，可获赠教学课件一份。欢迎通过以下两种方式之一与我们联系。

1. 关注微信公众号"科学EDU"索取教学课件

扫码关注→"样书课件"→"科学教育平台"

2. 填写以下表格，扫描或拍照后发送至联系人邮箱

姓名：	职称：	职务：
手机：	邮箱：	学校及院系：
本门课程名称：		本门课程选课人数：
您对本书的评价及修改建议：		

联系人：刘畅 编辑　　　电话：010-64000815　　　邮箱：liuchang@mail.sciencep.com